安装工程关键岗位管理人员上岗指南丛书

通风空调预算员上岗指南

——不可不知的 500 个关键细节

汪海滨　主　编

范　迪　訾姗姗　副主编

U0340716

中国建材工业出版社

图书在版编目(CIP)数据

通风空调预算员上岗指南:不可不知的 500 个关键细节 / 汪海滨主编 . —北京:中国建材工业出版社,2013.11

(安装工程关键岗位管理人员上岗指南丛书)

ISBN 978 - 7 - 5160 - 0628 - 3

Ⅰ.①通… Ⅱ.①汪… Ⅲ.①通风设备-建筑安装-预算编制-指南 ②空气调节设备-建筑安装-预算编制-指南 Ⅳ.①TU723.3-62

中国版本图书馆 CIP 数据核字(2013)第 260653 号

通风空调预算员上岗指南——不可不知的 500 个关键细节

汪海滨 主编

出版发行:中国建材工业出版社

地 址:北京市西城区车公庄大街 6 号

邮 编:100044

经 销:全国各地新华书店

印 刷:北京紫瑞利印刷有限公司

开 本:710mm×1000mm 1/16

印 张:19.5

字 数:462 千字

版 次:2013 年 11 月第 1 版

印 次:2013 年 11 月第 1 次

定 价:53.00 元

本社网址:www. jccbs. com. cn

本书如出现印装质量问题,由我社营销行部负责调换。电话:(010)88386906

对本书内容有任何疑问及建议,请与本书责编联系。邮箱:dayi51@sina.com

内 容 提 要

本书根据《建设工程工程量清单计价规范》(GB 50500—2013)、《通用安装工程工程量计算规范》(GB 50856—2013)及通风空调工程预算定额进行编写,详细介绍了通风空调预算员上岗操作应知应会的基础理论和专业知识。书中对通风空调工程预算编制与管理的工作要点进行归纳总结,以关键细节的形式进行阐述,方便查阅使用。本书主要内容包括概论、通风空调工程施工图识读、通风空调工程预算定额、通风空调工程工程量计算、通风空调工程设计概算编制、通风空调工程施工图预算编制、通风空调工程工程量清单编制、通风空调工程量清单计价编制、通风空调工程招标投标与合同管理、通风空调工程竣工结算与决算等。

本书编写语言通俗易懂,编写层次清晰合理,编写方式新颖易学,可供广大通风空调工程预算编制与管理人员工作时使用,也可供高等院校相关专业师生学习时参考。

前 言

PREFACE

近些年来，我国基本建设取得了辉煌的成就，安装工程作为基本建设的重要组成部分，其设计与施工水平也得到了空前的发展与提高。安装工程的质量直接影响工程项目的使用功能与长期正常运行，随着国外先进安装施工技术的大量引进，安装工程设计施工领域正逐步向技术标准定型化、加工过程工厂化、施工工艺机械化的目标迈进，这就要求广大安装施工企业抓住机遇，勇于革新，深挖潜力，开创出不断自我完善的新思路，在安装工程施工中采取先进的施工技术措施和强有力的管理手段，从而确保安装工程项目能有序、高效、保质地完成。

当前，我国正处于城镇化快速发展时期，工程建设规模越来越大，大量的新技术、新材料、新工艺在安装工程中得以广泛应用，信息技术也日益渗透到安装工程建设的各个环节，结构复杂、难度高、体量大的工程也得到了越来越多的应用，由此也要求从业人员的素质、技能能跟上时代的进步、技术的发展，符合社会的需求。广大安装工程施工人员作为安装工程项目的直接参与者和创造者，提高自身的知识水平，更好地理解和应用安装工程施工质量验收规范，对提高安装工程项目施工质量水平具有重要的现实意义。

为加强对安装工程施工安装一线管理人员和技术骨干的培训，提高他们的质量意识、实际操作水平、自身素质，我们组织了安装工程领域的相关专家、学者，结合安装工程施工现场管理人员的工作实际以及现行国家标准，编写了《安装工程关键岗位管理人员上岗指南丛书》。本套丛书共有以下分册：

1. 安装质检员上岗指南——不可不知的 500 个关键细节
2. 安装监理员上岗指南——不可不知的 500 个关键细节
3. 水暖施工员上岗指南——不可不知的 500 个关键细节
4. 水暖预算员上岗指南——不可不知的 500 个关键细节
5. 通风空调施工员上岗指南——不可不知的 500 个关键细节
6. 通风空调预算员上岗指南——不可不知的 500 个关键细节
7. 建筑电气施工员上岗指南——不可不知的 500 个关键细节
8. 建筑电气预算员上岗指南——不可不知的 500 个关键细节

与同类书籍相比，本套丛书具有下列特点：

（1）本套丛书紧密联系安装工程施工现场关键岗位管理人员工作实际，对各岗位人员应具备的基本素质、工作职责及工作技能做了详细阐述，具有一定的可操作性。

（2）本套丛书以指点安装工程施工现场管理人员上岗工作为编写目的，编写语言通俗易懂，编写层次清晰合理，编写方式新颖易学，以关键细节的形式重点指导管理人员处理工作中的问题，提醒管理人员注意工作中容易忽视的安全问题。

（3）本套丛书针对性强，针对各关键岗位的工作特点，紧扣"上岗指南"的编写理念，有主有次，有详有略，有基础知识、有细节拓展，图文并茂地编述了各关键岗位不可不知的关键细节，方便读者查阅、学习各种岗位知识。

（4）本套丛书注意结合国家最新标准规范与工程施工的新技术、新方法、新工艺，有效地保证了丛书的先进性和规范性，便于读者了解行业最新动态，适应行业的发展。

丛书编写过程中，得到了有关部门和专家的大力支持与帮助，在此深表谢意。限于编者的水平，丛书中错误与疏漏之处在所难免，敬请广大读者批评指正。

编　者

目录
CONTENTS

第一章 概 论

第一节 通风空调工程概述

一、通风与空调工程概念

通风就是把新鲜空气送进室内和生产车间,并把余热、余温、灰尘、蒸汽和有害气体排出去。为改善生产和生活条件,通常采用自然或机械的方法,对某一空间进行换气,以创造卫生、安全等适宜的空气环境。

空气调节简称空调,是指使房间或封闭空间的空气温度、湿度、洁净度和气流速度等参数达到给定要求的技术。由于生产工艺不同,对空气环境的要求也不同,如有的需要降温,有的需要恒温恒湿,有的需要对空气净化或超净化,有的需要保持一定湿度或除湿等。工业空调的目的在于使生产车间维持一定的空气环境,改善劳动条件,确保产品质量。

通风空调安装工程就是使室内空气环境符合一定空气温度、相对湿度、空气流动速度和清洁度(简称"四度"),并在允许范围内波动的一切装置和设备的安装工程。

二、通风系统分类及组成

1. 通风系统分类

通风系统按不同的分类方法可分为很多种类,见表1-1。

表 1-1   通风系统的分类

序 号	分类方法	种类及说明
1	按空气流动方式的不同分类	通风系统按动力可分为自然通风和机械通风两类。 (1)自然通风。自然通风是指利用室外冷空气与室内热空气密度的不同以及建筑物通风面和背风面风压的不同而进行换气的通风方式。 (2)机械通风。机械通风是指利用通风机产生的抽力和压力,借助通风管网进行室内外空气交换的通风方式。机械通风可以向房间或生产车间的任何地方输送适当数量新鲜的、用适当方式处理过的空气,也可以从房间或生产车间的任何地方按照要求的速度抽出一定数量的污浊空气
2	按作用范围不同分类	通风系统按其作用范围可分为全面通风、局部通风和混合通风三类。 (1)全面通风。在整个房间内进行全面空气交换,称为全面通风。当有害气体在很大范围内产生并扩散到整个房间时,就需要全面通风,排除有害气体和送入大量的新鲜空气,将有害气体的浓度冲淡到容许浓度之内。 (2)局部通风。将污浊空气或有害气体直接从产生的地方抽出,防止扩散到全室,或将新鲜空气送到某个局部范围,改善局部范围的空气状况,称为局部通风。当生产车间的某些设备产生大量危害人体健康的有害气体时,采用全面通风不能将有害气体浓度冲淡到容许浓度,或者采用全面通风很不经济时,常采用局部通风。 (3)混合通风。用全面送风和局部排风,或全面排风和局部送风混合起来的通风形式,称为混合通风

序　号	分类方法	种类及说明
3	按工艺的不同分类	通风系统按其工艺要求分为送风系统、排风系统和除尘系统三类。 （1）送风系统。送风系统用来向室内输送新鲜的或经过处理的空气。其工作流程为室外空气由可挡住室外杂物的百叶窗进入进气室，经风量控制阀至过滤器，由过滤器除掉空气中的杂物，再经热交换器将空气加热到所需的温度后被吸入通风机，经风量调节阀、风管，由送风口送入室内。 （2）排风系统。排风系统用来将室内产生的污浊、高温干燥空气排到室外大气中。其主要工作流程为污浊空气由室内的排气罩被吸入风管后，再经通风机和排风管道，通过室外的风帽而进入大气。如果预排放的污浊空气中有害物质的排放浓度超过国家制定的排放标准时，则必须经中和、吸收和稀释处理，使排放浓度低于排放标准后，再排到大气中。 （3）除尘系统。除尘系统通常用于生产车间，其主要作用是将车间内含大量工业粉尘和微粒的空气进行收集处理，有效降低工业粉尘和微粒的含量，以达到排放标准。其工作流程主要是通过车间内的吸尘罩将含尘空气吸入，经风管进入除尘器除尘，随后通过风机送至室外风帽而排入大气

2. 通风系统组成

通风系统包括送风系统和排风系统两大部分。送风系统主要由进气管、净化装置、风机、风管和送风口等组成，如图 1-1 所示。排风系统主要由吸气罩、风管、净化设备、排风机和出风口等组成，如图 1-2 所示。

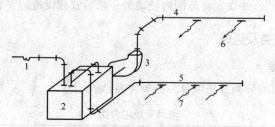

图 1-1　送风系统组成示意图

1—新风口；2—空气处理器；3—通风机；4—送风管；
5—回风管；6—送（出）风口；7—吸（回）风口

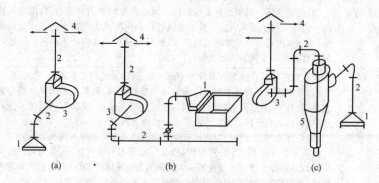

图 1-2　排风系统组成示意图

(a)P 系统；(b)侧吸罩 P 系统；(c)除尘 P 系统

1—排风口（侧吸罩）；2—排风管；3—排风机；4—风帽；5—除尘器

三、空调系统分类与组成

1. 空调系统分类

空调系统的分类见表1-2。

表1-2   空调系统的分类

序号	分类方法	种类及说明
1	按空气处理设备设置的集中程度分类	空调系统按空气处理设备设置的集中程度可分为集中式、半集中式和全分散式空调系统三类。 　(1)集中式空调系统。这种系统的空气处理设备、风机和水泵等都集中设在专用的机房内。其特点是服务面大、处理空气多、便于集中管理，但它的主要缺点是：往往只能送出同一参数的空气，难于满足不同的要求，另外由于是集中式供热、供冷，只适宜于满负荷运行的大型场所。根据送风的特点，集中式空调系统又分为单风道系统、双风道系统和变风量系统三种。单风道系统常用的有直流式系统、一次回风式系统、二次回风式系统和末端再热式系统，如图1-3~图1-6所示。 　(2)半集中式空调系统。这种系统是集中处理部分或全部风量，然后送至各房间(或各区)再进行处理。目前，使用较多的是空气诱导器和风机盘管，如图1-7、图1-8所示。诱导式空调系统多用于建筑空间不大且装饰要求较高的旧建筑、地下建筑、舰船、客机等。风机盘管空调系统多用于新建的高层建筑和需要增设空调的小面积、多房间的旧建筑等。 　(3)全分散式空调系统。这种系统是将处理空气的冷源、热源、空气处理设备、风机和自动控制设备等所有设备组装在一个箱体内，形成一个结构紧凑的空调机组，如图1-9所示。空调机组一般安装在需要空调的区域内，就地对空气进行处理，可以不用或只用很短的风道便把处理后的空气送入空调区域内。全分散式空调系统多用于空调房间布局分散和小面积的空调工程
2	按负担室内负荷所用的介质分类	空调系统按负担室内负荷所用的介质可分为全空气式系统、全水系统、空气-水式系统和制冷剂式系统。 　(1)全空气式空调系统。这种系统中房间的全部冷、热负荷均由集中处理后的空气负担。全空气系统包括定风量或变风量的单风道或双风道集中式系统、全空气诱导系统等。 　(2)全水式空调系统。这种系统中房间负荷全部由集中供应的冷、热水负担。如风机盘管系统、辐射板系统等。 　(3)空气-水式空调系统。这种系统中空调房间的负荷由集中处理的空气负担一部分，其他负荷由水作为介质被送入空调房间时，对空气进行再处理(加热、冷却等)。空气-水式空调系统包括再热系统(另设有室温调节加热器的系统)、带盘管的诱导系统、风机盘管机组和风道并用的系统等。 　(4)制冷剂式空调系统。这种系统中室内冷、热负荷由制冷和空调机组合在一起的小型设备负担
3	按风道中空气流动的速度分类	空调系统按风道中空气流动的速度可分为低速系统和高速系统两种。 　(1)低速空调系统。这种系统一般指主风道风速低于15m/s的系统。对于民用和公共建筑，主风道风速不超过10m/s。 　(2)高速空调系统也称调整系统。这种系统一般指主风道风速高于15m/s的系统。对于民用和公共建筑，主风道风速大于12m/s

序　号	分类方法	种类及说明
4	按所处理空气的来源分类	空调系统按所处理空气的来源可分为直流式系统和混合式系统两种。 (1)直流式空调系统。这种系统所处理的空气全部来室外新鲜空气，经处理后送入室内，然后全部排出室外。其主要用于空调房间内产生有害气体和有害物质而不允许利用回风的场所。 (2)混合式空调系统。这种系统所处理的空气一部分来自室外新空气，另一部分来自空调房间的循环空气。其主要是为了节省冷量和热量

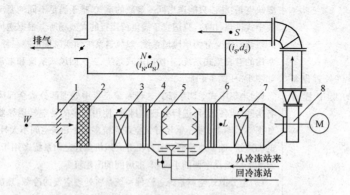

图 1-3　直流式空调系统流程图

1—百叶栅；2—粗过滤器；3—一次加热器；4—前挡水板；5—喷水排管及喷嘴；
6—后挡水板；7—二次风加热器；8—风机

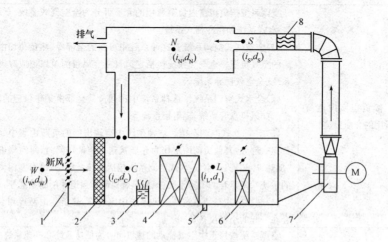

图 1-4　一次回风式空调系统流程图

1—新风口；2—过滤器；3—电极加湿器；4—表面式蒸发器；5—排水口；
6—二次加热器；7—风机；8—精加热器

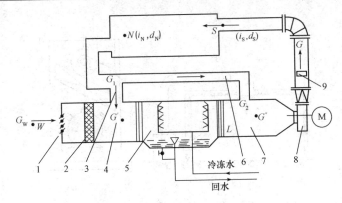

图 1-5　二次回风式空调系统流程图

1—新风口；2—过滤器；3——次回风管；4——次混合室；5—喷雾室；

6—二次回风管；7—二次混合室；8—风机；9—电加热器

图 1-6　末端再热式空调系统流程图　　　　图 1-7　空气诱导器结构示意图

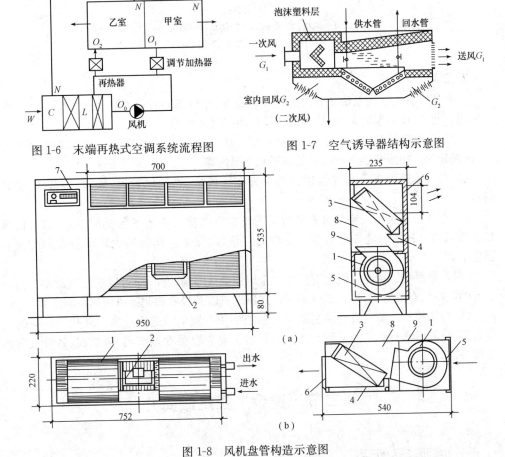

(a)

(b)

图 1-8　风机盘管构造示意图

(a)立式；(b)卧式

1—风机；2—电动机；3—盘管；4—凝水盘；5—循环风进口及过滤器；

6—出风格栅；7—控制器；8—吸声材料；9—箱体

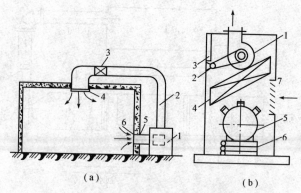

图 1-9　全分散式空调系统示意图

(a)整体式

1—空调机组；2—送风管道；3—电加热器；

4—送风口；5—回风管；6—回风口

(b)分体式

1—风机；2—电机；3—控制盘；4—蒸发器；

5—压缩机；6—冷凝器；7—回风口

2.空调系统组成

一套较完善的空调系统主要由空气处理设备、空气输送设备和空气分布装置三大部分组成。此外，还有制冷系统、供热系统及自动控制系统等。

(1)空气处理设备。空气处理设备的主要功能是对空气进行净化、冷却、减湿，或者加热、加湿处理。如冷却器、喷水器、加热器和加温器等。

(2)空气输送设备。空气输送设备主要有通风机、送回风管道、风阀、调节阀、消声器等。

(3)空气分布装置。空气分布装置是指设在空调房间内的各种类型的送风口、回风口和排风口。其作用是合理地组织室内的气流，以保证空调房间内环境质量的均衡和精度。

(4)制冷系统。制冷系统主要提供冷量以使空气降温，有时还可以使空气减湿。制冷装置的制冷机有活塞式、离心式或者螺杆式压缩机以及吸收式制冷机或热电制冷器等。

(5)自动控制系统。自动控制系统的功能是使空调系统能适应室内外热湿负荷的变化，保证空调房间有一定的空调精度。其设备主要有温湿度调节器、电磁阀、各种流量调节阀等。

第二节　建设工程定额简介

一、定额概念及作用

定额是一种标准，即规定的额度，广义地说，也是处理特定事物的数量界限。具体到建筑安装工程来说，定额是指在正常施工条件下，完成一定单位合格产品所必须消耗的劳动力、材料、施工机械台班的数量标准。所谓正常的施工条件,是指生产过程中按生产工艺和施工验收规范操作,施工条件完善,合理的劳动组织和合理地使用施工机械和材料。在这样的条件下,对完成一定计量单位的合格产品进行的定员(定工日)、定量(数量)、定质(质量)、定价(资金),同时规定了工作内容和安全要求等。

在建设工程项目的计划、设计和施工管理过程中,定额具有以下几个方面的作用:

(1)定额是编制计划的基础。工程建设活动需要编制各种计划来组织与指导生产,而计划编制中又需要各种定额来作为计算人力、物力、财力等资源需要量的依据。

(2)定额是确定工程造价的依据。工程造价是根据设计规定的工程规模、工程数量及相应需要的劳动力、材料、机械设备消耗量和其他必须消耗的资金确定的。其中,劳动力、材料、机械设备的消耗量又是根据定额计算出来的。

(3)定额是评价设计方案经济合理性的尺度。建设项目投资的大小反映了各种不同设计方案技术经济水平的高低。

(4)定额是科学地组织管理施工的必要手段。建筑施工企业要计算、平衡资源需要量、组织材料供应、调配劳动力、签发任务单、组织劳动竞赛、调动人的积极性、考核工程消耗和劳动生产率、贯彻按劳分配工资制度、计算工人报酬等,都要利用定额。因此,施工是离不开定额的。

(5)定额是总结先进生产方法的手段。定额是在生产先进的条件下,通过对生产流程的观察、分析、综合等过程制定的,它可以最严格地反映出生产技术和劳动组织的先进合理程度。因此,可以以定额方法为手段,在同一产品对同一操作条件下不同的生产方法进行观察、分析和总结,从而得到一套比较完整的、优良的生产方法,作为生产中推广的范例。

二、定额特点

(1)科学性。定额作为一项重要的技术经济法规,必须是科学的,并必须符合我国建筑施工企事业实际的技术水平、管理水平和机械化水平;同时,必须符合我国施工企业的施工工艺、施工方法和施工条件。

(2)系统性。定额是相对独立的系统,是由多种定额结合而成的有机整体。其结构复杂,有鲜明的层次,并有明确的目标。定额的系统性是由工程建设的特点决定的。按照系统论的观点,工程建设就是庞大的实体系统,而定额就是为这个实体系统服务的。因而,工程建设本身的多种类、多层次就决定了以它为服务对象的工程建设定额的多种类、多层次。

(3)统一性。定额的统一性主要是由国家对经济发展有计划的宏观调控职能决定的。为了使国民经济按照既定的目标发展,国家就需要借助于某些标准、定额、参数等,对工程建设进行规划、组织、调节和控制。而这些标准、定额、参数必须在一定的范围内是一种统一的尺度,才能实现上述职能,才能利用其对项目的决策、设计方案、投标报价、成本控制进行比选和评价。

（4）稳定性与时效性。定额中的任何一种都是一定时期技术发展和管理水平的反映，因而，在一段时间内都表现出稳定的状态。保持定额的稳定性是维护定额的权威性所必需的，更是有效贯彻定额所必需的。但是，定额的稳定性是相对的，当生产力向前发展了，定额就会与已经发展了的生产力不相适应。这样，它原有的作用就会逐步减弱直至消失，此时需要重新编制或修订。

（5）权威性。定额在一些情况下具有经济法规性质。权威性反映统一的意志和要求，也反映信誉和信赖程度，以及反映定额的严肃性。

三、定额分类

定额按照不同的分类方法可分为很多种类，建设工程定额通常可按以下方法进行分类：

1. 按施工生产要素分类

定额按施工生产要素可分为劳动定额、材料消耗定额和机械台班使用定额。

（1）劳动定额。劳动定额是指完成一定的合格产品（工程实体或劳务）所规定活动消耗的数量标准。为了便于综合和核算，劳动定额大多采用工作时间消耗量来计算劳动消耗的数量。所以，劳动定额的主要表现形式是时间定额，但同时也表现为产量定额。时间定额与产量定额互为倒数。

（2）材料消耗定额。材料消耗定额是指完成一定的合格产品所需消耗材料的各种原材料、成品、半成品、构配件、燃料以及水、电等资源的标准数值，以材料各自规定的计量单位分别表示。材料消耗定额，在很大程度上可以影响材料的合理调配和使用。在产品生产数量和材料质量一定的情况下，材料的供应计划和需求都会受到材料定额的影响。

（3）机械台班使用定额。机械台班使用定额是指为完成一定合格产品（工程实体或劳务）所规定的施工机械消耗的数量标准，以 1 台机械 1 个工作台班为计量单位。机械台班使用定额的主要表现形式是机械时间定额，但也以产量定额表现。

2. 按定额在基建程序中的作用分类

定额按在基建程序中的作用可分为概算指标、概算定额、预算定额、施工定额和工序定额。

（1）概算指标。概算指标是概算定额的扩大与合并，它是以整个建筑物或构筑物为对象，以更大的计量单位来编制的。概算指标的内容包括劳动、机械台班和材料定额三个基本部分，同时，还列出了各结构分部的工程量及单位建筑工程（以体积计或面积计）的造价，是一种计价定额。例如，每 1000m² 房屋或构筑物、每 1000m 管道或道路、每座小型独立构筑物所需要的劳动力、材料和机械台班的数量等。为了增加概算指标的适用性，也以房屋或构筑物扩大的分部工程或结构构件为对象编制，称为扩大结构定额。

（2）概算定额。概算定额是以扩大的分部分项工程为对象编制的，是计算和确定该工程项目的劳动、机械台班、材料消耗量所使用的定额，同时，它也列有工程费用，也是一种计价性定额。概算定额是编制扩大初步设计概算、确定建设项目投资额的依据。概算定额的项目划分粗细，与扩大初步设计的深度相适应，一般是在预算定额的基础上综合扩大而成的，每一综合分项概算定额都包含了数项预算定额。

（3）预算定额。预算定额是以建筑物或构筑物各个分部分项工程为对象编制的定额。其内容包括劳动定额、机械台班定额和材料消耗定额三个基本部分，并列有工程费用，是一种计价的定额。从编制程序看，预算定额是以施工定额为基础综合扩大编制的，同时它也是编制概算定额的基础。

（4）施工定额。施工定额是以同一性质的施工过程——工序为研究对象，表示生产产品数量与时间消耗综合关系而编制的定额。施工定额是施工企业（建筑安装企业）组织生产和加强管理在企业内部使用的一种定额，属于企业定额的性质。为了适应组织生产和管理的需要，施工定额的项目划分很细，是工程建设定额中分项最细、定额子目最多的一种定额，同时，也是工程建设定额中的基础性定额。

施工定额本身由劳动定额、机械定额和材料定额三个相对独立的部分组成，主要是直接用于工程的施工管理，作为编制工程施工设计、施工预算、施工作业计划，签发施工任务单、限额领料卡及结算计件工资或计量奖励工资等，同时，也是编制预算定额的基础。

（5）工序定额。工序是指在劳动者、劳动工具和劳动对象均不改变的条件下所完成的独立作业过程。工序是由若干操作和动作构成的。而若干个工序可组成一个施工过程，若干个施工过程则可构成一个分项工程。工序定额是指以施工作业中的工序为对象，完成单位工序产品（实物量）所需消耗的劳动量（工日、工时）数额。工序定额是劳动定额的最基本形式，是制定施工劳动定额的基础资料。

3. 按专业性质分类

定额按专业性质可分为全国通用定额、行业通用定额和专业专用定额。全国通用定额是指在部门间和地区间都可以使用的定额；行业通用定额是指具有专业特点、在行业部门内可以通用的定额；专业专用定额是特殊专业的定额，只能在制定的范围内使用。

4. 按编制部门和使用范围分类

定额按编制部门和使用范围可分为全国统一定额、行业统一定额、地区统一定额、企业定额和补充定额。

（1）全国统一定额。全国统一定额是指由国家建设行政主管部门综合全国工程建设中技术和施工组织管理的情况而编制的，并在全国范围内执行的定额。

（2）行业统一定额。行业统一定额是考虑到各行业部门专业工程技术特点，以及施工生产和管理水平编制的，一般只在本行业和相同专业性质的范围内使用。

（3）地区统一定额。地区统一定额包括省定额、自治区定额和直辖市定额。其主要考虑地区性特点对全国统一定额水平作适当调整和补充而编制的。

（4）企业定额。企业定额是指由施工企业考虑本企业具体情况，参照国家、部门或地区定额的水平制定的定额。企业定额只在企业内部使用,是企业素质的一个标志。企业定额水平一般应高于国家现行定额,这样,才能满足生产技术发展、企业管理和市场竞争的需要。

(5)补充定额。补充定额是指随着设计、施工技术的发展,现行定额不能满足需要的情况下,为了补充缺陷所编制的定额。补充定额只能在制定的范围内使用,可以作为修订定额的基础。

四、定额制定方法

制定定额是一项复杂的工作,定额制定的方法一般有以下几种:

(1)经验估计法。经验估计法是指依据有实践经验的工人、技术人员和各种管理人员,在长期的工作实践过程中所积累的经验、资料,通过座谈讨论、分析研究来拟定试行定额的一种方法。

(2)统计分析法。统计分析法是指利用生产过程中的统计资料(任务单、日报表、领料卡、作业记录、考勤表等),通过分析、整理、计算而确定定额的方法。

(3)比较类推法。比较类推法是以现有类似定额项目及指标为依据,按照不同条件进行比较分析、推算调整来制定新的定额方法。

(4)技术测定法。技术测定法又称记实法,是指依据对现场作业各工序的全部(或局部)过程,通过计时、计量等实测,将所获得的资料(时间、地点、内容、人员、耗料、机械、完成量等)经过科学分析、整理而制定定额方法。

第三节　建设工程预算

建设工程预算是指在基本建设程序的各个阶段,根据设计文件和设计图样、概(预)算定额以及其他的有关规定编制的,确定基本建设工程项目投资数额及其资源耗量的经济文书。它包括概算和预算两个范畴,并分土建和安装工程两个系列,涉及的因素较多,影响的范围较广。

一、建设工程预算的作用

基本建设在整个国民经济中占有很重要的位置,因此,充分发挥投资效益,做好预算工作是十分必要的。建设工程预算的作用具体表现在以下几个方面:

(1)预算是基本建设中重要的组成部分,是编制基本建设计划、控制基本建设投资、考核工程成本、确定工程造价、办理工程结算、办理银行贷款的依据。

(2)预算是实行工程招标、投标和投资包干的重要文件,可以作为编制招标控制价和投标报价的依据。

(3)预算是对设计方案进行技术经济分析的重要尺度。

二、建设工程预算的分类

根据基本建设阶段和编制依据的不同,建设工程预算可分为投资估算、设计概算、施工图预算、施工预算、竣工结算和竣工决算。

1. 投资估算

投资估算是建设项目在投资决策阶段,根据现有的资料和一定方法,对建设项目的投资数额进行估计的经济文件。其一般由建设项目可行性研究主管部门或咨询单位编制。

2. 设计概算

设计概算是在初步设计阶段或扩大初步设计阶段编制的。设计概算是确定单位工程概算造价的经济文件,一般由设计单位编制。

3. 施工图预算

施工图预算是在施工图设计阶段,施工招标、投标阶段编制的。施工图预算是确定单位工程预算造价的经济文件,一般由施工单位或设计单位编制。

4. 施工预算

施工预算是在施工阶段由施工单位编制的。施工预算按照企业定额(施工定额)编制,是体现企业个别成本的劳动消耗量文件。

5. 竣工结算

竣工结算是在工程竣工验收阶段由施工单位编制的。工程结算是施工单位根据施工图预算、施工过程中的工程变更资料、工程签证资料等编制,确定单位工程造价的经济文件。

6. 竣工决算

竣工决算是在工程竣工投产后,由建设单位编制。竣工决算是综合反映竣工项目建设成果和财务情况的经济文件。

三、建设工程预算文件的组成

预算文件必须根据工程规模、施工内容、费用组成、专业性质的不同,并按照不同建设阶段的预算要求,分别编制与综合。建设工程预算文件主要由建设项目总概算书、单项工程综合概算书和单位工程概(预)算书三部分组成。

1. 建设项目总概算书

总概算书是工程建设项目全部建设费用的总文件,由各个单项工程综合概算汇总而成,主要包括以下内容:

(1)编制说明。其包括说明工程概况、建设规模、建设内容、编制依据、费用标准、投资分析、费用构成及其他有关问题等。

(2)工程费用总表。其包括主要工程项目、辅助与服务性工程项目、福利性与公共建筑项目、室外工程与场外工程项目四类,分别列出其各项费用总金额。

(3)其他费用项目表。不属于工程费内容的其他项目各种费用,分别列出费用金额。例如,征地、拆迁、赔偿、安置、科研、勘测、设计、培训、试运行等,均不计算在工程费用内。

(4)附件。其是指构成建设项目的综合概算书、单位工程概算书,以及其他有关资料。

2. 单项工程综合概算书

单项工程综合概算书是单项工程费用的综合性经济文件,由各专业的单位工程概(预)算综合而成,主要包括以下内容:

(1)编制说明。其主要内容包括工程概况、专业组成、编制依据、费用标准及其他有关问题的说明。

(2)综合概算汇总表。其是指将组成单项工程的各个单位工程概算价值,按技术专业(土建、电气、给排水、暖通等)进行综合汇总。

(3)单位工程概(预)算表。其按组成单项工程的各个单位工程(专业),分别编制其概(预)算。计价项目的划分精度,应符合设计阶段对投资文件的要求。

(4)主要建筑材料表。其是指"三大材"、主材、大宗材料等,按单位工程列出,以单项工程汇总。

(5)主材及设备明细表。其包括主要材料、特种材料、各种设备等,应按规格单列,以供备料。

(6)其他资料。其包括工程量计算表、工料分析表等。

3. 单位工程概(预)算书

单位工程概(预)算书是单项工程综合概算书的重要组成部分,是按单位工程(专业)独立编制的概(预)算文件,并是编制综合概算的基础资料,主要包括以下内容:

(1)编制说明。其是指工程概况、施工条件、编制依据、设计标准、主要指标(费用、工、料)、遗留问题等的归纳说明。

(2)概(预)算费用汇总表。其是指根据工程概(预)算表的合计余额(定额直接费),按当地现行规定计算和分析各种费用(直接费调整、间接费、独立费、税金等)。

(3)主要技术经济指标。按工程特点及规模标准,列出各项指标总数(实物量与货币量),分析计算单位工程各项技术经济指标。

(4)工程概(预)算表。根据工程内容与数量,分项套价计算定额直接费。

(5)主要建筑材料表。根据工料分析表的计算成果,对"三大材"、主材料、大宗材料等进行汇总。

(6)主要材料、构配件、设备明细表。对主要材料、大宗材料、特殊用料、构件与配件、主体设备等应区分型号、规格,分别列出各种数量的明细表。

(7)附件。其主要包括工程量计算表、工料分析表、钢筋与钢材的配料计算与汇总、定额的调整与换算、补充的单位估价表、主材价格等有关资料。

第四节　建筑安装工程造价的费用

一、按费用构成要素组成划分

2013 年 7 月 1 日起施行的《建筑安装工程费用项目组成》中规定:建筑安装工程费用项目按费用构成要素组成划分为人工费、材料费、施工机具使用费、企业管理费、利润、规费和税金(图 1-10)。

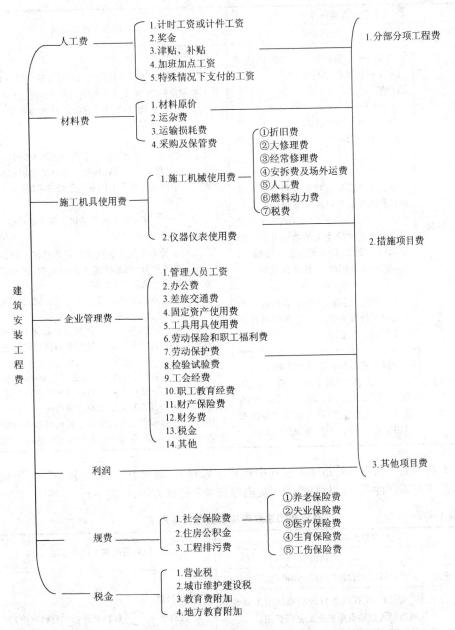

图 1-10 建筑安装工程费用项目组成表（按费用构成要素划分）

（1）人工费。人工费是指按工资总额构成规定,支付给从事建筑安装工程施工的生产工人和附属生产单位工人的各项费用。人工费的组成内容及参考计算方法,见表 1-3。

表 1-3 **人工费的组成内容及参考计算方法**

人工费的组成内容		人工费的参考计算方法
项目	项目说明	
计时工资或计件工资	指按计时工资标准和工作时间或对已做工作按计件单价支付给个人的劳动报酬	(1)公式1: 人工费＝$\sum$(工日消耗量×日工资单价)(1-1) 日工资单价＝[生产工人平均月工资(计时、计件)＋平均月(奖金＋津贴补贴＋特殊情况下支付的工资)]÷年平均每月工作日 (1-2) 注:公式1主要适用于施工企业投标报价时自主确定人工费,也是工程造价管理机构编制计价定额确定定额人工单价或发布人工成本信息的参考依据。
奖金	指对超额劳动和增收节支支付给个人的劳动报酬。如节约奖、劳动竞赛奖等	(2)公式2: 人工费＝$\sum$(工程工日消耗量×日工资单价) (1-3) 日工资单价是指施工企业平均技术熟练程度的生产工人在每工作日(国家法定工作时间内)按规定从事施工作业应得的日工资总额。
津贴补贴	指为了补偿职工特殊或额外的劳动消耗和因其他特殊原因支付给个人的津贴,以及为了保证职工工资水平不受物价影响支付给个人的物价补贴。如流动施工津贴、特殊地区施工津贴、高温(寒)作业临时津贴、高空津贴等	工程造价管理机构确定日工资单价应通过市场调查,根据工程项目的技术要求,参考实物工程量人工单价综合分析确定,最低日工资单价不得低于工程所在地人力资源和社会保障部门所发布的最低工资标准的:普工1.3倍、一般技工2倍、高级技工3倍。
加班加点工资	指按规定支付的在法定节假日工作的加班工资和在法定日工作时间外延时工作的加点工资	工程计价定额不可只列一个综合工日单价,应根据工程项目技术要求和工种差别适当划分多种日人工单价,确保各分部工程人工费的合理构成。
特殊情况下支付的工资	指根据国家法律、法规和政策规定,因病、工伤、产假、计划生育假、婚丧假、事假、探亲假、定期休假、停工学习、执行国家或社会义务等原因按计时工资标准或计时工资标准的一定比例支付的工资	注:公式2适用于工程造价管理机构编制计价定额时确定定额人工费,是施工企业投标报价的参考依据

(2)材料费。材料费是指施工过程中耗费的原材料、辅助材料、构配件、零件、半成品或成品、工程设备的费用。材料费的组成内容及参考计算方法,见表1-4。

表 1-4 **材料费的组成内容及参考计算方法**

材料费的组成内容		材料费的参考计算方法
项目	项目说明	
材料原价	指材料、工程设备的出厂价格或商家供应价格	
运杂费	指材料、工程设备自来源地运至工地仓库或指定堆放地点所发生的全部费用	(1)材料费: 材料费＝$\sum$(材料消耗量×材料单价) 材料单价＝[(材料原价＋运杂费)×[1＋运输损耗率(%)]]×[1＋采购保管费率(%)]
运输损耗费	指材料在运输装卸过程中不可避免的损耗	
采购及保管费	指为组织采购、供应和保管材料、工程设备的过程中所需要的各项费用。包括采购费、仓储费、工地保管费、仓储损耗。其中工程设备是指构成或计划构成永久工程一部分的机电设备、金属结构设备、仪器装置及其他类似的设备和装置	(2)工程设备费: 工程设备费＝$\sum$(工程设备量×工程设备单价) 工程设备单价＝(设备原价＋运杂费)×[1＋采购保管费率(%)]

（3）施工机具使用费。施工机具使用费是指施工作业所发生的施工机械、仪器仪表使用费或其租赁费。施工机具使用费的组成内容及参考计算方法，见表1-5。

表 1-5　　　　　　　施工机具使用费的组成内容及参考计算方法

施工机具使用费的组成内容		施工机具使用费的参考计算方法
项目	项目说明	
施工机械使用费	以施工机械台班耗用量乘以施工机械台班单价表示，施工机械台班单价应由下列七项费用组成： （1）折旧费，指施工机械在规定的使用年限内，陆续收回其原值的费用。 （2）大修理费，指施工机械按规定的大修理间隔台班进行必要的大修理，以恢复其正常功能所需的费用。 （3）经常修理费，指施工机械除大修理以外的各级保养和临时故障排除所需的费用。包括为保障机械正常运转所需替换设备与随机配备工具附具的摊销和维护费用，机械运转中日常保养所需润滑与擦拭的材料费用及机械停滞期间的维护和保养费用等。 （4）安拆费及场外运费，安拆费指施工机械（大型机械除外）在现场进行安装与拆卸所需的人工、材料、机械和试运转费用以及机械辅助设施的折旧、搭设、拆除等费用；场外运费指施工机械整体或分体自停放地点运至施工现场或由一施工地点运至另一施工地点的运输、装卸、辅助材料及架线等费用。 （5）人工费，指机上司机（司炉）和其他操作人员的人工费。 （6）燃料动力费，指施工机械在运转作业中所消耗的各种燃料及水、电等。 （7）税费，指施工机械按照国家规定应缴纳的车船使用税、保险费及年检费等。	（1）施工机械使用费： 施工机械使用费 $=\sum$（施工机械台班消耗量×机械台班单价） 机械台班单价＝台班折旧费＋台班大修费＋台班经常修理费＋台班安拆费及场外运费＋台班人工费＋台班燃料动力费＋台班车船税费 注：工程造价管理机构在确定计价定额中的施工机械使用费时，应根据《建筑施工机械台班费用计算规则》结合市场调查编制施工机械台班单价。施工企业可以参考工程造价管理机构发布的台班单价，自主确定施工机械使用费的报价，如租赁施工机械，公式为：施工机械使用费 $=\sum$（施工机械台班消耗量×机械台班租赁单价） （2）仪器仪表使用费： 仪器仪表使用费＝工程使用的仪器仪表摊销费＋维修费
仪器仪表使用费	指工程施工所需使用的仪器仪表的摊销及维修费用	

（4）企业管理费。企业管理费是指建筑安装企业组织施工生产和经营管理所需的费用。企业管理费的组成内容及参考计算方法，见表1-6。

表 1-6　　　　　　　企业管理费的组成内容及参考计算方法

企业管理费的组成内容		企业管理费的参考计算方法
项目	项目说明	
管理人员工资	指按规定支付给管理人员的计时工资、奖金、津贴补贴、加班加点工资及特殊情况下支付的工资等	（1）以分部分项工程费为计算基础： 企业管理费费率（％）＝[生产工人年平均管理费÷（年有效施工天数×人工单价）]×人工费占分部分项工程费比例（％）
办公费	指企业管理办公用的文具、纸张、账表、印刷、邮电、书报、办公软件、现场监控、会议、水电、烧水和集体取暖降温（包括现场临时宿舍取暖降温）等费用	

企业管理费的组成内容		企业管理费的参考计算方法
项目	项目说明	
差旅交通费	指职工因公出差、调动工作的差旅费、住勤补助费,市内交通费和误餐补助费,职工探亲路费,劳动力招募费,职工退休、退职一次性路费,工伤人员就医路费,工地转移费以及管理部门使用的交通工具的油料、燃料等费用	(2)以人工费和机械费合计为计算基础: 企业管理费费率(%)=生产工人年平均管理费÷[年有效施工天数×(人工单价+每一工日机械使用费)]×100%
固定资产使用费	指管理和试验部门及附属生产单位使用的属于固定资产的房屋、设备、仪器等的折旧、大修、维修或租赁费	
工具用具使用费	指企业施工生产和管理使用的不属于固定资产的工具、器具、家具、交通工具和检验、试验、测绘、消防用具等的购置、维修和摊销费	(3)以人工费为计算基础: 企业管理费费率(%)=生产工人年平均管理费÷(年有效施工天数×人工单价)×100%
劳动保险和职工福利费	指由企业支付的职工退职金、按规定支付给离休干部的经费,集体福利费、夏季防暑降温、冬季取暖补贴、上下班交通补贴等	
劳动保护费	指企业按规定发放的劳动保护用品的支出。如工作服、手套、防暑降温饮料以及在有碍身体健康的环境中施工的保健费用等	注:上述公式适用于施工企业投标报价时自主确定管理费,是工程造价管理机构编制计价定额确定企业管理费的参考依据。
检验试验费	指施工企业按照有关标准规定,对建筑以及材料、构件和建筑安装物进行一般鉴定、检查所发生的费用,包括自设试验室进行试验所耗用的材料等费用。不包括新结构、新材料的试验费,对构件做破坏性试验及其他特殊要求检验试验的费用和建设单位委托检测机构进行检测的费用,对此类检测发生的费用,由建设单位在工程建设其他费用中列支。但对施工企业提供的具有合格证明的材料进行检测不合格的,该检测费用由施工企业支付	
工会经费	指企业按《工会法》规定的全部职工工资总额比例计提的工会经费	工程造价管理机构在确定计价定额中企业管理费时,应以定额人工费或(定额人工费+定额机械费)作为计算基数,其费率根据历年工程造价积累的资料,辅以调查数据确定,列入分部分项工程和措施项目中
职工教育经费	指按职工工资总额的规定比例计提,企业为职工进行专业技术和职业技能培训,专业技术人员继续教育、职工职业技能鉴定、职业资格认定以及根据需要对职工进行各类文化教育所发生的费用	
财产保险费	指施工管理用财产、车辆等的保险费用	
财务费	指企业为施工生产筹集资金或提供预付款担保、履约担保、职工工资支付担保等所发生的各种费用	
税金	指企业按规定缴纳的房产税、车船使用税、土地使用税、印花税等	
其他	包括技术转让费、技术开发费、投标费、业务招待费、绿化费、广告费、公证费、法律顾问费、审计费、咨询费、保险费等	

(5)利润、规费及税金。利润、规费及税金的组成内容及参考计算方法,见表 1-7。

表 1-7　　　　　　　　　　利润、规费及税金的组成内容及参考计算方法

利润、规费及税金的组成内容		利润、规费及税金的参考计算方法
项目	项目说明	
利润	指施工企业完成所承包工程获得的盈利	(1)施工企业根据企业自身需求并结合建筑市场实际自主确定,列入报价中。 (2)工程造价管理机构在确定计价定额中利润时,应以定额人工费或(定额人工费＋定额机械费)作为计算基数,其费率根据历年工程造价积累的资料,并结合建筑市场实际确定,以单位(单项)工程测算,利润在税前建筑安装工程费的比重可按不低于 5% 且不高于 7% 的费率计算。利润应列入分部分项工程和措施项目中
规费	指按国家法律、法规规定,由省级政府和省级有关权力部门规定必须缴纳或计取的费用。包括以下几项: (1)社会保险费。 1)养老保险费,是指企业按照规定标准为职工缴纳的基本养老保险费。 2)失业保险费,是指企业按照规定标准为职工缴纳的失业保险费。 3)医疗保险费,是指企业按照规定标准为职工缴纳的基本医疗保险费。 4)生育保险费,是指企业按照规定标准为职工缴纳的生育保险费。 5)工伤保险费,是指企业按照规定标准为职工缴纳的工伤保险费。 (2)住房公积金,是指企业按规定标准为职工缴纳的住房公积金。 (3)工程排污费,是指按规定缴纳的施工现场工程排污费。 其他应列而未列入的规费,按实际发生计取	(1)社会保险费和住房公积金: 社会保险费和住房公积金应以定额人工费为计算基础,根据工程所在地省、自治区、直辖市或行业建设主管部门规定费率计算。 社会保险费和住房公积金＝$\sum$(工程定额人工费×社会保险费和住房公积金费率) 式中,社会保险费和住房公积金费率可以每万元发承包价的生产工人人工费和管理人员工资含量与工程所在地规定的缴纳标准综合分析取定。 (2)工程排污费: 工程排污费等其他应列而未列入的规费应按工程所在地环境保护等部门规定的标准缴纳,按实计取列入
税金	指国家税法规定的应计入建筑安装工程造价内的营业税、城市维护建设税、教育费附加以及地方教育附加	(1)税金计算公式: 税金＝税前造价×综合税率(%) (2)综合税率按下列规定确定: 1)纳税地点在市区的企业: 综合税率(%)＝$\dfrac{1}{1-3\%-3\%\times7\%-3\%\times3\%-3\%\times2\%}-1$ 2)纳税地点在县城、镇的企业: 综合税率(%)＝$\dfrac{1}{1-3\%-3\%\times5\%-3\%\times3\%-3\%\times2\%}-1$ 3)纳税地点不在市区、县城、镇的企业: 综合税率(%)＝$\dfrac{1}{1-3\%-3\%\times1\%-3\%\times3\%-3\%\times2\%}-1$ 4)实行营业税改增值税的,按纳税地点现行税率计算

二、按造价形成划分

2013 年 7 月 1 日起施行的《建筑安装工程费用项目组成》中规定:建筑安装工程费用项目按工程造价形成顺序划分为分部分项工程费、措施项目费、其他项目费、规费和税金(图 1-11)。

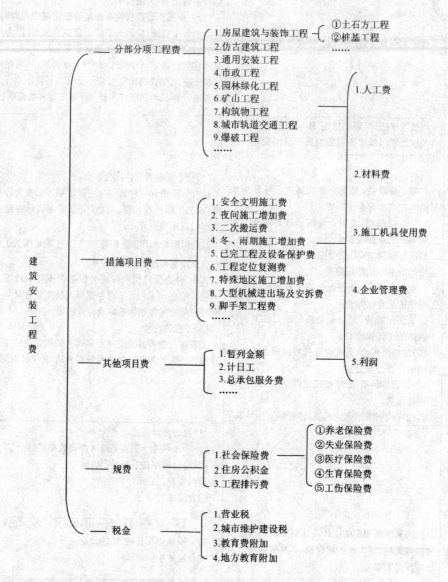

图 1-11 建筑安装工程费用项目组成表(按造价形成划分)

(1)分部分项工程费。分部分项工程费是指各专业工程的分部分项工程应予列支的各项费用。分部分项工程费的组成内容及参考计算方法,见表 1-8。

表 1-8   分部分项工程费的组成内容及参考计算方法

分部分项工程费的组成内容		分部分项工程费的参考计算方法
项目	项目说明	
专业工程	指按现行国家计量规范划分的房屋建筑与装饰工程、仿古建筑工程、通用安装工程、市政工程、园林绿化工程、矿山工程、构筑物工程、城市轨道交通工程、爆破工程等各类工程	分部分项工程费 = $\sum$（分部分项工程量×综合单价）
分部分项工程	指按现行国家计量规范对各专业工程划分的项目。如房屋建筑与装饰工程划分的土石方工程、地基处理与桩基工程、砌筑工程、钢筋及钢筋混凝土工程等。 各类专业工程的分部分项工程划分见现行国家或行业计量规范	式中，综合单价包括人工费、材料费、施工机具使用费、企业管理费和利润以及一定范围的风险费用（下同）

(2)措施项目费。措施项目费是指为完成建设工程施工，发生于该工程施工前和施工过程中的技术、生活、安全、环境保护等方面的费用。措施项目费的组成内容及参考计算方法，见表 1-9。

表 1-9   措施项目费的组成内容及参考计算方法

措施项目费的组成内容		措施项目费的参考计算方法
项目	项目说明	
安全文明施工费	(1)环境保护费，是指施工现场为达到环保部门要求所需要的各项费用。 (2)文明施工费，是指施工现场文明施工所需要的各项费用。 (3)安全施工费，是指施工现场安全施工所需要的各项费用。 (4)临时设施费，是指施工企业为进行建设工程施工所必须搭设的生活和生产用的临时建筑物、构筑物和其他临时设施费用。包括临时设施的搭设、维修、拆除、清理费或摊销费等	(1)国家计量规范规定应予计量的措施项目，其计算公式如下： 措施项目费 = $\sum$（措施项目工程量×综合单价） (2)国家计量规范规定不宜计量的措施项目计算方法如下： 1)安全文明施工费。 安全文明施工费＝计算基数×安全文明施工费费率(%) 计算基数应为定额基价(定额分部分项工程费＋定额中可以计量的措施项目费)、定额人工费或(定额人工费＋定额机械费)，其费率由工程造价管理机构根据各专业工程的特点综合确定。
夜间施工增加费	指因夜间施工所发生的夜班补助费、夜间施工降效、夜间施工照明设备摊销及照明用电等费用	2)夜间施工增加费。 夜间施工增加费＝计算基数×夜间施工增加费费率(%)
二次搬运费	指因施工场地条件限制而发生的材料、构配件、半成品等一次运输不能到达堆放地点，必须进行二次或多次搬运所发生的费用	
冬雨期施工增加费	指在冬期或雨期施工需增加的临时设施、防滑、排除雨雪，人工及施工机械效率降低等费用	

续表

措施项目费的组成内容		措施项目费的参考计算方法
项目	项目说明	
已完工程及设备保护费	指竣工验收前,对已完工程及设备采取的必要保护措施所发生的费用	3)二次搬运费。 二次搬运费＝计算基数×二次搬运费费率(%)
工程定位复测费	指工程施工过程中进行全部施工测量放线和复测工作的费用	4)冬雨期施工增加费。 冬雨期施工增加费＝计算基数×冬雨期施工增加费费率(%)
特殊地区施工增加费	指工程在沙漠或其边缘地区、高海拔、高寒、原始森林等特殊地区施工增加的费用	5)已完工程及设备保护费。 已完工程及设备保护费＝计算基数×已完工程及设备保护费费率(%)
大型机械设备进出场及安拆费	指机械整体或分体自停放场地运至施工现场或由一个施工地点运至另一个施工地点,所发生的机械进出场运输及转移费用及机械在施工现场进行安装、拆卸所需的人工费、材料费、机械费、试运转费和安装所需的辅助设施的费用	上述 2)～5)项措施项目的计费基数应为定额人工费或(定额人工费＋定额机械费),其费率由工程造价管理机构根据各专业工程特点和调查资料综合分析后确定
脚手架工程费	指施工需要的各种脚手架搭、拆、运输费用以及脚手架购置费的摊销(或租赁)费用	

注:措施项目及其包含的内容详见各类专业工程的现行国家或行业计量规范。

(3)其他项目费。其他项目费的组成内容及参考计算方法,见表 1-10。

表 1-10　　　　　　　　其他项目费的组成内容及参考计算方法

措施项目费的组成内容		措施项目费的参考计算方法
项目	项目说明	
暂列金额	指建设单位在工程量清单中暂定并包括在工程合同价款中的一笔款项。用于施工合同签订时尚未确定或者不可预见的所需材料、工程设备、服务的采购,施工中可能发生的工程变更、合同约定调整因素出现时的工程价款调整以及发生的索赔、现场签证确认等的费用	(1)暂列金额由建设单位根据工程特点,按有关计价规定估算,施工过程中由建设单位掌握使用、扣除合同价款调整后如有余额,归建设单位。
计日工	指在施工过程中,施工企业完成建设单位提出的施工图纸以外的零星项目或工作所需的费用	(2)计日工由建设单位和施工企业按施工过程中的签证计价。
总承包服务费	指总承包人为配合、协调建设单位进行的专业工程发包,对建设单位自行采购的材料、工程设备等进行保管以及施工现场管理、竣工资料汇总整理等服务所需的费用	(3)总承包服务费由建设单位在招标控制价中根据总包服务范围和有关计价规定编制,施工企业投标时自主报价,施工过程中按签约合同价执行

(4)规费和税金。规费和税金的组成内容及参考计算方法,见表 1-7。建设单位和施工企业均应按照省、自治区、直辖市,或行业建设主管部门发布标准计算规费和税金,不得作为竞争性费用。

第五节　工程造价计价方法

我国长期以来在工程价格形成中实行定额计价制度,后来在建筑市场实行改革开放的过程中,逐步实行了工程量清单计价制度。但由于各省、直辖市、自治区实际情况的差异,目前的工程计价模式为:既施行了与国际做法一致的工程量清单计价模式,又保留了传统的定额计价模式。

一、工程造价定额计价方法

定额计价是指采用概(预)算定额中的定额单价进行工程计价的方法。它是按照全国统一的工程量计算规则、各地建设主管部门颁布的定额单价和取费标准等,按照计量、套价、取费的程序进行计价。

以定额计价方法确定工程造价,是我国采用的一种与计划经济相适应的工程造价管理制度。定额计价实际上是国家通过颁布统一的估算指标、概算指标,以及概算、预算和有关定额来对建筑产品价格进行有计划的管理。国家以假定的建筑安装产品为对象,制定统一的预算和概算定额。计算出每一单位子项的费用后,再综合形成整个工程的价格。工程计价的基本程序如图 1-12 所示。

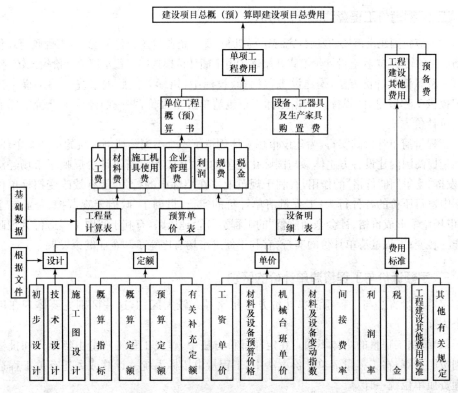

图 1-12　工程造价定额计价程序示意图

从图 1-11 中可以看出,编制建设工程造价最基本的过程有两个:工程量计算和工程计价。为统一口径,工程量的计算均按照统一的项目划分和工程量计算规则计算。工程量确定以后,就可以按照一定的方法确定出工程的成本及盈利,最终可以确定出工程预算造价(或投标报价)。定额计价方法的特点就是一个量与价结合的问题。概(预)算定额所确定的消耗量乘以定额单价或市场价,经过不同层次的计算达到量与价的最优结合过程。

确定建筑产品价格定额计价的基本方法和程序如下:

(1)单位工程概(预)算造价。

单位工程概(预)算造价＝单位工程概(预)算人工费＋材料费＋施工机具使用费＋企业管理费＋利润＋规费＋税金

(2)单项工程(工程项目)综合概(预)算造价。

$$单项工程综合概(预)算＝\sum\left(\genfrac{}{}{0pt}{}{单位工程概}{(预)算造价}＋\genfrac{}{}{0pt}{}{设备、工器具及}{生产家具购置费}\right)$$

如不编制总概(预)算时,则:

$$\genfrac{}{}{0pt}{}{工程项目综合概}{(预)算造价}＝\sum\left(\genfrac{}{}{0pt}{}{单位工程概}{(预)算造价}＋\genfrac{}{}{0pt}{}{设备、工器具及}{生产家具购置费}＋\genfrac{}{}{0pt}{}{摊入该单项工程}{的其他费用}＋预备费\right)$$

(3)建设项目总概(预)算造价(总费用)。

$$\genfrac{}{}{0pt}{}{建设项目总}{概(预)算造价}＝\sum\left(\genfrac{}{}{0pt}{}{单项工程概}{(预)算造价}＋\genfrac{}{}{0pt}{}{工程建设}{其他费用}＋预备费\right)$$

二、工程造价工程量清单计价方法

为适应我国建设市场的发展,完善市场机制,发挥企业自主报价的能力,实现政府定价到市场定价的转变,工程造价计价模式开始逐步由定额计价模式向工程量清单计价模式转变。

工程量清单计价方法,是建设工程招标、投标中,招标人按照国家统一的工程量计算规则提供工程数量,由投标人依据招标工程量清单自主报价,并按照经评审低价中标的工程造价计价方式。

工程量清单计价的实行,为建设市场主体创造了一个与国际惯例接轨的市场竞争环境,有利于提高国内建设各方主体参与国际化竞争的能力;工程量清单计价反映了市场经济规律,发挥"竞争"和"价格"的作用,有利于规范业主在招标中的行为,能有效改变招标单位在招标中盲目压价的各种行为;工程量清单计价的实行,贯彻了"政府宏观调控、企业自主报价、市场竞争形成价格、社会全面监督"的工程造价管理思路,有利于我国工程造价管理政府职能的转变;工程量清单计价的实行,有利于促进市场有序竞争和企业健康发展。

三、定额计价与工程量清单计价的区别

定额计价方法与工程量清单计价方法相比具有较大区别,这些区别主要体现在以下几个方面:

(1)编制工程量的主体不同。在定额计价方法中,建设工程工程量由招标人和投标人分别按图计算;在工程量清单计价方法中,工程量由招标人统一计算或委托有关工程造价咨询资质单位统一计算。

(2)单价与报价的组成不同。定额计价方法的单价包括人工费、材料费、施工机具使

用费;工程量清单计价方法采用综合单价形式,综合单价包括人工费、材料费、施工机具使用费、管理费、利润,并考虑风险因素。

(3)适用阶段不同。定额计价主要用于在项目建设前期各阶段对于建设投资的预测和估计,在工程建设交易阶段,工程定额通常只能作为建设产品价格形成的辅助依据;工程量清单计价依据主要适用于合同价格形成,以及后续的合同价格管理阶段。

(4)合同价格的调整方式不同。定额计价方法形成的合同价格,其主要调整方式有变更签证、定额解释、政策性调整;工程量清单计价方法在一般情况下单价是相对固定的,减少了在合同实施过程中的调整活口。通常情况下,如果清单项目的数量没有增减,就能够保证合同价格基本没有调整,从而保证了其稳定性,也便于业主进行资金准备和筹划。

(5)计价依据不同。定额计价模式的主要计价依据为国家、省、有关专业部门制定的各种定额,其性质具有指导性,定额的项目划分一般按施工工序分项,每个分项工程项目所含的工程内容一般是单一的;工程量清单计价模式的主要计价依据为"清单计价规范",其性质是含有强制性条文的国家标准,清单的项目划分一般是按"综合实体"进行分项的,每个分项工程一般包含多项工程内容。

四、建筑安装工程计价程序

1. 工程招标控制价计价程序

建设单位工程招标控制价计价程序见表 1-11。

表 1-11　　　　　　　　　建设单位工程招标控制价计价程序

工程名称:　　　　　　　　　　　标段:

序　号	内　　容	计算方法	金　　额/元
1	分部分项工程费	按计价规定计算	
1.1			
1.2			
1.3			
1.4			
1.5			
2	措施项目费	按计价规定计算	
2.1	其中:安全文明施工费	按规定标准计算	
3	其他项目费		

续表

序　号	内　　容	计算方法	金　额/元
3.1	其中:暂列金额	按计价规定估算	
3.2	其中:专业工程暂估价	按计价规定估算	
3.3	其中:计日工	按计价规定估算	
3.4	其中:总承包服务费	按计价规定估算	
4	规费	按规定标准计算	
5	税金(扣除不列入计税范围的工程设备金额)	(1+2+3+4)×规定税率	

招标控制价合计=1+2+3+4+5

2. 工程投标报价计价程序

施工企业工程投标报价计价程序见表 1-12。

表 1-12　　　　　　　　　施工企业工程投标报价计价程序

工程名称:　　　　　　　　　　　标段:

序　号	内　　容	计算方法	金　额/元
1	分部分项工程费	自主报价	
1.1			
1.2			
1.3			
1.4			
1.5			
2	措施项目费	自主报价	
2.1	其中:安全文明施工费	按规定标准计算	
3	其他项目费		
3.1	其中:暂列金额	按招标文件提供金额计列	
3.2	其中:专业工程暂估价	按招标文件提供金额计列	
3.3	其中:计日工	自主报价	
3.4	其中:总承包服务费	自主报价	
4	规费	按规定标准计算	
5	税金(扣除不列入计税范围的工程设备金额)	(1+2+3+4)×规定税率	

投标报价合计=1+2+3+4+5

3. 竣工结算计价程序

竣工结算计价程序见表1-13。

表 1-13　　　　　　　　　**竣工结算计价程序**

工程名称：　　　　　　　　　　　　　　标段：

序　号	汇总内容	计算方法	金　额/元
1	分部分项工程费	按合同约定计算	
1.1			
1.2			
1.3			
1.4			
1.5			
2	措施项目	按合同约定计算	
2.1	其中:安全文明施工费	按规定标准计算	
3	其他项目		
3.1	其中:专业工程结算价	按合同约定计算	
3.2	其中:计日工	按计日工签证计算	
3.3	其中:总承包服务费	按合同约定计算	
3.4	索赔与现场签证	按发承包双方确认数额计算	
4	规费	按规定标准计算	
5	税金(扣除不列入计税范围的工程设备金额)	(1+2+3+4)×规定税率	

竣工结算总价合计＝1+2+3+4+5

第二章 通风空调工程施工图识读

第一节 通风空调工程施工图的组成

通风空调工程施工图是设计意图的体现,是进行安装工程施工的依据,也是编制施工图预算的重要依据,一般由图纸与文字说明两部分组成。图纸部分包括基本图和详图。基本图主要包括通风空调系统平面图、剖面图、轴测图、原理图等;详图主要是指系统中某局部或部件的放大图、加工图、施工图等。如果详图中采用了标准图或其他工程图纸,那么在图纸目录中必须附有说明。文字说明部分包括图纸目录、设计施工说明、设备及主要材料表。

一、基本图

1. 系统平面图

通风空调系统平面图主要说明通风空调系统的设备,系统风道,冷、热媒管道,凝结水管道的平面布置。它主要包括下述内容:

(1)空调通风风管布置平面图。在通风空调系统中,平面图上表明风管、部件及设备在建筑物内的平面坐标位置,如图 2-1 所示。

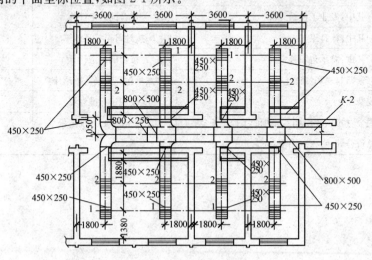

图 2-1 空调系统平面图

(2)空调水管布置平面图。空调水系统包括空调冷(热)水、凝结水管道等,因此,必须画出反映系统水管及水管上各部件、设备位置的平面布置图。

(3)空调冷冻机房平面图。空调冷冻机房平面图的内容主要有:制冷机组的型号、台数及其布置;冷冻水泵、冷凝水泵、水箱、冷却塔的型号、台数及其布置;冷(热)媒管道的布置;各设备、管道和管道上的配件(如过滤器、阀门等)的尺寸大小和定位尺寸。

2. 系统剖面图

系统剖面图上表明通风管路及设备在建筑物中的垂直位置、相互之间的关系、标高及尺寸。在剖面图上,可以看出风机、风管及部件、风帽的安装高度,如图 2-2 所示。

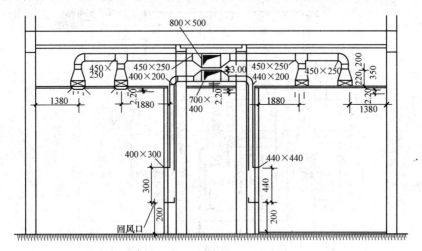

图 2-2　空调系统剖面图

3. 系统轴测图

系统轴测图又称透视图。通风空调系统管路纵横交错,在平面图和剖面图上难以表达管线的空间走向,采用轴测投影绘制出管路系统单线条的立体图,可以完整而形象地将风管、部件及附属设备之间的相对位置的空间关系表示出来。系统轴测图上还注明风管、部件及附属设备的标高、各段风管的断面尺寸、(送)回(排)风口的形式和风量值等。如图 2-3所示为空调系统轴测图。

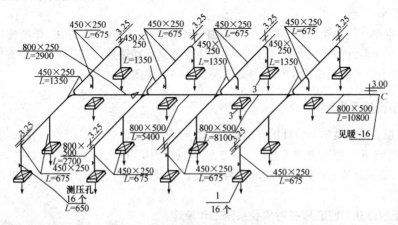

图 2-3　空调系统轴测图

4. 系统原理图

系统原理图是综合性的示意图,它将空气处理设备、通风管路、冷(热)源管路、自动调节及检测系统联结成一个整体,构成一个整体的通风空调系统,如图 2-4 所示、它表达了系统的工作原理及各环节的有机联系。这种图样,一般通风空调系统不绘制,只有比较复杂的通风空调工程才绘制。

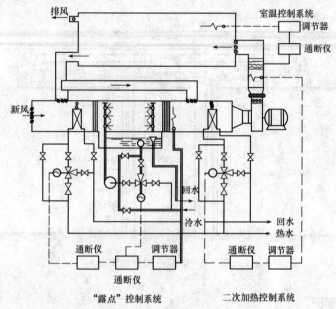

图 2-4　空调系统原理图

二、详图

详图又称大样图,包括制作加工详图和安装详图。如果是国家通用标准图,则只标明图号,不再将图画出,需要时直接查标准图即可。如果没有标准图,必须画出大样图,以便加工、制作和安装。

通风空调详图表明风管、部件及设备制作和安装的具体形式、方法,详细构造及加工尺寸。对于一般性的通风空调工程,通常都使用国家标准图册,只是对于一些有特殊要求的工程,则由设计部门根据工程的特殊情况设计施工详图。

三、设计施工说明

设计施工说明是整套设计图样的首页,对于简单项目建筑一般可不做首页,其内容可与平面图等合并。通风空调工程设计施工说明包括图例、图纸目录、文字说明、技术要求、技术参数、质量标准、主要设备及部配件明细表以及采用的标准图等,主要应包括以下内容:

(1)工程性质、规模、服务对象及系统工作原理。

(2)通风空调系统的工作方式、系列划分和组成以及系统总送、排风量和各风口的送、排风量。

（3）通风空调系统的设计参数。如室外气象参数、室内温湿度、室内含尘浓度、换气次数以及空气状态参数等。

（4）施工质量要求和特殊的施工方法。

（5）保温、油漆等的施工要求。

第二节　通风空调工程施工图的表示方法

一、一般规定

1. 图线

（1）图线的基本宽度 b 和线宽组，应根据图样的比例、类别及使用方式确定。

（2）基本宽度 b 宜选用 0.18mm、0.35mm、0.5mm、0.7mm、1.0mm。

（3）图样中仅使用两种线宽时，线宽组宜为 b 和 $0.25b$。三种线宽的线宽组宜为 b、$0.5b$ 和 $0.25b$，并应符合表 2-1 的规定。

表 2-1　　　　　　　　　　　　　　　　线宽组

线宽比	线　宽　组/mm			
b	1.4	1.0	0.7	0.5
$0.7b$	1.0	0.7	0.5	0.35
$0.5b$	0.7	0.5	0.35	0.25
$0.25b$	0.35	0.25	0.18	0.13

注：需要缩微的图纸，不宜采用 0.18mm 及更细的线宽。

（4）在同一张图纸内，各不同线宽组的细线，可统一采用最小线宽组的细线。

（5）暖通空调专业制图采用的线型及其含义，宜符合表 2-2 的规定。

（6）图样中也可使用自定义图线及含义，但应明确说明，且其含义不应与表 2-2 发生矛盾。

表 2-2　　　　　　　　　　　　　　　线型及其含义

名　称		线　型	线　宽	一般用途
实线	粗	——————	b	单线表示的供水管线
	中粗	——————	$0.7b$	本专业设备轮廓，双线表示的管道轮廓
	中	——————	$0.5b$	尺寸、标高、角度等标注线及引出线；建筑物轮廓
	细	——————	$0.25b$	建筑布置的家具、绿化等；非本专业设备轮廓
虚线	粗	– – – – –	b	回水管线及单根表示的管道被遮挡的部分
	中粗	– – – – –	$0.7b$	本专业设备及双线表示的管道被遮挡的轮廓
	中	– – – – –	$0.5b$	地下管沟、改造前风管的轮廓线；示意性连线
	细	– – – – –	$0.25b$	非本专业虚线表示的设备轮廓等

续表

名　称		线　型	线　宽	一般用途
波浪线	中	〰〰〰	0.5b	单线表示的软管
	细	〜〜〜	0.25b	断开界线
单点长画线		—·—·—	0.25b	轴线、中心线
双点长画线		—··—··	0.25b	假想或工艺设备轮廓线
折断线		—〜—	0.25b	断开界线

2. 比例

总平面图、平面图的比例,宜与工程项目设计的主导专业一致,其余可按表 2-3 选用。

表 2-3 　　　　　　　　　　　　　　**比例**

图　　名	常用比例	可用比例
剖面图	1:50、1:100	1:150、1:200
局部放大图、管沟断面图	1:20、1:50、1:100	1:25、1:30、1:150、1:200
索引图、详图	1:1、1:2、1:5、1:10、1:20	1:3、1:4、1:15

二、通风空调工程图样画法

通风空调工程图样画法一般应符合以下规定:

(1)各工程、各阶段的设计图纸应满足相应的设计深度要求。

(2)本专业设计图纸编号应独立。

(3)在同一套工程设计图纸中,图样线宽组、图例、符号等应一致。

(4)在工程设计中,宜依次表示图纸目录、选用图集(纸)目录、设计施工说明、图例、设备及主要材料表、总图、工艺图、系统图、平面图、剖面图、详图等,如单独成图时,其图纸编号应按所述顺序排列。

(5)图样需用的文字说明,宜以"注:""附注:"或"说明:"的形式在图纸右下方、标题栏的上方书写,并应用"1、2、3……"进行编号。

(6)一张图幅内绘制平、剖面等多种图样时,宜按平面图、剖面图、安装详图,从上至下、从左至右的顺序排列;当一张图幅绘有多层平面图时,宜按建筑层次由低至高,由下而上顺序排列。

(7)图纸中的设备或部件不便用文字标注时,可进行编号。图样中仅标注编号时,其名称宜以"注:""附注:"或"说明:"表示。如需表明其型号(规格)、性能等内容时,宜用"明细表"表示,如图 2-5 所示。

(8)初步设计和施工图设计的设备表应至少包括序号(或编号)、设备名称、技术要求、数量、备注栏;材料表应至少包括序号(或编号)、材料名称、规格或物理性能、数量、单位、备注栏。

图 2-5　明细表示例

关键细节 1　管道和设备布置平面图、剖面图及详图的画法

(1)管道和设备布置平面图、剖面图应以直接正投影法绘制。

(2)用于通风空调系统设计的建筑平面图、剖面图,应用细实线绘出建筑轮廓线和与通风空调系统有关的门、窗、梁、柱、平台等建筑构配件,并应标明相应定位轴线编号、房间名称、平面标高。

(3)管道和设备布置平面图应按假想除去上层板后俯视规则绘制,其相应的垂直剖面图应在平面图中标明剖切符号,如图 2-6 所示。

(4)剖视的剖切符号应由剖切位置线、投射方向线及编号组成,剖切位置线和投射方向线均应以粗实线绘制。剖切位置线的长度宜为 6～10mm;投射方向线长度应短于剖切位置线宜为 4～6mm;剖切位置线和投射方向线不应与其他图线相接;编号宜用阿拉伯数字,并宜标在投射方向线的端部;转折的剖切位置线,宜在转角的外顶角处加注相应编号。

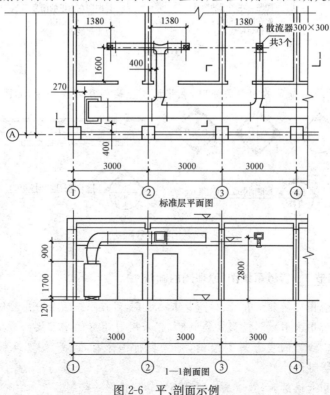

图 2-6　平、剖面示例

(5)断面的剖切符号应用剖切位置线和编号表示。剖切位置线宜为长度 6～10mm 的粗实线；编号可用阿拉伯数字、罗马数字或小写拉丁字母,标在剖切位置线的一侧,并应表示投射方向。

(6)平面图上应标注设备、管道定位(中心、外轮廓)线与建筑定位(轴线、墙边、柱边、柱中)线间的关系；剖面图上应注出设备、管道(中、底或顶)标高。必要时,还应注出距该层楼(地)板面的距离。

(7)剖面图应在平面图上选择反映系统全貌的部位垂直剖切后绘制。当剖切的投射方向为向下和向右,且不致引起误解时,可省略剖切方向线。

(8)建筑平面图采用分区绘制时,暖通空调专业平面图也可分区绘制。但分区部位应与建筑平面图一致,并应绘制分区组合示意图。

(9)除方案设计、初步设计及精装修设计外,平面图、剖面图中的水、汽管道可用单线绘制,风管不宜用单线绘制。

(10)平面图、剖面图中的局部需另绘详图时,应在平、剖面图上标注索引符号。索引符号的画法,如图 2-7 所示。

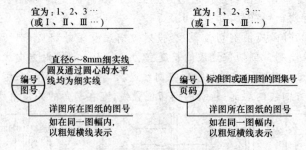

图 2-7　索引符号画法

(11)当表示局部位置的相互关系时,在平面图上应标注内视符号,如图 2-8 所示。

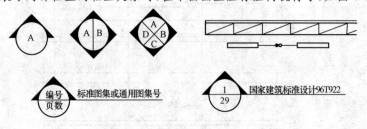

图 2-8　内视符号画法

关键细节 2　管道系统图、原理图的画法

(1)管道系统图应能确认管径、标高及末端设备,可按系统编号分别绘制。

(2)管道系统图采用轴测投影法绘制时,宜采用与相应的平面图一致的比例,按正等轴测或正面斜二轴测的投影规则绘制,可按现行国家标准《房屋建筑制图统一标准》(GB/T 50001)绘制。

(3)在不致引起误解时,管道系统图可不按轴测投影法绘制。

（4）管道系统图的基本要素应与平、剖面图相对应。

（5）水、汽管道及通风、空调管道系统图均可用单线绘制。

（6）系统图中的管线重叠、密集处，可采用断开画法。断开处宜以相同的小写拉丁字母表示，也可用细虚线连接。

（7）室外管网工程设计宜绘制管网总平面图和管网纵剖面图。

（8）原理图可不按比例和投影规则绘制。

（9）原理图基本要素应与平面图、剖视图及管道系统图相对应。

关键细节 3　系统编号的画法

（1）通风空调系统编号、入口编号，应由系统代号和顺序号组成。

（2）系统代号用大写拉丁字母表示（表 2-4）；顺序号用阿拉伯数字表示，如图 2-9 所示。当一个系统出现分支时，可采用图 2-9（b）的画法。

表 2-4　　　　　　　　　　　系统代号

序号	字母代号	系统名称	序号	字母代号	系统名称
1	N	（室内）供暖系统	9	H	回风系统
2	L	制冷系统	10	P	排风系统
3	R	热力系统	11	XP	新风换气系统
4	K	空调系统	12	JY	加压送风系统
5	J	净化系统	13	PY	排烟系统
6	C	除尘系统	14	P(PY)	排风兼排烟系统
7	S	送风系统	15	RS	人防送风系统
8	X	新风系统	16	RP	人防排风系统

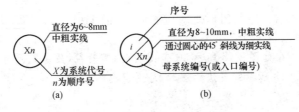

图 2-9　系统代号、编号的画法

（3）系统编号宜标注在系统总管处。竖向布置的垂直管道系统应标注立管号，如图 2-10 所示。在不致引起误解时，可只标注序号，但应与建筑轴线编号有明显区别。

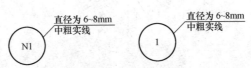

图 2-10　立管号的画法

关键细节 4　管道标高、管径(压力)、尺寸标注的画法

(1)在无法标注垂直尺寸的图样中,应标注标高。标高应以米为单位,并应精确到厘米或毫米。

(2)标高符号应以直角等腰三角形表示。当标准层较多时,可只标注与本层楼(地)板面的相对标高,如图 2-11 所示。

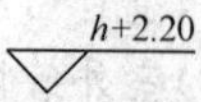

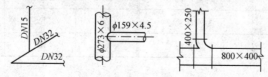

图 2-11　相对标高的画法

(3)水、汽管道所注标高未予说明时,应表示为管中心标高。

(4)水、汽管道标注管外底或顶标高时,应在数字前加"底"或"顶"字样。

(5)矩形风管所注标高应表示管底标高;圆形风管所注标高应表示管中心标高。当不采用此方法标注时,应进行说明。

(6)低压流体输送用焊接管道规格应标注公称通径或压力。公称通径的标记应由字母"DN"后跟一个以毫米表示的数值组成;公称压力的代号应为"PN"。

(7)输送流体用无缝钢管、螺旋缝或直缝焊接钢管、铜管、不锈钢管,当需要注明外径和壁厚时,应用"D(或 ϕ)外径×壁厚"表示。在不致引起误解时,也可采用公称通径表示。

(8)塑料管外径应用"de"表示。

(9)圆形风管的截面定型尺寸应以直径"ϕ"表示,单位应为 mm。

(10)矩形风管(风道)的截面定型尺寸应以"$A×B$"表示。"A"应为该视图投影面的边长尺寸,"B"应为另一边尺寸。A、B 单位均应为 mm。

(11)平面图中无坡度要求的管道标高可标注在管道截面尺寸后的括号内。必要时,应在标高数字前加"底"或"顶"的字样。

(12)水平管道的规格宜标注在管道的上方;竖向管道的规格宜标注在管道的左侧。双线表示的管道,其规格可标注在管道轮廓线内,如图 2-12 所示。

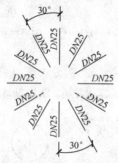

图 2-12　管道截面尺寸的画法

(13)当斜管道不在如图 2-13 所示 30°范围内时,其管径(压力)、尺寸应平行标在管道的斜上方。不用图 2-13 所示的方法标注时,可用引出线标注。

图 2-13　管径(压力)的标注位置示例

（14）多条管线的规格标注方法，如图 2-14 所示。

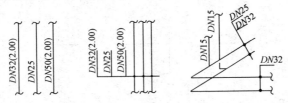

图 2-14　多条管线规格画法

（15）风口表示方法，如图 2-15 所示。

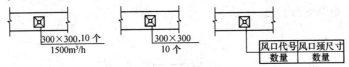

图 2-15　风口、散流器表示方法

（16）图样中尺寸标注应按现行国家标准的有关规定执行。

（17）平面图、剖面图上如需标注连续排列的设备或管道的定位尺寸和标高时，应至少有一个误差自由段，如图 2-16 所示。

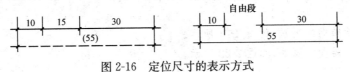

图 2-16　定位尺寸的表示方式

关键细节 5　管道转向、分支、重叠及密集处的画法

（1）单线管道转向的画法，如图 2-17 所示。

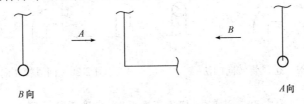

图 2-17　单线管道转向画法

（2）双线管道转向的画法，如图 2-18 所示。

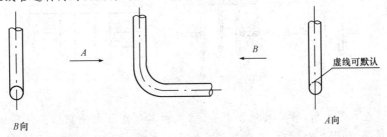

图 2-18　双线管道转向画法

(3)单线管道分支的画法,如图 2-19 所示。

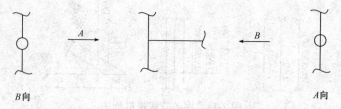

图 2-19　单线管道分支画法

(4)双线管道分支的画法,如图 2-20 所示。

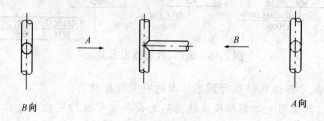

图 2-20　双线管道分支画法

(5)送风管转向的画法,如图 2-21 所示。

(6)回风管转向的画法,如图 2-22 所示。

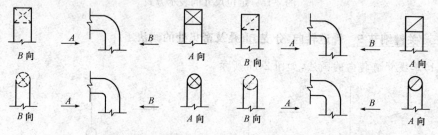

图 2-21　送风管转向画法　　　　图 2-22　回风管转向画法

(7)平面图、剖视图中管道因重叠、密集需断开时,应采用断开画法,如图 2-23 所示。

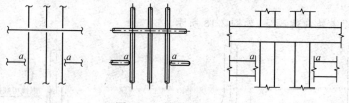

图 2-23　管道断开画法

(8)管道在本图中断,转至其他图面表示(或由其他图面引来)时,应注明转至(或来自)的图纸编号,如图 2-24 所示。

(9)管道交叉的画法,如图2-25所示。

(10)管道跨越的画法,如图2-26所示。

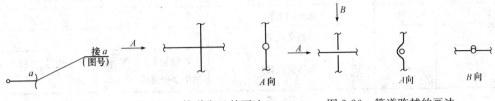

图2-24 管道在 图2-25 管道交叉的画法 图2-26 管道跨越的画法
本图中断的画法

第三节 通风空调工程施工图常用图例

一、水、汽管道

(1)水、汽管道可用线型区分,也可用代号区分。水、汽管道代号宜按表2-5采用。

表 2-5　　　　　　　　　　水、汽管道代号

序　号	代　号	管道名称	备　注
1	RG	采暖热水供水管	可附加1、2、3等表示同一个代号、不同参数的多种管道
2	RH	采暖热水回水管	可通过实线、虚线表示供、回关系省略字母G、H
3	LG	空调冷水供水管	—
4	LH	空调冷水回水管	—
5	KRG	空调热水供水管	—
6	KRH	空调热水回水管	—
7	LRG	空调冷、热水供水管	—
8	LRH	空调冷、热水回水管	—
9	LQG	冷却水供水管	—
10	LQH	冷却水回水管	—
11	N	空调冷凝水管	—
12	PZ	膨胀水管	—
13	BS	补水管	—
14	X	循环管	—
15	LM	冷媒管	—
16	YG	乙二醇供水管	—
17	YH	乙二醇回水管	—
18	BG	冰水供水管	—

续表

序　号	代　号	管道名称	备　注
19	BH	冰水回水管	—
20	ZG	过热蒸汽管	—
21	ZB	饱和蒸汽管	可附加 1、2、3 等表示同一个代号、不同参数的多种管道
22	Z2	二次蒸汽管	—
23	N	凝结水管	—
24	J	给水管	—
25	SR	软化水管	—
26	CY	除氧水管	—
27	GG	锅炉进水管	—
28	JY	加药管	—
29	YS	盐溶液管	—
30	XI	连续排污管	—
31	XD	定期排污管	—
32	XS	泄水管	—
33	YS	溢水(油)管	—
34	R_1G	一次热水供水管	—
35	R_1H	一次热水回水管	—
36	F	放空管	—
37	FAQ	安全阀放空管	—
38	O1	柴油供油管	—
39	O2	柴油回油管	—
40	OZ1	重油供油管	—
41	OZ2	重油回油管	—
42	OP	排油管	—

(2)自定义水、汽管道代号不应与表 2-5 的规定矛盾,并应在相应图面说明。

(3)水、汽管道阀门和附件的图例宜按表 2-6 采用。

表 2-6　　　　　　　　　　水、汽管道阀门和附件的图例

序号	名　称	图　例	备　注
1	截止阀	——▷◁——	—
2	闸阀	——▷◁——	—

续一

序号	名　称	图　例	备　注
3	球阀	⋈	—
4	柱塞阀	⋈	—
5	快开阀	⋈	—
6	蝶阀	⊢|∙⊣	▱
7	旋塞阀	⊥	—
8	止回阀	▷	◁
9	浮球阀	○—	—
10	三通阀	⋈	—
11	平衡阀	⋈	—
12	定流量阀	⋈	—
13	定压差阀	⋈	—
14	自动排气阀	⯐	—
15	集气罐、放气阀	⊦	—
16	节流阀	◀▷	—
17	调节止回关断阀	◀◀	水泵出口用
18	膨胀阀	⋈	—
19	排入大气或室外	⌐	—

序号	名　称	图　例	备　注
20	安全阀		—
21	角阀		—
22	底阀		—
23	漏斗		—
24	地漏		—
25	明沟排水		—
26	向上弯头		—
27	向下弯头		—
28	法兰封头 或管封		—
29	上出三通		—
30	下出三通		—
31	变径管		—
32	活接头或 法兰连接		—
33	固定支架		—
34	导向支架		—
35	活动支架		—
36	金属软管		—

续三

序号	名　称	图　例	备　注
37	可屈挠橡胶软接头		—
38	Y形过滤器		—
39	疏水器		—
40	减压阀		左高右低
41	直通型（或反冲型）除污器		—
42	除垢仪		—
43	补偿器		—
44	矩形补偿器		—
45	套管补偿器		—
46	波纹管补偿器		—
47	弧形补偿器		—
48	球形补偿器		—
49	伴热管		—
50	保护套管		—
51	爆破膜		—
52	阻火器		—
53	节流孔板、减压孔板		—

续四

序号	名　称	图　例	备　注
54	快速接头		—
55	介质流向	⟶ 或 ⟹	在管道断开处时，流向符号宜标注在管道中心线上，其余可同管径标注位置
56	坡度及坡向	$i=0.003$ 或 ⟶ $i=0.003$	坡度数值不宜与管道起、止点标高同时标注。标注位置同管径标注位置

二、风道

（1）风道代号宜按表 2-7 采用。

表 2-7　　　　　　　　　　　　风道代号

序　号	代　号	管道名称	备　注
1	SF	送风管	—
2	HF	回风管	一、二次回风可附加 1、2 区别
3	PF	排风管	
4	XF	新风管	
5	PY	消防排烟风管	
6	ZY	加压送风管	
7	P(Y)	排风、排烟兼用风管	
8	XB	消防补风风管	
9	S(B)	送风兼消防补风风管	

（2）自定义风道代号不应与表 2-7 的规定矛盾，并应在相应图面说明。

（3）风道、阀门及附件的图例宜按表 2-8 和表 2-9 采用。

表 2-8　　　　　　　　　　风道、阀门及附件的图例

序号	名　称	图　例	备　注
1	矩形风管	***×***	宽×高(mm)
2	圆形风管	ϕ***	ϕ 直径(mm)
3	风管向上		

续一

序号	名　称	图　例	备　注
4	风管向下		—
5	风管上升摇手弯		—
6	风管下降摇手弯		—
7	天圆地方		左接矩形风管，右接圆形风管
8	软风管		—
9	圆弧形弯头		
10	带导流片的矩形弯头		
11	消声器		
12	消声弯头		—
13	消声静压箱		—
14	风管软接头		
15	对开多叶调节风阀		
16	蝶阀		
17	插板阀		—
18	止回风阀		

续二

序号	名　称	图　例	备　注
19	余压阀	DPV　　　DPV	—
20	三通调节阀		—
21	防烟、防火阀	***　　　***	＊＊＊表示防烟、防火阀名称代号
22	方形风口		—
23	条缝形风口		—
24	矩形风口		—
25	圆形风口		—
26	侧面风口		—
27	防雨百叶		—
28	检修门	J　　　J	—
29	气流方向		左为通用表示法,中表示送风,右表示回风
30	远程手控盒	B	防排烟用
31	防雨罩		—

表 2-9　　　　　　　　　　　　　　风口和附件代号

序号	代号	图例	备注
1	AV	单层格栅风口,叶片垂直	—
2	AH	单层格栅风口,叶片水平	—
3	BV	双层格栅风口,前组叶片垂直	—
4	BH	双层格栅风口,前组叶片水平	—
5	C*	矩形散流器,* 为出风面数量	—
6	DF	圆形平面散流器	—
7	DS	圆形凸面散流器	—
8	DP	圆盘形散流器	—
9	DX*	圆形斜片散流器,* 为出风面数量	—
10	DH	圆环形散流器	—
11	E*	条缝形风口,* 为条缝数	—
12	F*	细叶形斜出风散流器,* 为出风面数量	—
13	FH	门铰形细叶回风口	—
14	G	扁叶形直出风散流器	—
15	H	百叶回风口	—
16	HH	门铰形百叶回风口	—
17	J	喷口	—
18	SD	旋流风口	—
19	K	蛋格形风口	—
20	KH	门铰形蛋格式回风口	—
21	L	花板回风口	—
22	CB	自垂百叶	—
23	N	防结露送风口	用于所用类型风口代号前
24	T	低温送风口	用于所用类型风口代号前
25	W	防雨百叶	—
26	B	带风口风箱	—
27	D	带风阀	—
28	F	带过滤网	—

三、通风空调设备

通风空调设备的图例宜按表 2-10 采用。

表 2-10　　　　　　　　　　　　通风空调设备图例

序号	名　称	图　例	备　注
1	散热器及手动放气阀		左为平面图画法,中为剖面图画法,右为系统图(Y 轴侧)画法
2	散热器及温控阀		—
3	轴流风机		
4	轴(混)流式管道风机		
5	离心式管道风机		
6	吊顶式排气扇		—
7	水泵		—
8	手摇泵		—
9	变风量末端		—
10	空调机组加热、冷却盘管		从左到右分别为加热、冷却及双功能盘管
11	空气过滤器		从左至右分别为粗效、中效及高效
12	挡水板		—
13	加湿器		—
14	电加热器		—
15	板式换热器		—
16	立式明装风机盘管		—
17	立式暗装风机盘管		—

序号	名 称	图 例	备 注
18	卧式明装风机盘管		—
19	卧式暗装风机盘管		—
20	窗式空调器		—
21	分体空调器	室内机　室外机	—
22	射流诱导风机		—
23	减振器	⊙　△	左为平面图画法,右为剖面图画法

四、调控装置及仪表

调控装置及仪表的图例宜按表 2-11 采用。

表 2-11 　　　　　　　调控装置及仪表图例

序号	名 称	图 例
1	温度传感器	T
2	湿度传感器	H
3	压力传感器	P
4	压差传感器	ΔP
5	流量传感器	F
6	烟感器	S
7	流量开关	FS
8	控制器	C

续表

序号	名　称	图　例
9	吸顶式温度感应器	
10	温度计	
11	压力表	
12	流量计	F.M
13	能量计	E.M
14	弹簧执行机构	
15	重力执行机构	
16	记录仪	
17	电磁(双位)执行机构	
18	电动(双位)执行机构	
19	电动(调节)执行机构	
20	气动执行机构	
21	浮力执行机构	
22	数字输入量	DI
23	数字输出量	DO
24	模拟输入量	AI
25	模拟输出量	AO

注:各种执行机构可与风阀、水阀组合表示相应功能的控制阀门。

第四节　通风空调工程施工图识读方法

一、通风空调工程施工图识读基本方法

（1）识读一张图时，应先看施工图的标题栏，其次看图名、图样及相关数据。通过标题栏，可以知晓施工图名称、工程项目、设计单位以及图纸比例等。整张图所注比例均应看清、记牢，切不可忽视。根据施工图目录，仔细清点图纸是否齐全；再看文字说明及主要设备、材料表，以便对整个工程的概况有个粗浅的了解。

（2）若阅读的是一张平面图，应特别注意与建筑物平面的关系，并应核对相关尺寸、数据是否相等，风管、送（吸）风口、调节阀及系统设备的位置与房屋结构的距离和各部位尺寸、标高是否合适，并对照系统轴测图与剖面图，看清风管系统分别各有几个送、排风与空调系统；各个系统的立体布置情况以及管道走向等情况。

（3）查看风管系统的设备、部件的规格、型号、数量与尺寸。

（4）在对通风与空调的整个概况有了一定了解后，看各个系统的工程施工图，彻底看清风管系统的走向、口径变化及在房间的准确位置，为绘制各系统的加工草图和图纸会审做准备。

（5）对于系统中的设备、部件的具体安装位置及要求，则要根据图纸目录提供的详图或标准图集的图号仔细阅读，直到看清楚为止。对图纸上出现的剖切符号、节点图及大样图等，都应仔细阅读；对于图中出现的图例、数据也应仔细核对；对于定位尺寸、标高、管段长度、配件的相关尺寸应仔细看清；设备，系统风管纵、横走向与建筑物的关系、尺寸也要一一查对。

（6）对于相对复杂的系统或某一局部，风管、设备交叉、重叠难以辨认时，则应反复地对照平面图、剖面图以及系统轴测图，结合文字说明，仔细、认真地识读。识读图纸的过程是由简到繁、由整体到局部、沿着气流方向、由主干管到分支、循序渐进的过程。

（7）在阅读图纸的过程中，通过反复核对、比较，若发现图纸存在问题时，应及时向工程技术负责人或项目负责人反映，指出问题所在，以便尽早与设计、监理、建设方联系，协商解决。个人不得自作主张或直接在正式图纸上涂抹，擅自更改相关尺寸。

二、通风空调工程施工图识读实例

如图 2-27～图 2-29 所示分别是某车间排风系统的平面图、剖面图和轴测图。该系统是局部排风，其功能是将工作台上的污染空气排到室外，以保证工作人员的身体健康。系统工作状况是以排气罩到风机为负压吸风段，风机到风帽为正压排风段。

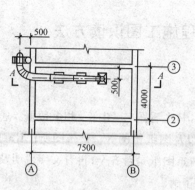

图 2-27　通风系统平面图

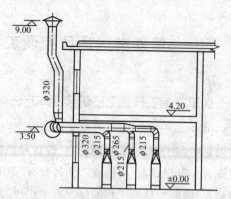

图 2-28　通风系统 *A—A* 剖面图

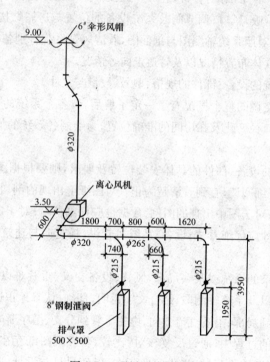

图 2-29　通风系统轴测图

说明：

1. 通风管用 0.7mm 薄钢板。

2. 加工要求：

(1)采用咬口连接。

(2)采用扁钢法兰盘。

(3)风管内外表面各刷樟丹漆 1 遍，外表面刷灰调和漆 2 遍。

3. 风机型号 4-72-11，电机 1.1kW，减振台座 No4.5A。

1. 施工图设计说明识读

根据施工图设计说明可知：

(1)通风管采用 0.7mm 的薄钢板;排风机采用离心风机,型号为 4-72-11,所附电机为 1.1kW;风机减振底座采用 No.4.5A 型。

(2)加工要求:采用咬口连接,法兰采用扁钢加工制作。

(3)油漆要求:风管内表面刷樟丹漆 1 遍,外表面刷樟丹漆 1 遍、灰调和漆 2 遍。

2. 平面图的识读

根据通风机平面图的识读可知:风管沿③轴线安装,距墙中心 500mm;风机安装在室外③和Ⓐ轴线交叉处,距外墙面 500mm。

3. 剖面图的识读

根据 $A-A$ 剖面图的识读可知:风机、风管、排气罩的立面安装位置、标高和风管的规格。排气罩安装在室内地面,标高为相对标高±0.00,风机中心标高为+3.5m。风帽标高为+9.0m。风管干管为 $\phi320$,支管为 $\phi215$,第一个排气罩与第二个排气罩之间的一段支管为 $\phi265$。

4. 系统轴测图的识读

系统轴测图形象、具体地表达了整个系统的空间位置和走向,还表示了风管的规格和长度尺寸,以及通风部件的规格型号等。

5. 设备材料清单

该图所附的设备材料清单见表 2-12。

表 2-12　　　　　　　　　　　　设备材料清单

序号	名称	规格型号	单位	数量	说明
1	圆形风管	薄钢板 $\delta=0.7$mm, $\phi215$	m	8.50	
2	圆形风管	薄钢板 $\delta=0.7$mm, $\phi265$	m	1.30	
3	圆形风管	薄钢板 $\delta=0.7$mm, $\phi320$	m	7.8	
4	排气罩	500×500	个	3	
5	钢制蝶阀	8#	个	3	
6	伞形风帽	6#	个	1	
7	帆布软管接头	$\phi320/\phi450, L=200$	个	1	
8	离心风机	4-72-11, No.4.5A $H=65, L=2860$	台	1	
9	电动机	JO_2-21-4 $N=1.1$kW	台	1	
10	电机防雨罩		个	1	
11	风机减振台座		座	1	

第三章　通风空调工程预算定额

第一节　预算定额概述

一、预算定额作用

预算定额是指规定消耗在合格质量的单位工程基本构造要素上的人工、材料和机械台班的数量标准,是计算建筑安装产品价格的基础。它是建设工程定额中法规性极强的实用定额。

预算定额的各项指标反映了在完成规定计量单位符合设计标准和施工质量验收规范要求的分项工程消耗的劳动和物化劳动的数量限度,在工程建设中发挥着极为重要的作用。具体表现在以下六个方面:

(1)预算定额是编制单位估价表,合理确定工程造价的依据。

(2)预算定额是编制施工组织设计时,确定劳动力、材料、半成品和施工机械需要量的依据。

(3)预算定额是施工单位进行经济活动分析的依据。

(4)预算定额是工程结算的依据。

(5)预算定额是编制概算定额的基础。

(6)预算定额是确定招标工程招标控制价和投标报价的基础。

二、预算定额组成及内容

建设工程预算定额分为土建工程预算定额和安装工程预算定额两大类。预算定额的内容一般由目录,总说明,各章、节说明,工程量计算规则,定额项目表及附录所组成。其中,"工程量计算规则"可集中单列,也可分列在各章说明内。建筑工程预算定额还应编入"建筑面积计算规则"。

1. 总说明

总说明主要说明该预算定额的编制原则和依据、适用范围和作用、涉及的因素与处理方法、基价的来源与定价标准、有关执行规定及增收费用等内容。

2. 各章、节说明

各章、节说明主要包括以下内容:编制各分部定额的依据;项目划分和定额项目步距的确定原则;施工方法的确定;定额活口及换算的说明;选用材料的规格和技术指标;材料、设备场内水平运输和垂直运输主要材料损耗率的确定;人工、材料、施工机械台班消耗定额的确定原则及计算方法。

3. 工程量计算规则

定额套价是以各分项工程的项目划分及其工程量为基础的,而定额指标及其含量的确定,是以工程量的计量单位和计算范围为依据的。因此,每部定额都有自身专用的工程量计算规则。工程量计算规则是指对各计价项目工程量的计量单位、计算范围、计算方法等所做的具体规定与法则。

4. 定额项目表

定额项目表由项目名称、工程内容、计量单位和项目表组成。其中,项目表包括定额编号、细目与步距、子目组成、各种消耗指标、基价构成及有关附注等内容。定额项目表是预算定额的主要组成部分,表内反映了完成一定计量单位的分项工程,所消耗的各种人工、材料、机械台班数额及其基价的标准数值。

5. 附录

附录是指制定定额的相关资料和含量、单价取定等内容。附录既可集中在定额的最后部分,也可放在有关定额分部内。附录的内容可作为定额调整换算、制定补充定额的依据。

三、预算定额编制

(1)现行劳动定额和施工定额。预算定额是在现行劳动定额和施工定额的基础上编制的。预算定额中劳力、材料、机械台班消耗水平,需要根据劳动定额或施工定额取定;预算定额计量单位的选择,也要以施工定额为参考,从而保证两者的协调和可比性,减轻预算定额的编制工作量,缩短编制时间。

(2)现行设计规范、施工验收规范和安全操作规程。预算定额在确定劳力、材料和机械台班消耗数量时,必须考虑上述各项法规的要求和影响。

(3)具有代表性的典型工程施工图及有关标准图。对这些图纸进行仔细分析研究,并计算出工程数量,作为编制定额时选择施工方法、确定定额含量的依据。

(4)新技术、新结构、新材料和先进的施工方法等。这类资料是调整定额水平和增加新的定额项目所必需的依据。

(5)有关科学试验、技术测定和统计、经验资料。这类资料是确定定额水平的重要依据。

(6)现行的预算定额、材料预算价格及有关文件规定等。这类资料包括过去定额编制过程中积累的基础资料,也是编制预算定额的依据和参考。

编制预算定额一般分为以下三个阶段进行:

(1)准备阶段。在这个阶段,主要根据收集到的有关资料和国家政策性文件,拟定编制方案,对编制过程中一些重大原则问题做出统一规定。

(2)编制预算定额初稿,测算预算定额水平。在这个阶段,根据确定的定额项目和基础资料,进行反复分析和测算,编制定额项目劳动力计算表、材料及机械台班计算表,并附注有关计算说明,然后汇总编制预算定额项目表,即预算定额初稿。

新定额编制成稿,必须与原定额进行对比测算,分析水平升降原因。一般新编定额的水平应该不低于历史上已经达到的水平,并略有提高。在定额水平测算前,必须编制统一的工人工资、材料价格、机械台班费的新旧两套定额的工程单价。

(3)修改和定稿阶段。定额编制初稿完成后,需要征求各有关方面意见和组织讨论,反馈意见。在统一意见的基础上整理分类,制定修改方案。按修改方案的决定,将初稿按照定额的顺序进行修改,并经审核无误后形成报批稿,经批准后交付印刷。

关键细节 1　定额项目内容的确定

预算定额的项目内容较为广泛,而施工定额所反映的只是一个施工过程的人工、材料和施工机械的消耗定额。定额项目内容的确定应符合以下要求:

(1)便于确定单位估价表。

(2)便于编制施工图预算。

(3)便于进行计划、统计和成本核算工作。

关键细节 2　定额项目计量单位的确定

选择的计量单位应能确切地反映单位产品的工料消耗量,保证预算定额的准确性;有利于工程量计算和整个预算编制工作的顺利进行,保证预算的及时性。定额的计量单位可依据形体固有的规律性来确定。

凡物体的截面有一定的形状和大小,但有不同长度时(如管道、电缆、导线等分项工程),应当以延长米为计量单位。当物体有一定的厚度,而面积不固定时(如通风管、油漆防腐等分项工程),应当以平方米作为计量单位。如果物体的长、宽、高都变化不定时(如土方、保温等分项工程),应当以立方米为计量单位。有的分项工程虽然体积、面积相同,但重量和价格差异很大,或者是不规则或难以度量的实体(如金属结构、非标准设备制作等分项工程),应当以重量作为计量单位。凡物体无一定规格,而其构造又较复杂时,可采用自然单位(如阀门、机械设备、灯具、仪表等分项工程),常以个、台、套、件等作为计量单位。

定额项目中工料计量单位及小数位数的取定:

(1)计量单位:按法定计量单位取定。长度:mm、cm、m、km;面积:mm^2、cm^2、m^2;体积和容积:cm^3、m^3;质量:kg、t(吨)。

(2)数值单位与小数位数的取定。人工:以"工日"为单位,取两位小数;主要材料及半成品:木材以"m^3"为单位,取三位小数,钢板、型钢以"t"为单位,取三位小数;管材以"m"为单位,取两位小数;通风管用薄钢板以"m^2"为单位;导线、电缆以"m"为单位;水泥以"kg"为单位;砂浆、混凝土以"m^3"为单位等。单价以"元"为单位,取两位小数;其他材料费以"元"表示,取两位小数;施工机械以"台班"为单位,取两位小数。

关键细节 3　人工消耗指标的确定

预算定额中人工消耗指标是指完成该分项工程所必需的全部工序用工量,包括基本用工、材料超运距运输用工、辅助工作用工和人工幅度差。

(1)基本用工:指完成该分项工程的主要用工量,即包括在劳动定额时间内所有用工量总和,以及按劳动定额规定应增加的用工量。其计算公式如下:

$$基本用工工日 = \sum(扩大工序工程量 \times 时间定额)$$

(2)材料超运距用工:指预算定额取定的材料、半成品等运距,超过劳动定额规定的运距应增加的工日。其用工量以超运距(预算定额取定的运距减去劳动定额取定的运距)和劳动定额计算。其计算公式如下:

$$超运距用工 = \sum(超运距材料数量 \times 时间定额)$$

(3)辅助工作用工:指劳动定额中未包括的各种辅助工序用工,如材料的零星加工用工、土建工程的筛砂子、淋石灰膏、洗石子等增加的用工量。辅助工作用工量一般按加工的材料数量乘以时间定额计算。

（4）人工幅度差：指预算定额对在劳动定额规定的用工范围内没有包括，而在一般正常情况下又不可避免的一些零星用工，常以百分率计算。一般在确定预算定额用工量时，按基本用工、超运距用工、辅助工作用工之和的10％～15％取定。其计算公式如下：

人工幅度差（工日）＝（基本用工＋超运距用工＋辅助用工）×人工幅度差百分率

（5）人工消耗量的计算：

1）按综合取定的工程量和劳动定额、人工幅度差系数等，计算出各工种用工的工日数。

2）计算预算定额用工的平均工资等级。因为各种基本用工和其他用工的工资等级并不一致，为了准确地求出预算定额用工的平均工资等级，必须用加权平均法计算，先计算出各种用工的工资等级系数，再在"工资等级系数表"中找出平均工资等级。工资等级系数的计算公式如下：

$$工资等级系数＝\frac{\sum（人工数量×相应等级工资系数）}{人工总数}$$

关键细节4　材料消耗指标的确定

作为预算定额的材料消耗指标，其组成内容应包括材料的有效消耗、材料的工艺性损耗和材料的非工艺性损耗三部分。用公式表示如下：

预算定额的材料消耗量＝有效消耗量＋工艺性损耗量＋非工艺性损耗量

在确定预算定额的材料消耗指标时，应以施工定额中的材料消耗定额为基础，适当考虑一定的幅度差来确定。但因施工定额及材料消耗定额现在还很不完备，在确定预算定额中的材料消耗量时，通常是直接根据选择的具有代表性的典型施工图或标准图，通过计算、测定、试验等方法，先求得有效消耗量和工艺性损耗量（或损耗率），然后再适当增加一定数量的非工艺损耗量（或损耗率）。

关键细节5　机械台班消耗指标的确定

在按照施工定额计算机械台班的消耗指标时，应考虑在合理的施工组织设计条件下机械的停歇因素，另外，增加一定的机械幅度差。

对于按施工班组或个人配备的中小型机械，如果按人机比例计算预算定额的机械台班消耗量时，施工机械就不应再计算幅度差，因为人工已经计算了幅度差。

第二节　单位估价表

一、单位估价表概念

单位估价表又称工程预算单价表，是确定建筑安装产品直接费用的文件，是以货币形式确定定额计量单位某分部分项工程单位概（预）算价值而制定的价格表。它是根据预算定额所确定的人工、材料和机械台班消耗数量，乘以人工工资单价、材料预算价格和机械台班预算价格汇总而成。

单位估价表是预算定额在各地区的价格表现的具体形式。合理地确定单价,正确使用单位估价表,是准确确定工程造价、促进企业加强经济核算、提高投资效益的重要环节。

二、单位估价表分类

单位估价表是在预算定额的基础上编制的。由于定额的种类繁多,因此,根据工程定额性质、使用范围及编制依据不同,单位估价表可划分为很多种类,具体见表 3-1。

表 3-1　　　　　　　　　　　　　单位估价表的分类

序号	分类方法	说　　明
1	按定额性质分类	单位估价表按定额性质可分为建筑工程单位估价表和设备安装工程单位估价表。 (1)建筑工程单位估价表适用于一般建筑工程。 (2)设备安装工程单位估价表适用于机械、电气设备安装工程、给排水工程、电气照明工程、采暖工程、通风工程等
2	按使用范围分类	单位估价表按使用范围可分为全国统一定额单位估价表、地区单位估价表和专业工程单位估价表。 (1)全国统一定额单位估价表适用于各地区、各部门的建筑及设备安装工程。 (2)地区单位估价表是在地方统一预算定额的基础上,按本地区的工资标准、地区材料预算价格、建筑机械台班费用及本地区建设的需要而编制的。地区单位估价表只适于本地区范围内使用。 (3)专业工程单位估价表仅适用于专业工程的建筑及设备安装工程的单位估价表
3	按编制依据不同分类	单位估价表按编制依据可分为定额单位估价表和补充单位估价表。 补充单位估价表是指定额缺项,没有相应项目可使用时,可按设计图纸资料,依照定额单位估价表的编制原则,制定补充单位估价表

三、单位估价表编制

(1)现行全国统一概(预)算定额和本地区统一概(预)算定额及有关定额资料。

(2)现行地区的工资标准。

(3)现行地区材料预算价格。

(4)现行地区施工机械台班预算价格。

(5)国务院有关地区单位估价表的编制方法及其他有关规定。

关键细节 6　单位估价表的内容

单位估价表的内容由两大部分组成,一是预算定额规定的工、料、机数量,即合计用工量、各种材料消耗量、施工机械台班消耗量;二是地区预算价格,即与上述三种“量”相适应的人工工资单价、材料预算价格和机械台班预算价格。

关键细节 7　单位估价表的编制步骤

编制单位估价表就是把三种"量"与三种"价"分别结合起来,得出各分项工程人工费、材料费和施工机械使用费,三者汇总起来就是工程预算单价。具体编制步骤如下:

(1)选定预算定额项目。单位估价表是针对某一地区使用而编制的,所以,要选用本地区适用的定额项目(包括定额项目名称、定额消耗量和定额计量单位等),本地区不用的项目可不编入单位估价表中。本地区常用预算定额中没有的项目可做补充完善,以满足使用要求。

(2)抄录预算定额人工、材料、机械台班的消耗数量。将预算定额中所选定项目的人工、材料、机械台班消耗数量,抄录在单位估价表的分项工程相应栏目中。

(3)选择和填写单价。将地区日工资标准、材料预算价格、施工机械台班预算价格分别填入工程单价计算表中相应的单价栏内。

(4)进行基价计算。基价计算可直接在单位估价表中进行,也可通过工程单价计算表计算出各项费用后,再把结果填入单位估价表。

(5)复核与审批。将单位估价表中的数量、单价、费用等认真进行核对,以便纠正错误,汇总成册,由主管部门审批后,可出版印刷、颁发执行。

第三节　全国统一安装工程预算定额

一、《全国统一安装工程预算定额》分类及特点

《全国统一安装工程预算定额》(以下简称全统定额)是确定安装工程中每一计量单位分项工程所消耗的人工、材料和机械台班的数量标准。它是由原国家计委组织编制的一套较完整、适用的标准定额。

1. 全统定额分类

《全国统一安装工程预算定额》共分十三册,包括:

第一册　机械设备安装工程　GYD—201—2000;

第二册　电气设备安装工程　GYD—202—2000;

第三册　热力设备安装工程　GYD—203—2000;

第四册　炉窑砌筑工程　GYD—204—2000;

第五册　静置设备与工艺金属结构制作安装工程　GYD—205—2000;

第六册　工业管道工程　GYD—206—2000;

第七册　消防及安全防范设备安装工程　GYD—207—2000;

第八册　给排水、采暖、燃气工程　GYD—208—2000;

第九册　通风空调工程　GYD—209—2000;

第十册　自动化控制仪表安装工程　GYD—210—2000;

第十一册　刷油、防腐蚀、绝热工程　GYD—211—2000;

第十二册　通信设备及线路工程　GYD—212—2000;

第十三册　建筑智能化系统设备安装工程　GYD—213—2003。

2. 全统定额特点

全统定额与过去颁发的预算定额比较,具有以下几个特点:

(1)全统定额扩大了适用范围。全统定额基本实现了各有关工业部门之间的共性较强的通用安装定额,在项目划分、工程量计算规则、计量单位和定额水平等方面的统一,改变了过去同类安装工程定额水平相差悬殊的状况。

(2)全统定额反映了现行技术标准规范的要求。自 1980 年以后,国家和有关部门先后颁布了许多新的设计规范和施工验收规范、质量标准等。全统定额根据现行技术标准、规范的要求,对原定额进行了修订、补充,从而使全统定额更为先进合理,有利于正确确定工程造价和提高工程质量。

(3)全统定额尽量做到了综合扩大、少留活口。如脚手架搭拆费,由原来规定按实际需要计算改为按系数计算或计入定额子目;又如场内水平运距,全统定额规定场内水平运距是综合考虑的,不得因实际运距与定额不同而进行调整;再如金属桅杆和人字架等一般起重机具摊销费,经过测算综合取定了摊销费列入定额子目,各个地区均按取定值计算,不允许调整。

(4)凡是已有定点批量生产的成品,全统定额中未编制定额,因此应当以商品价格列入安装工程预算。如非标准设备制作,采用了原机械部和化工部联合颁发的非标准设备统一计价办法,保温用玻璃棉毡、席、岩棉瓦块以及仪表接头加工件等,均按成品价格计算。

(5)全统定额增加了一些新的项目,使定额内容更加完善,扩大了定额的覆盖面。

(6)根据现有的企业施工技术装备水平,在全统定额中合理地配备了施工机械,提高了机械化水平,减少了工人的劳动强度,提高了劳动效率。

二、全统定额作用、适用范围及条件

全统定额是统一全国安装工程预算工程量计算规则、项目划分、计量单位的依据;是编制安装工程地区单位估价表、施工图预算、招标控制价、确定工程造价的依据;是编制概算定额(指标)、投资估算指标的基础;也可作为制定企业定额和投标报价的参考。

全统定额适用于全国同类工程的新建、改建、扩建工程。它是按正常施工条件进行编制的,所以只适用于正常施工条件。正常施工条件包括以下几项:

(1)设备、材料、成品、半成品及构件完整无损,符合质量标准和设计要求,附有合格证书和试验记录。

(2)安装工程和土建工程之间的交叉作业正常。

(3)正常的气候、地理条件和施工环境。

(4)安装地点、建筑物、设备基础、预留孔洞等均符合要求。

(5)水电供应均满足安装施工正常使用。

当在非正常施工条件下施工时,如在高原、严寒地区及洞库、水下等特殊自然地理条件下施工,应根据有关规定增加其安装费用。

三、定额基价确定

全统定额是依据国家有关现行产品标准、设计规范、施工及验收规范、技术操作规程、质量评定标准和安全操作规程编制的，同时参考了行业、地方标准，以及有代表性的工程设计、施工资料和其他资料，是按目前国内大多数施工企业采用的施工方法、机械化装备程度、合理的工期、施工方法、施工工艺和劳动组织条件进行编制的。

定额基价是一个计量单位分项工程的基础价格，由人工费、材料费、机械台班使用费组成。

关键细节 8　人工工日消耗量的确定

全统定额的人工工日不分列工种和技术等级，一律以综合工日表示，内容包括基本用工和人工幅度差。

关键细节 9　材料消耗量的确定

(1)全统定额中的材料消耗量包括直接消耗在安装工作内容中的主要材料、辅助材料和零星材料等，并计入了相应损耗。其内容和范围包括：从工地仓库、现场集中堆放地点或现场加工地点到操作或安装地点的运输损耗、施工操作损耗、施工现场堆放损耗。

(2)凡定额中材料数量内带有括号()的材料均为主材。

关键细节 10　施工机械台班消耗量的确定

(1)全统定额的机械台班消耗量是按正常合理的机械配备、机械施工工效测算确定的。

(2)凡单位价值在 2000 元以内、使用年限在两年以内的、不构成固定资产的低值易耗的小型机械未列入定额，应在建筑安装工程费用定额中考虑。

关键细节 11　施工仪器仪表台班消耗量的确定

(1)全统定额的施工仪器仪表台班消耗量是按正常合理的仪器仪表配备、仪器仪表施工工效测算综合取定的。

(2)凡单位价值在 2000 元以内、使用年限在两年以内的、不构成固定资产的低值易耗的小型仪器仪表未列入定额，应在建筑安装工程费用定额中考虑。

四、定额系数取定

定额系数是定额的重要组成部分。为了减少活口，便于操作，所有定额均规定了一些系数。

定额系数分为两类：一类为子目系数，是各章、节中规定的系数，如超高系数、高层建筑增加费系数等均为子目系数；另一类是综合系数，是在定额总说明或册说明中规定的一些系数。脚手架搭拆系数、安装与生产同时进行的增加系数、在有害身体健康的环境中施工的增加费系数均为综合系数。如果某一个工程同时要计取超高费、高层建筑增加费、脚手架费用时，则应先计取超高费、高层建筑增加费，并将其人工费纳入脚手架搭拆费的计算基数，再计算脚手架搭拆费。

子目系数是综合系数的计算基础。子目系数和综合系数计算所得的数值构成直接费。

关键细节 12　超高增加费系数的取定

全统定额是按安装操作物高度在定额高度以下施工条件编制的,定额工效也是在这个施工条件下测定的数据。如果实际操作物的高度超过定额高度,其工效一定会有所降低。为了弥补因操作物高度超高而造成的人工降效,所以要计取超高增加费。

超高增加费的计取方法是:以操作物高度在定额高度以上的那部分工程量的人工费乘以超高系数。也就是说,超高增加费只有安装高度超过定额高度的工程量时才能计取,没有超过定额高度的工程量不能计取超高费。

关键细节 13　高层建筑增加费系数的取定

全统定额所指的高层建筑,是指六层以上(不含六层)的多层建筑,单层建筑物自室外设计标高正负零至檐口(或最高层地面)高度在 20m 以上(不含 20m),不包括屋顶水箱、电梯间、屋顶平台出入口等高度的建筑物。

计算高层建筑增加费的范围包括暖气、给排水、生活用煤气、通风空调、电气照明工程及其保温、刷油等。费用内容包括人工降效、材料、工具垂直运输增加的机械台班费用,施工用水加压泵的台班费用及工人上下班所乘坐的升降设备台班费等。

高层建筑增加费的计算方法是:以高层建筑安装全部人工费(包括六层或 20m 以下部分的安装人工费)为基数乘以高层建筑增加费率。同一建筑物有部分高度不同时,可按不同高度分别计算。单层建筑物在 20m 以上的高层建筑计算高层建筑增加费时,先将高层建筑物的高度,除以(每层高度)3m,计算出相当于多层建筑物的层数,再按"高层建筑增加费用系数表"所列的相应层的增加费率计算。

关键细节 14　脚手架搭拆费系数的取定

安装工程脚手架搭拆及摊销费,一般在全统定额中可采取两种取定方法。把脚手架搭拆人工及材料摊销量编入定额各子目中;绝大部分的脚手架则是采用系数的方法计算其脚手架搭拆费的。

关键细节 15　场内运输费用系数的取定

场内水平和垂直搬运是指施工现场设备、材料的运输。全统定额对运输距离作了以下规定:

(1)材料和机具运输距离以工地仓库至安装地点 300m 计算,管道或金属结构预制件的运距以现场预制厂至安装地点计算。上述运距已在定额内作了综合考虑,不得由于实际运距与定额不一致而调整。

(2)设备运距按安装现场指定堆放地点至安装地点 70m 以内计算。设备出库搬运不包括在定额之内,应另行计算。

(3)垂直运输的基准面,在室内为室内地平面,在室外为安装现场地平面。设备或操作物高度离楼、地面超过定额规定高度时,应按规定系数计算超高费。设备的高度以设备基础为基准面,其他操作物以工程量的最高安装高度计算。

关键细节 16 安装与生产同时进行增加费系数的取定

安装与生产同时进行增加费,是指扩建工程在生产车间或装置内施工,因生产操作或生产条件限制(如不准动火)干扰了安装正常进行,致使降低工效所增加的费用,不包括为了保证安全生产和施工所采取的措施费用。安装工作不受干扰则不应计此费用。

关键细节 17 在有害身体健康的环境中施工降效增加费系数的取定

在有害身体健康的环境中施工降效增加费,是指在民法通则有关规定允许的前提下,改(扩)建工程中由于车间装置范围内有害气体或高分贝噪声超过国家标准以致影响身体健康而降低效率所增加的费用。其中不包括劳保条例规定应享受的工种保健费。

关键细节 18 特殊地区(或条件)施工的增加费系数的取定

特殊地区(或条件)施工的增加费,是指在高原、山区及高寒、高温、沙漠、沼泽地区施工,或在洞库内及水下施工需要增加的费用。由于我国幅员辽阔,自然条件复杂,地理环境变化很大,难以一一做出统一规定,除定额规定外,均应按省、自治区、直辖市的规定执行。

第四节 《通风空调工程》预算定额应用

一、定额适用范围

全统定额《通风空调工程》分册(以下称《通风空调工程》预算定额)适用于工业与民用建筑的新建、扩建项目中的通风、空调工程。

二、定额内容组成

《通风空调工程》预算定额是全统定额第九册,内容包括薄钢板通风管道制作安装、调节阀制作安装、风口制作安装、风帽制作安装、罩类制作安装、消声器制作安装、空调部件及设备支架制作安装、通风空调设备安装、净化通风管道及部件制作安装、不锈钢板通风管道及部件制作安装、铝板通风管道及部件制作安装、塑料通风管道及部件制作安装、玻璃钢通风管道及部件安装、复合型风管制作安装共十四章,概括起来可分为六大部分,具体内容见表3-2。

三、定额说明

(1)《通风空调工程》预算定额和《机械设备安装工程》预算定额中,都编有通风机安装项目。两定额同时列有相同风机安装项目,属于通风空调工程的均执行《通风空调工程》预算定额。

(2)通风空调的刷油漆、绝热、防腐蚀,执行《刷油漆、防腐蚀、绝热工程》预算定额相关项目:

1)薄钢板风管刷油漆按其工程量执行相应项目。仅外(或内)面刷油漆者,定额乘以系数 1.2;内外均刷油漆者,定额乘以系数 1.1(其法兰加固框、吊托支架已包括在此系数内)。

2)薄钢板部件刷油漆按其工程量执行金属结构刷油漆项目,定额乘以系数 1.15。

3)不包括在风管工程量内而单独列项的各种支架(不锈钢吊托支架除外),按其工程量执行相应项目。

4)薄钢板风管、部件以及单独列项的支架,其除锈不分锈蚀程度,一律按其第一遍刷油漆的工程量执行轻锈相应项目。

5)绝热保温材料不需粘结者,执行相应项目时需减去其中的粘结材料,人工乘以系数 0.5。

6)风道及部件在加工厂预制的,其场外运费由各省、自治区、直辖市自行制定。

表 3-2 《通风空调工程》预算定额内容组成

序号	项 目		工 作 内 容
1	各类通风管道的制作与安装	薄钢板通风管道制作与安装	工作内容为放样、下料、卷圆、折方、轧口、咬口,制作直管、管件、法兰、吊托支架。钻孔、铆焊、上法兰、组对;找标高、打支架墙洞、配合预留孔洞、埋设吊托支架、组装、使风管就位、找平、找正、制垫、垫垫儿、上螺栓、紧固
		净化通风管道及部件制作安装	工作内容为放样、下料、折方、轧口、咬口、制作直管;制作管件、法兰、吊托支架;钻孔、铆焊、上法兰、组对。给口缝外表面涂密封胶,清洗风管内表面,给风管两端封口;找标高、找平、找正、配合预留孔洞,打支架墙洞、埋设吊托支架、使风管就位、组装、制垫、垫垫儿、上螺栓、紧固部件、清洗风管内表面、封闭管口、给法兰口涂密封胶
		不锈钢板通风管道及部件制作安装	不锈钢板通风管道的制作与安装工作内容为放样、下料、卷圆、折方、制作管件;组对焊接、试漏、清洗焊口;找标高、清理墙洞、就位风管;组对焊接、试漏、清洗焊口、固定
		塑料通风管道及部件制作安装	塑料通风管道的制作与安装工作内容为放样、锯切、坡口、加热成型、制作法兰、管件;钻孔、组合焊接;部件就位,制垫、垫垫儿、法兰连接;找正、找平、固定
		玻璃钢通风管道的安装	工作内容为找标高、打支架墙洞、配合预留孔洞、制作及埋设吊托支架。配合修补风管(定额规定由加工单位负责修补)、粘结、组装、就位部件;找平、找正;制垫、垫垫儿,上螺栓、紧固
		复合型风管制作安装	工作内容为放样、切割、开槽、成型、粘合、制作管件;钻孔、组合、就位;制垫、垫垫儿、连接、找正找平、固定

续表

序号	项　目		工　作　内　容
2	通风管道部件的制作与安装	调节阀的制作与安装	工作内容为放样、下料,制作短管和阀板以及法兰、零件;钻孔、铆焊、组合成型;号孔、钻孔、对口、校正、制垫、垫垫儿、上螺栓、紧固、试动
		风口制作与安装	工作内容为放样、下料、开孔;制作零件、外框、叶片、网框、调节板、拉杆、导风板、弯管、天圆地方、扩散管、法兰,钻孔、铆焊、组合成型,对口、上螺栓、制垫、垫垫儿、找正、找平、固定、试动、调整
		消声器制作与安装	工作内容为放样、下料、钻孔;制作内外套管、木框架、法兰,铆焊、粘结、填充消声材料、组合;组对、安装、找正、找平、制垫、垫垫儿、上螺栓、固定
		净化通风管部件的制作与安装	工作内容为放样、下料;制作零件、法兰;预留预埋、钻孔、铆焊、制作、组装、擦洗,测位、找平找正、制垫、垫垫儿、上螺栓、清洗
		高、中、低效过滤器,净化工作台、风淋室的安装	工作内容为开箱检查、配合钻孔、垫垫儿、口缝涂密封胶、试装、正式安装
		不锈钢风管部件及铝板风管部件的制作与安装	工作内容为下料、平料、开口、钻孔、组对、铆焊、攻螺纹、清洗焊口、组装固定、试动、试漏;制垫、垫垫儿、找平、找正、组对、固定、试动
		玻璃钢风管部件的安装	工作内容为组对、组装、就位、找平、找正、垫垫儿、制垫、上螺栓、紧固
3	通风空调设备的安装		工作内容为开箱检查、吊装、找平;垫垫儿、灌浆、固定螺栓、安装梯子
4	空调部件及设备支架的制作与安装	金属空调器壳体的制作与安装	工作内容为放样、下料,调直、钻孔;制作箱体、水槽,焊接、组合、试装;就位、找平、连接、固定、表面清洗
		挡水板的制作与安装	工作内容为放样、下料;制作曲板、框架、底座、零件;钻孔、焊接、成型安装;找正、找平、上螺栓、固定
		滤水器、溢水盘的制作与安装	工作内容为放样下料、配制零件、钻孔、焊接、上网、组合成型,安装、找正、找平、焊接管道及固定
		密闭门的制作与安装	工作内容为放样、下料;制作门框、零件;开视孔、填料、铆焊、组装、安装;找正、固定
		设备支架的制作与安装	工作内容为放样、下料、调直、钻孔;焊接、成型;测位、安装、上螺栓、固定、打洞、埋支架
5	风帽的制作安装		工作内容为放样、下料、咬口,制作法兰、零件;钻孔、铆焊、组装、安装;找平、找正、制垫、垫垫儿、上螺栓、固定
6	罩类的制作安装		工作内容为放样、下料、卷圆,制作罩体、来回弯、零件及法兰;钻孔、铆焊、组合成型、埋设支架、吊装、对口、找正、制垫、垫垫儿、上螺栓、固定装配重环及钢丝绳、试动调整

关键细节 19　定额系数的取定

（1）脚手架搭拆费按人工费的 3％计算，其中人工工资占 25％。

（2）高层建筑增加费（指高度在 6 层或 20m 以上的工业与民用建筑），按表 3-3 计算（其中，全部为人工工资）。

（3）超高增加费（指操作物高度距离楼地面 6m 以上的工程），按人工费的 15％计算。

（4）系统调整费按系统工程人工费的 13％计算，其中人工工资占 25％。

（5）安装与生产同时进行增加的费用，按人工费的 10％计算。

（6）在有害身体健康的环境中施工增加的费用，按人工费的 10％计算。

（7）定额中人工、材料、机械，凡未按制作和安装分别列出的，其制作费与安装费的比例可按表 3-4 划分。

表 3-3　　　　　　　　　　　通风空调工程的高层建筑增加费

层　数	9 层以下（30m）	12 层以下（40m）	15 层以下（50m）	18 层以下（60m）	21 层以下（70m）	24 层以下（80m）
按人工费的百分比/（％）	1	2	3	4	5	6
层　数	27 层以下（90m）	30 层以下（100m）	33 层以下（110m）	36 层以下（120m）	39 层以下（130m）	42 层以下（140m）
按人工费的百分比/（％）	8	10	13	16	19	22
层　数	45 层以下（150m）	48 层以下（160m）	51 层以下（170m）	54 层以下（180m）	57 层以下（190m）	60 层以下（200m）
按人工费的百分比/（％）	25	28	31	34	37	40

表 3-4　　　　　　　　　　通风空调工程制作费与安装费比例划分

项　目	制作占比例/（％）			安装占比例/（％）		
	人　工	材　料	机　械	人　工	材　料	机　械
薄钢板通风管道制作安装	60	95	95	40	5	5
调节阀制作安装	—	—	—	—	—	—
风口制作安装	—	—	—	—	—	—
风帽制作安装	75	80	99	25	20	1
罩类制作安装	78	98	95	22	2	5
消声器制作安装	91	98	99	9	2	1
空调部件及设备支架制作安装	86	98	95	14	2	5
通风空调设备安装	—	—	—	100	100	100
净化通风管道及部件制作安装	60	85	95	40	15	5
不锈钢板通风管道及部件制作安装	72	95	95	28	5	5
铝板通风管道及部件制作安装	68	95	95	32	5	5
塑料通风管道及部件制作安装	85	95	95	15	5	5
玻璃钢通风管道及部件安装	—	—	—	100	100	100
复合型风管制作安装	60		99	40	100	1

关键细节 **20** 主要材料损耗率

(1)风管、部件板材损耗率见表 3-5。

表 3-5　　　　　　　　　　　　风管、部件板材损耗率表

序号	项　　目	损耗率 /(%)	备　注
	钢 板 部 分		
1	咬口通风管道	13.80	综合厚度
2	焊接通风管道	8.00	综合厚度
3	圆形阀门	14.00	综合厚度
4	方、矩形阀门	8.00	综合厚度
5	风管插板式风口	13.00	综合厚度
6	网式风口	13.00	综合厚度
7	单、双、三层百叶风口	13.00	综合厚度
8	连动百叶风口	13.00	综合厚度
9	钢百叶窗	13.00	综合厚度
10	活动箅板式风口	13.00	综合厚度
11	矩形风口	13.00	综合厚度
12	单面送吸风口	20.00	$\delta=0.7\sim0.9$
13	双面送吸风口	16.00	$\delta=0.7\sim0.9$
14	单、双面送吸风口	8.00	$\delta=1.0\sim1.5$
15	带调节板活动百叶送风口	13.00	综合厚度
16	矩形空气分布器	14.00	综合厚度
17	旋转吹风口	12.00	综合厚度
18	圆形、方形直片散流器	45.00	综合厚度
19	流线型散流器	45.00	综合厚度
20	135 型单层双层百叶风口	13.00	综合厚度
21	135 型带导流片百叶风口	13.00	综合厚度
22	圆伞形风帽	28.00	综合厚度
23	锥形风帽	26.00	综合厚度
24	筒形风帽	14.00	综合厚度
25	筒形风帽滴水盘	35.00	综合厚度
26	风帽泛水	42.00	综合厚度
27	风帽筝绳	4.00	综合厚度
28	升降式排气罩	18.00	综合厚度
29	上吸式侧吸罩	21.00	综合厚度
30	下吸式侧吸罩	22.00	综合厚度
31	上、下吸式圆形回转罩	22.00	综合厚度
32	手锻炉排气罩	10.00	综合厚度
33	升降式回转排气罩	18.00	综合厚度

序号	项　　目	损耗率/(%)	备　注
34	整体、分组、吹吸侧边侧吸罩	10.15	综合厚度
35	各型风罩调节阀	10.15	综合厚度
36	皮带防护罩	18.00	$\delta=1.5$
37	皮带防护罩	9.35	$\delta=4.0$
38	电动机防雨罩	33.00	$\delta=1\sim1.5$
39	电动机防雨罩	10.60	$\delta=4$ 以上
40	中、小型零件焊接工作台排气罩	21.00	综合厚度
41	泥心烘炉排气罩	12.50	综合厚度
42	各式消声器	13.00	综合厚度
43	空调设备	13.00	$\delta=1$ 以下
44	空调设备	8.00	$\delta=1.5\sim3$
45	设备支架	4.00	综合厚度
	塑 料 部 分		
46	塑料圆形风管	16.00	综合厚度
47	塑料矩形风管	16.00	综合厚度
48	圆形蝶阀(外框短管)	16.00	综合厚度
49	圆形蝶阀(阀板)	31.00	综合厚度
50	矩形蝶阀	16.00	综合厚度
51	插板阀	16.00	综合厚度
52	槽边侧吸罩、风罩调节阀	22.00	综合厚度
53	整体槽边侧吸罩	22.00	综合厚度
54	条缝槽边抽风罩(各型)	22.00	综合厚度
55	塑料风帽(各种类型)	22.00	综合厚度
56	插板式侧面风口	16.00	综合厚度
57	空气分布器类	20.00	综合厚度
58	直片式散流器	22.00	综合厚度
59	柔性接口及伸缩节	16.00	综合厚度
	净 化 部 分		
60	净化风管	14.90	综合厚度
61	净化铝板风口类	38.00	综合厚度
	不锈钢板部分		
62	不锈钢板通风管道	8.00	
63	不锈钢板圆形法兰	150.00	$\delta=4\sim10$
64	不锈钢板风口类	8.00	$\delta=1\sim3$
	铝 板 部 分		
65	铝板通风管道	8.00	
66	铝板圆形法兰	150.00	$\delta=4\sim12$
67	铝板风帽	14.00	$\delta=3\sim6$

(2)型钢及其他材料损耗率见表 3-6。

表 3-6 型钢及其他材料损耗率表

序号	项 目	损耗率/(%)	序号	项 目	损耗率/(%)
1	型钢	4.0	21	泡沫塑料	5.0
2	安装用螺栓(M12以下)	4.0	22	方木	5.0
3	安装用螺栓(M12以上)	2.0	23	玻璃丝布	15.0
4	螺母	6.0	24	矿棉、卡普隆纤维	5.0
5	垫圈(φ12以下)	6.0	25	泡钉、鞋钉、圆钉	10.0
6	自攻螺钉、木螺钉	4.0	26	胶液	5.0
7	铆钉	10.0	27	油毡	10.0
8	开口销	6.0	28	铁丝	1.0
9	橡胶板	15.0	29	混凝土	5.0
10	石棉橡胶板	15.0	30	塑料焊条	6.0
11	石棉板	15.0	31	塑料焊条(编网格用)	25.0
12	电焊条	5.0	32	不锈钢型材	4.0
13	气焊条	2.5	33	不锈钢带母螺栓	4.0
14	氧气	18.0	34	不锈钢铆钉	10.0
15	乙炔气	18.0	35	不锈钢电焊条、焊丝	5.0
16	管材	4.0	36	铝焊粉	20.0
17	镀锌铁丝网	20.0	37	铝型材	4.0
18	帆布	15.0	38	铝带母螺栓	4.0
19	玻璃板	20.0	39	铝铆钉	10.0
20	玻璃棉、毛毡	5.0	40	铝焊条、焊丝	3.0

第四章 通风空调工程工程量计算

第一节 通风管道制作安装工程

一、通风管道制作安装概述

通风管道种类很多,按材质不同可分为薄钢板风管、不锈钢板风管、铝板风管、塑料风管、玻璃钢风管及玻璃钢保温风管等;按风管截面形状可分圆形风管、矩形风管、方形风管。通风管道的连接方式按通风管制作方法可分为咬口连接和焊接两种连接方式;按通风管安装形式可分法兰连接和无法兰连接(抱箍连接)两种连接方式。

(一)通风管道制作

1. 不锈钢风管制作

不锈钢在空气或其他一些气体介质和水、酸、碱的水溶液中具有很高的稳定性,所以,常用来制作输送腐蚀性气体的通风管道。不锈钢表面的钝化膜(氧化膜)是保护材料不受腐蚀的屏障,因此在加工过程中,必须保护好其表面的钝化膜。

高、中、低压系统不锈钢板风管板材厚度,见表 4-1。

表 4-1 高、中、低压系统不锈钢板风管板材厚度 mm

风管直径 D 或长边尺寸 b	$D(b)\leqslant 500$	$500<D(b)\leqslant 1120$	$1120<D(b)\leqslant 2000$	$2000<D(b)\leqslant 4000$
不锈钢板厚度	0.5	0.75	1.0	1.2

关键细节 1 不锈钢风管制作应采取的措施

(1)在堆放不锈钢板材时,应竖靠在木支架上,不能把板材平叠,以防止取板材时,在底下一张板材上滑动造成划痕。

(2)在展开放样画线时,不能用锋利的金属划针在板材表面画辅助线和冲眼,以免造成划痕。

(3)当采用手工咬口时,应使用木方尺或木槌;折单立咬口、卷圆预弯及折边时,应使用铜锤或不锈钢锤,不能用碳素钢锤,以免在材料表面造成伤痕。

(4)在加工过程中,应尽量避免板材表面产生划痕、刮伤、凹穴和其他缺陷,保护钝化膜不受破坏,保持板材表面清洁、光滑。

(5)不锈钢板材表面也可用喷砂处理。

(6)剪切不锈钢板时,为了使切断的边缘保持光洁,应仔细地调整好上下切削刃的间隙。切削刃间隙一般为板材厚度的 0.04 倍。

(7)在不锈钢板上钻孔时,应采用高速钢钻头,顶角可磨成 $118°\sim122°$。

(8)由于不锈钢的强度较高、弹性又好,所以,管壁厚度小于或等于1mm时,可采用咬口连接;大于1mm时,应采用焊接。焊接应采用电弧焊或氩弧焊,不能采用氧乙炔焊接。

(9)制作不锈钢板风管的法兰,一般是把不锈钢板料剪切成条形,矩形法兰可按需要尺寸,用电弧焊直接焊成;圆形法兰应尽量采用冷揻,当用热揻时,应使用电炉加热。如用普通焦炭加热时,为防止表面受到碳、硫的扩散,以致渗入板材内部,降低耐腐蚀性能,应避免与焦炭直接接触,可加设碳素钢管做套管。

2. 铝板风管制作

通风工程中常用的是纯铝板和经过退火处理的铝合金板。铝和空气中的氧接触可在其表面形成氧化铝薄膜,能防止外部的腐蚀。铝有较好的抗化学腐蚀性能,能抵抗硝酸的腐蚀,但易被盐酸和碱类所腐蚀。

制作铝板风管的板材厚度应符合表 4-2 所列的数值选用。

表 4-2　　　　　　　　　　　铝板风管板材厚度　　　　　　　　　　mm

圆形风管直径或矩形风管大边长①	铝板厚度
100～320	1.0
360～630	1.5
700～2000	2.0

①大于 2000mm 应按设计要求选用。

关键细节 2　铝板风管制作应采取的措施

(1)铝板的加工性能较好,管壁厚度小于或等于1.5mm,可采用咬口连接,大于1.5mm 可采用氧乙炔焊或氩弧焊,焊接时应清除焊口处和焊丝上的氧化皮及污物。

(2)在制作铝板风管时,要注意保护板材表面的完整,防止产生刻划和磨损等伤痕。制作场地应清理干净,避免铝板与一些重金属(钢、铁等)接触,防止由于电化学作用而产生电化学腐蚀。

(3)铝板风管采用角型铝法兰,应进行翻边连接,并用铝铆钉固定。铝板风管如使用普通角钢法兰时,应根据设计要求进行防腐绝缘处理。

3. 塑料风管制作

塑料风管常用硬聚氯乙烯塑料板制作,主要用于输送腐蚀性气体,气体温度或环境温度为−20～60℃。直径为 25～140mm 的圆形风管可采用成品塑料管;直径大于 140mm 的圆形风管和矩形风管需自行制作。

中、低压系统硬聚氯乙烯塑料板风管板材厚度应符合表 4-3 所列的数值。

表 4-3　　　　　　　　　中、低压系统硬聚氯乙烯塑料板风管板材厚度

	风管长边尺寸 b/mm	板材厚度/mm		风管直径 D/mm	板材厚度/mm
矩形风管	$b \leqslant 320$	3.0	圆形风管	$D \leqslant 320$	3.0
	$320 < b \leqslant 500$	4.0		$320 < D \leqslant 6300$	4.0
	$500 < b \leqslant 800$	5.0		$630 < D \leqslant 1000$	5.0
	$800 < b \leqslant 1250$	6.0		$1000 < D \leqslant 2000$	6.0
	$1250 < b \leqslant 2000$	8.0		—	—

塑料板风管制作的步骤为:板材画线放样、切割下料、坡口、加热成型及板材焊接等。其具体操作应符合以下要求:

(1)板材放样下料。为防止风管制成后收缩变形,画线放样前应对每批板材进行试验,确定其收缩量,以便画线放样时放出收缩量。塑料板材画线不能用划针,以防板材由于划痕过深造成折裂。

(2)板材切割和打坡口。塑料板材切割可采用剪床、锯床或木工工具等工具。切割时,应防止板材破裂或过热变形。

(3)加热成型。塑料板的加热,一般用自制的电热烘箱。加热时应使板材表面均匀受热,烘箱温度应保持在130～150℃范围内。加热制作成型的风管和管件不得出现气泡、分层、变形和裂纹等缺陷。

(4)焊接。硬聚氯乙烯塑料板制成的风管的缝隙,用塑料焊接来连接。根据塑料的物理性质,塑料加热到190～200℃时,可变成韧性流动状态。使用热空气加热板材和焊条,在风压的作用下,使塑料板与焊条结合,可让焊条填满焊缝。

关键细节 3　塑料风管焊缝结构形式

塑料板风管的焊缝结构形式主要根据风管和部件的结构形状、操作工艺要求和焊缝强度来确定。焊缝的结构形式一般有对接焊缝、搭接焊缝、填角焊缝和对角焊缝四种,具体见表 4-4。

表 4-4　　　　　　　　　　　　　　焊缝形式及坡口

焊缝形式	焊缝名称	图　形	焊缝高度 /mm	板材厚度 /mm	焊缝坡口张角 α /(°)
对接焊缝	V形 单面焊		2～3	3～5	70～90
	V形 双面焊		2～3	5～8	70～90
	X形 双面焊		2～3	≥8	70～90

续表

焊缝形式	焊缝名称	图 形	焊缝高度 /mm	板材厚度 /mm	焊缝坡口张角 α /(°)
搭接焊缝	搭接焊		≥最小板厚	3～10	—
填角焊缝	填角焊 无坡角		≥最小板厚	6～18	—
			≥最小板厚	≥3	—
对角焊缝	V 形 对角焊		≥最小板厚	3～5	70～90
	V 形 对角焊		≥最小板厚	5～8	70～90
	V 形 对角焊		≥最小板厚	6～15	70～90

🏠 关键细节 4 塑料风管的组配和加固

为避免腐蚀介质对风管法兰金属螺栓的腐蚀和自法兰间隙中泄漏,管道安装尽量采用无法兰连接。加工制作好的风管应根据安装和运输条件,将短风管组配成 3m 左右的长风管。风管组配采取焊接方式。风管的纵缝必须交错,交错的距离应大于 60mm。圆形风管管径小于 500mm,矩形风管长边长度小于 400mm,其焊缝形式可采用对接焊缝;圆形风管管径大于 560mm,矩形风管大于 500mm,应采用硬套管或软套管连接,风管与套管再进行搭接焊接,并应注意以下几点:

(1)硬聚氯乙烯板风管及配件的连接采用焊接,可分别采用手工焊接和机械热对接焊接,并保证焊缝应填满,焊条排列应整齐,不得出现焦黄、断裂等缺陷,焊缝强度不得低于母材的 60%。

(2)硬聚氯乙烯板风管亦可采用套管连接。其套管的长度宜为 150～250mm,厚度不应小于风管的壁厚,如图 4-1(a)所示。

(3)硬聚氯乙烯板风管承插连接。当圆形风管的直径不大于 200mm 可采用承插连接,如图 4-1(b)所示,插口深度为 40～80mm。粘结处的油污应清除干净,粘结应严密、牢固。

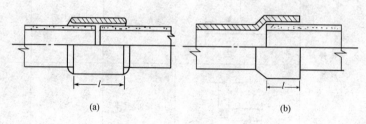

图 4-1　风管连接示意图
(a)套管连接;(b)承插连接

(二)通风管道安装

1. 支吊架安装

风管支架要根据现场支持构件的具体情况和风管的质量,用圆钢、扁钢、角钢和槽钢等制作。

当风管敷设在楼板、屋面、桁架及梁下面,并且离墙较远时,一般都采用吊架来固定风管。

矩形风管的吊架由吊杆和托铁组成;圆形风管的吊架由吊杆和抱箍组成。当吊杆(拉杆)较长时,中间加花篮螺栓,以便调整各杆件长度,便于套丝、紧固。

安装吊架时,可按风管的中心线找出吊杆的敷设位置,单吊杆就在风管的中心线上,双吊杆可按横担的螺孔间距或风管中心线对称安装。在楼板上固定吊杆时,应尽量放在预制楼板的板缝中,如位置不合适时,可用手锤和尖錾或电锤打洞。当孔洞快要打穿时,用力不要过大,以免楼板下部被打掉,影响土建质量。

2. 风管安装

风管安装应遵守以下规定:

(1)风管安装前,应清除内、外杂物,并做好清洁和保护工作。

(2)风管安装的位置、标高、走向,应符合设计要求。现场风管接口的配置,不得缩小其有效截面。

(3)连接法兰的螺栓应均匀拧紧,其螺母宜在同一侧。

(4)风管接口的连接应严密、牢固。风管法兰的垫片材质应符合系统功能的要求,厚度不应小于 3mm。垫片不应凸入管内,亦不宜突出法兰外。

(5)柔性短管的安装,应松紧适度,无明显扭曲。

(6)可伸缩性金属或非金属软风管的长度不宜超过2m,并不应有死弯或塌凹。

(7)风管与砖、混凝土风道的连接接口,应顺着气流方向插入,并应采取密封措施。风管穿出屋面处应设有防雨装置。

(8)不锈钢板、铝板风管与碳素钢支架的接触处,应有隔绝或防腐绝缘措施。

风管安装前,应检查支架、吊架等固定件的位置是否正确,是否安装牢固;并应根据施工现场情况和现有的施工机具条件,选用滑轮、麻绳吊装或液压升降台吊架。

关键细节 5　铝板风管安装注意事项

(1)铝板风管法兰连接应采用镀锌螺栓,并在法兰两侧垫以镀锌垫圈,防止铝法兰被擦伤。

(2)铝板风管的支架、抱箍应镀锌,或按设计要求作防腐处理。

(3)铝板风管采用角钢型法兰,应翻边连接,并用铝铆钉固定。

关键细节 6　塑料风管安装注意事项

(1)塑料风管自重大,受温度影响易变形,所以支架的间距应小于金属风管,一般为2~3m。

(2)硬聚氯乙烯的线膨胀系数大,因此,支架抱箍不应抱得过紧,应留有一定间隙,以便伸缩。直管段太长,温差较大时,每隔15m设一个伸缩节,支管上可设置柔性接管。

二、通风管道制作安装工程工程量计算

1. 工程量计算规则

(1)碳钢通风管道、净化通风管道、不锈钢板通风管道、铝板通风管道、塑料通风管道工程量按设计图示内径尺寸以展开面积计算。

(2)玻璃钢通风管道和复合型风管工程量按设计图示外径尺寸以展开面积计算。

(3)柔性软风管工程量以米计量,按设计图示中心线以长度计算;以节计量,按设计图示数量计算。

(4)弯头导流叶片工程量以面积计量,按设计图示以展开面积平方米计算;以组计量,按设计图示数量计算。

(5)风管检查孔工程量以千克计量,按风管检查孔质量计算;以个计量,按设计图示数量计算。

(6)温度、风量测定孔工程量按设计图示数量计算。

2. 清单项目设置及项目特征描述

通风管道制作安装工程量清单项目设置、项目特征描述的内容及计量单位,见表4-5。

表 4-5 　　　　　　　　通风管道制作安装(编码:030702)

项目编码	项目名称	项目特征	计量单位	工作内容
030702001	碳钢通风管道	1. 名称 2. 材质 3. 形状 4. 规格 5. 板材厚度 6. 管件、法兰等附件及支架设计要求 7. 接口形式	m²	1. 风管、管件、法兰、零件、支吊架制作、安装 2. 过跨风管落地支架制作、安装
030702002	净化通风管道			
030702003	不锈钢板通风管道	1. 名称 2. 形状 3. 规格 4. 板材厚度 5. 管件、法兰等附件及支架设计要求 6. 接口形式		
030702004	铝板通风管道			
030702005	塑料通风管道			
030702006	玻璃钢通风管道	1. 名称 2. 形状 3. 规格 4. 板材厚度 5. 支架形式、材质 6. 接口形式		1. 风管、管件安装 2. 支吊架制作、安装 3. 过跨风管落地支架制作、安装
030702007	复合型风管	1. 名称 2. 材质 3. 形状 4. 规格 5. 板材厚度 6. 接口形式 7. 支架形式、材质		
030702008	柔性软风管	1. 名称 2. 材质 3. 规格 4. 风管接头、支架形式、材质	1. m 2. 节	1. 风管安装 2. 风管接头安装 3. 支吊架制作、安装
030702009	弯头导流叶片	1. 名称 2. 材质 3. 规格 4. 形式	1. m² 2. 组	1. 制作 2. 组装

续表

项目编码	项目名称	项目特征	计量单位	工作内容
030702010	风管检查孔	1. 名称 2. 材质 3. 规格	1. kg 2. 个	1. 制作 2. 安装
030702011	温度、风量测定孔	1. 名称 2. 材质 3. 规格 4. 设计要求	个	

关键细节7　通风管道制作安装清单项目设置注意事项

(1)通风管道的法兰垫料或封口材料,可按图纸要求应在项目特征中描述。

(2)净化通风管的空气洁净度按100000级标准编制。

(3)净化通风管使用的型钢材料如要求镀锌时,工作内容应注明支架镀锌。

(4)风管展开面积,不扣除检查孔、测定孔、送风口、吸风口等所占面积;风管长度一律以设计图示中心线长度为准(主管与支管以其中心线交点划分),包括弯头、三通、变径管、天圆地方等管件的长度,但不包括部件所占的长度。风管展开面积不包括风管、管口重叠部分面积。风管渐缩管:圆形风管按平均直径;矩形风管按平均周长。穿墙套管按展开面积计算,计入通风管道工程量中。

(5)弯头导流叶片数量,按设计图纸或者规范要求计算。

(6)风管检查孔、温度测定孔、风量测定孔数量,按设计图纸或规范要求计算。

关键细节8　圆形风管断面周长的确定

圆形风管断面周长可根据其直径从表4-6中查得。

表4-6　　　　　　　　　　　　　圆形风管断面周长

直径/mm	周长/m	直径/mm	周长/m	直径/mm	周长/m	直径/mm	周长/m
80	0.251	220	0.691	500	1.57	1120	3.52
90	0.283	240	0.754	530	1.66	1180	3.71
100	0.314	250	0.785	560	1.76	1250	3.93
110	0.345	260	0.816	600	1.88	1320	4.14
120	0.377	280	0.879	630	1.98	1400	4.40
130	0.408	300	0.942	670	2.10	1500	4.71
140	0.440	320	1.005	700	2.20	1600	5.02
150	0.471	340	1.068	750	2.36	1700	5.34
160	0.502	360	1.130	800	2.51	1800	5.65
170	0.534	380	1.193	850	2.67	1900	5.97
180	0.565	400	1.256	900	2.83	2000	6.28
190	0.597	420	1.319	950	2.98		
200	0.628	450	1.413	1000	3.14		
210	0.659	480	1.507	1060	3.33		

关键细节 9 矩形风管断面周长的确定

矩形风管断面周长可根据其边长从表 4-7 中查得。

表 4-7   矩形风管断面周长

边长/mm	周长/m	边长/mm	周长/m	边长/mm	周长/m	边长/mm	周长/m
120×120	0.48	320×320	1.28	630×500	2.26	1250×400	3.30
160×120	0.56	400×200	1.20	630×630	2.52	1250×500	3.50
160×160	0.64	400×250	1.30	800×320	2.24	1250×630	3.76
200×120	0.64	400×320	1.44	800×400	2.40	1250×800	4.10
200×160	0.72	400×400	1.60	800×500	2.60	1250×1000	4.50
200×200	0.80	500×200	1.40	800×630	2.86	1600×500	4.20
250×120	0.74	500×250	1.50	800×800	3.20	1600×630	4.46
250×160	0.82	500×320	1.64	1000×320	2.64	1600×800	4.80
250×200	0.90	500×400	1.80	1000×400	2.80	1600×1000	5.20
250×250	1.00	500×500	2.00	1000×500	3.00	1600×1250	5.70
320×160	0.96	630×250	1.76	1000×630	3.26	2000×800	5.60
320×200	1.04	630×400	1.90	1000×1000	3.60	2000×1000	6.00
320×250	1.14	630×400	2.06	1000×1000	4.00	2000×1250	6.50

关键细节 10 常见板材用量计算公式

常见板材用量计算公式见表 4-8。

表 4-8   常见板材用量计算公式

序号	板材形式	计算公式
1	常用咬口连接圆形风管	(1)每米风管钢板用量(m^2/m)＝3.573D。 (2)每米风管钢板用量(kg/m)＝3.573D×每平方米钢板重量。 注:式中 D 为风管直径。 (3)每平方米钢板重量:3.925kg/m^2($\delta=0.5$mm);7.85kg/m^2($\delta=1$mm);5.888kg/m^2($\delta=0.75$mm);9.42kg/m^2($\delta=1.2$mm)。 (4)钢板损耗率为 13.8%
2	常用咬口连接矩形风管	(1)每平方米钢板重量同上述常用咬口连接图形风管每平方米钢板的重量。 (2)钢板损耗率为 13.8%
3	圆形焊接风管钢板	(1)圆形焊接风管钢板用量依据下列公式计算: 1)每米风管钢板用量(m^2/m)＝3.391D。 2)每米风管钢板用量(kg/m)＝3.391D×每平方米钢板重量。 注:式中 D 为风管直径。 (2)每平方米钢板重量:11.78kg/m^2($\delta=1.5$mm)、15.7kg/m^2($\delta=2$mm);19.63kg/m^2($\delta=2.5$mm);23.55kg/m^2($\delta=3$mm)。 (3)钢板损耗率为 8%

序号	板材形式	计算公式
4	矩形焊接风管钢板	(1)矩形焊接风管钢板用量依据下列公式计算： 1)风管钢板用量(m²/m)＝2.16(A＋B)。 2)风管钢板用量(kg/m)＝2.16(A＋B)×每平方米钢板重量。 注:式中A,B为风管边长。 (2)每平方米钢板重量和钢板损耗率同上述圆形焊接风管
5	净化风管钢板	(1)净化风管钢板用量依据下列公式计算： 1)每米风管钢板用量(m²/m)＝2.298(A＋B)。 2)每米风管钢板用量(kg/m)＝2.298(A＋B)×每平方米钢板重量。 注:式中A,B为风管边长。 (2)每平方米钢板重量同上述常用咬口连接圆形风管。 (3)钢板损耗率为14.9%
6	不锈钢风管板材	(1)不锈钢风管板材用量依据下列公式计算： 1)每米风管钢板用量(m²/m)＝3.391D。 2)每米风管钢板用量(kg/m)＝3.391D×每平方米钢板重量。 注:式中D为风管直径。 (2)每平方米不锈钢板重量为:15.7kg/m²(δ＝2mm);23.55kg/m²(δ＝3mm)。 (3)板材损耗率为8%
7	风管铝板	(1)风管铝板用量依据下列公式计算： 1)每米风管铝板用量(m²/m)＝3.391D。 2)每米风管铝板用量(kg/m)＝3.391D×每平方米铝板重量。 注:式中D为风管直径。 (2)每平方米铝板重量为:5.6kg/m²(δ＝2mm);8.4kg/m²(δ＝3mm)。 (3)铝板损耗率为8%
8	铝板矩形风管铝板	(1)铝板矩形风管铝板用量依据下列公式计算： 1)铝板用量(m²/m)＝2.16(A＋B)。 2)铝板用量(kg/m)＝2.16(A＋B)×每平方米铝板重量。 注:式中A,B为风管边长。 (2)每平方米铝板重量和铝板损耗率同上述风管铝板用量
9	塑料风管板材	(1)塑料风管板材用量依据下列公式计算： 1)塑料板用量(m²/m)＝3.642D。 2)塑料板用量(kg/m)－3.642D×每平方米塑料板重量。 注:式中D为风管直径。 (2)每平方米塑料板重量按硬质聚氯乙烯板取值,具体数值为:4.44kg/m²(δ＝3mm);5.92kg/m²(δ＝4mm);7.4kg/m²(δ＝5mm);8.88kg/m²(δ＝6mm);11.84kg/m²(δ＝8mm)。 (3)塑料板损耗率为16%

续表

序号	板材形式	计算公式
10	塑料矩形风管板材	(1)塑料矩形风管板材用量依据下列公式计算： 1)塑料板用量(m²/m)＝2.32(A＋B)。 2)塑料板用量(kg/m)＝2.32(A＋B)×每平方米塑料板重量。 注：式中 A,B 为风管边长。 (2)每平方米塑料板重量和塑料板损耗率同上述塑料风管板材用量

【例 4-1】　如图 4-2 所示,沿Ⓐ轴敷设的矩形复合风管上接出 4 个支管,每个支管上各带一个风口共 4 个,送风方式采用侧送风,试计算风管工程量。

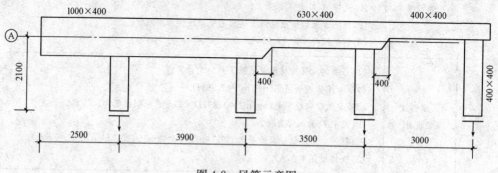

图 4-2　风管示意图

【解】　(1)风管干管(沿Ⓐ轴敷设的风管)工程量。

1)风管(1000mm×400mm)

长度 L_1＝2.5＋3.9＋0.2＝6.6m

工程量＝(1＋0.4)×2×L_1＝1.4×2×6.6＝18.48m²

2)风管(630mm×400mm)

长度 L_2＝3.5－0.4＋0.4＝3.50m

工程量＝(0.63＋0.4)×L_2×2＝1.03×2×3.5＝7.21m²

说明:指从左向右第二个支管和第三个支管中心线的距离为 3.5m,从左向右第二个支管到变径管右端的距离为 0.4m,从左向右第三个支管到变径管右端的距离为 0.4m。

3)风管(400mm×400mm)

长度 L_3＝3－0.4＝2.6m

工程量＝(0.4＋0.4)×2×2.6＝4.16m²

说明:最后一个支管到倒数第二个支管间中心线的距离为 3.2m,倒数第二个支管到变径管右端的距离为 0.4m。

(2)支管工程量。

说明:干管中连接的支管,其支管的管长是从所连接干管的中心线到支管的末端所具有的长度。

风管(400mm×400mm)

长度 $L_4 = 2.1 + 2.1 + 2.1 + \dfrac{1.0}{2} - \dfrac{0.63}{2} + 2.1 + \dfrac{1.0}{2} - \dfrac{0.4}{2} = 8.89\mathrm{m}$

工程量 $= (0.4 + 0.4) \times 2 \times L_4 = 0.8 \times 2 \times 8.89 = 14.22\mathrm{m}^2$

工程量计算结果见表 4-9。

表 4-9　　　　　　　　　　　　　　工程量计算表

项目编码	项目名称	项目特征描述	计量单位	工程量
030702007001	复合型风管	干管规格 1000mm×400mm	m²	18.48
030702007002	复合型风管	干管规格 630mm×400mm	m²	7.21
030702007003	复合型风管	干管规格 400mm×400mm	m²	4.16
030702007004	复合型风管	支管规格 400mm×400mm	m²	14.22

【例 4-2】　如图 4-3 所示为某铝板通风管道三通,试计算其工程量。

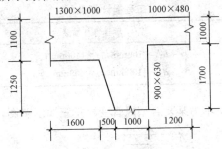

图 4-3　正断面三通示意图

【解】　工程量 $= \left[\dfrac{2\times(A+B)+2(a+b)}{2}\right]H + \left[\dfrac{2\times(H-1600-1200+B)+2(a_1+b_1)}{2}\right]h_1$

$= \left[\dfrac{2\times(1.3+1.0)+2\times(1.0+0.48)}{2}\right] \times (1.6+0.5+1.0+1.2) +$

$\quad \left[\dfrac{2\times(1.6+0.5+1.0+1.2-1.6-1.2+1.0)}{2}\right] \times 1.7$

$= 3.78 \times 4.3 + 2.5 \times 1.7$

$= 20.504\mathrm{m}^2$

工程量计算结果见 4-10。

表 4-10　　　　　　　　　　　　　　工程量计算表

项目编码	项目名称	项目特征描述	计量单位	工程量
030702004001	铝板通风管道	大端口规格 1300mm×1000mm, 小端口 1000mm×480mm,下端口 900mm×630mm	m²	20.504

【例 4-3】　如图 4-4 所示为不锈钢板通风管道正插三通示意图,试计算其工程量。

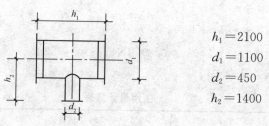

图 4-4　正插三通示意图

【解】　工程量＝$\pi d_1 h_1 + \pi d_2 h_2$

$\qquad\qquad$＝$3.14 \times (1.1 \times 2.1 + 0.45 \times 1.4)$

$\qquad\qquad$＝9.23m^2

工程量计算结果见表 4-11。

表 4-11　　　　　　　　　　　　**工程量计算表**

项目编码	项目名称	项目特征描述	计量单位	工程量
030702003001	不锈钢板通风管道	$h_1 = 2100\text{mm}, h_2 = 1400\text{mm};$ $d_1 = 1100\text{mm}, d_2 = 450\text{mm}$	m^2	9.23

【例 4-4】　如图 4-5 所示为某复合型风管变径正三通示意图,试计算其工程量。

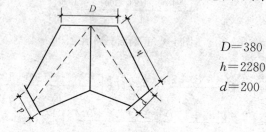

图 4-5　变径正三通示意图

【解】　工程量＝$\pi(D+d)h$

$\qquad\qquad$＝$3.14 \times (0.38 + 0.2) \times 2.28$

$\qquad\qquad$＝4.15m^2

工程量计算结果见表 4-12。

表 4-12　　　　　　　　　　　　**工程量计算表**

项目编码	项目名称	项目特征描述	计量单位	工程量
030702007001	复合型风管	$h \geqslant 5D, D = 380\text{mm}; h = 2280\text{mm}, d = 200\text{mm}$	m^2	4.15

三、全统定额关于通风管道制作安装的说明

(1)工作内容:

1)风管制作:放样、下料、卷圆、折方、轧口、咬口、制作直管、管件、法兰,吊托支架,钻孔、铆焊、上法兰、组对。

2)风管安装:找标高,打支架墙洞,配合预留孔洞,埋设吊托支架,组装,风管就位、找平、找正、制垫,垫垫,上螺栓,紧固。

(2)整个通风系统设计采用渐缩管均匀送风者,圆形风管按平均直径,矩形风管按平均周长执行相应规格项目,其人工乘以系数2.5。

(3)镀锌薄钢板风管项目中的板材是按镀锌薄钢板编制的,如设计要求不用镀锌薄钢板者,板材可以换算,其他不变。

(4)风管导流叶片不分单叶片和香蕉形双叶片,均执行同一项目。

(5)如制作空气幕送风管时,按矩形风管平均周长执行相应风管规格项目,其人工乘以系数3,其余不变。

(6)薄钢板通风管道制作安装项目中,包括弯头、三通、变径管、天圆地方等管件及法兰、加固框和吊托支架的制作用工,但不包括过跨风管落地支架。落地支架执行设备支架项目。

(7)薄钢板风管项目中的板材,如设计要求厚度不同者可以换算,但人工、机械不变。

(8)软管接头使用人造革而不使用帆布者,可以换算。

(9)项目中的法兰垫料,如设计要求使用材料品种不同者可以换算,但人工不变。使用泡沫塑料者,每千克橡胶板换算为泡沫塑料0.125kg;使用闭孔乳胶海绵者,每千克橡胶板换算为闭孔乳胶海绵0.5kg。

(10)柔性软风管,适用于由金属、涂塑化纤织物、聚酯、聚乙烯、聚氯乙烯薄膜、铝箔等材料制成的软风管。

(11)柔性软风管安装,按图示中心线长度以“m”为单位计算;柔性软风管阀门安装,以“个”为单位计算。

(12)复合型风管制作安装说明:

1)工作内容:

①复合型风管制作:放样,切割,开槽,成型,粘合,制作管件,钻孔,组合。

②复合型风管安装:就位,制垫,垫垫,连接,找正,找平,固定。

2)风管项目规格表示的直径为内径,周长为内周长。

3)风管制作安装项目中包括管件、法兰、加固框、吊托支架。

第二节　通风管道部件制作安装工程

一、通风管道部件制作安装概述

通风部件是通风系统重要的组成部分。通风管道部件的品种和规格很多,可归纳为以下几大部分:各种各样的风口、各种各样的阀门、各种风罩、风帽及消声器等。

(一)管道部件制作

1. 风口的制作

风口的形式较多,根据使用对象可分为通风系统风口和空调系统风口两类。

(1)通风系统常用圆形风管插板式送风口、旋转吹风口、单面或双面送(吸)风口、矩形空气分布器、塑料插板式侧面送风口等。

(2)空调系统常用百叶送风口(单层、双层、三层等)、圆形或方形散流器、送吸式散流器、送风孔板及网式回风口等。

风口的外形如图 4-6 所示。

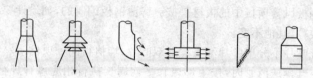

图 4-6　风口的外形图

关键细节 11　插板式风口的制作

插板式风口常用于通风系统或要求不高的空调系统的送、回(吸)风口,借助插板改变风口净面积。插板式风口由插板、导向板、挡板等组成,如图 4-7 所示。

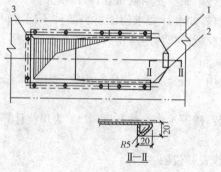

图 4-7　插板式风口

1—插板;2—导向板;3—挡板

插板式风口在调节插板时应平滑省力。组装后的插板式风口,外形应美观,启闭自如、灵活,能达到完全开启和闭合的要求。

关键细节 12　双层百叶送风口的制作

双层百叶送风口,由外框、两组相互垂直的前叶片和后叶片组成,如图 4-8 所示。

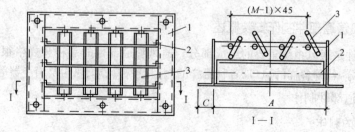

图 4-8　双层百叶式风口

1—外框;2—前叶片;3—后叶片

（1）外框制作：用钢板剪成板条，锉去毛刺，精确地钻出铆钉孔，再用扳边机将板条扳成角钢形状，拼成方框，然后检查外表面的平整度，与设计尺寸的允许偏差不应大于2mm；检查角方，要保证焊好后两对角线之差不大于3mm；最后将四角焊牢再检查一次。

（2）叶片制作：将钢板按设计尺寸剪成所需的条形，通过模具将两边冲压成所需的圆棱，然后锉去毛刺，钻好铆钉孔，再把两头的耳环扳成直角。

（3）油漆或烤漆等各类防腐均在组装之前完成。

（4）组装时，不论是单层、双层，还是多层叶片，其叶片的间距应均匀，允许偏差为±0.1mm，轴的两端应同心，叶片中心线允许偏差不得超过3/1000，叶片平行度不得超过4/1000。

（5）将设计要求的叶片铆在外框上，要求叶片间距均匀，两端轴中心应在同一直线上，叶片与边框铆接松紧适宜，转动调节时应灵活，叶片平直，同边框不得有碰擦。

（6）组装后，圆形风口必须做到圆弧度均匀，外形美观，矩形风口四角必须方正，表面平整、光滑。风口的转动调节机构灵活、可靠，定位后无松动迹象。风口表面无划痕、压伤与花斑，颜色一致，焊点光滑。

关键细节13　散流器的制作

散流器用于空调系统和空气洁净系统，可分为直片型散流器和流线型散流器，如图4-9所示。

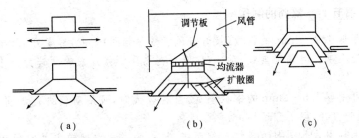

图 4-9　散流器
(a)圆盘散流器；(b)圆形直片型散流器；(c)流线型散流器

（1）直片型散流器形状有圆形和方形两种。内部装有调节环和扩散圈。调节环与扩散圈处于水平位置时，可产生气流垂直向下的垂直气流流型，可用于空气洁净系统。如调节环插入扩散圈内10mm左右时，使出口处的射流轴线与顶棚间的夹角小于50°，形成贴附气流，可用于空调系统。

制作散流器时，圆形散流器应使调节环和扩散圈同轴，每层扩散圈周边的间距一致，圆弧均匀；方形散流器的边线平直，四角方正。圆形散流器宜选用铝型材或半硬铝合金板；方形散流器宜选用铝型材冲压成型。

（2）流线型散流器的叶片竖向距离，可根据要求的气流流型进行调整，适用于恒温恒湿空调系统的空气洁净系统。流线型散流器的叶片形状为曲线形，手工操作达不到要求的效果时，多采用模具冲压成型。

2. 风阀的制作

在通风空调系统中,风阀主要是用来调节风量,平衡各支管或送、回风口的风量等。另外,在特殊情况下可通过关闭和开启,达到防火排烟的目的。根据所起的不同作用,风阀可分为蝶阀、多叶调节阀、插板阀、三通调节阀、止回阀、防火阀、排烟阀等多种。

风阀的制作应符合以下基本要求:

(1)风阀的结构应牢固,调节应灵活,定位应准确、可靠,并应标明风阀的启闭方向及调节角度。

(2)插板阀(包括斜插板阀)的壳体应严密,壳体内壁应做防腐处理,插板应平整,启闭应灵活,并应有可靠的插板固定装置。

(3)蝶阀阀板与壳体的间隙应均匀,不得碰擦;拉链式蝶阀的链条应按其位置高度配置。

(4)三通调节风阀的拉杆与手柄的转轴与风管结合处应严密;拉杆可在任意位置上固定;手柄开关应标明调节的角度;阀板应调节方便,并不得与风管碰擦。

(5)多叶风阀的叶片间距应均匀,关闭时应相互贴合,搭接应一致。大截面的多叶调节风阀应提高叶片与轴的刚度,并且实施分组调节。

(6)电动与气动调节风阀的执行机构及连动装置的动作应可靠,其调节范围及指示角度与阀门开启角度一致。

(7)保温调节阀的连接杆设置在阀体外侧时,应加防护罩。

关键细节 14　蝶阀的制作

(1)短管用厚 1.2～2mm 的钢板(最好与风管壁厚相同)制成,长度为 150mm。加工时穿轴的孔洞,应在展开时精确画线、钻孔;钻好后再卷圆焊接。短管两端为便于连接风管,应分别设置法兰。

(2)阀板可用厚 1.5～2mm 的钢板制成,直径较大时,可用扁钢进行加固。阀板的直径应略小于风管直径,但不宜过小,以免漏风。

(3)两个半轴用 ϕ15 圆钢经锻打车削而成,较长的一根端部锉方并套丝扣,两根轴上分别钻有两个 ϕ8.5 的孔洞。

(4)手柄用厚 3mm 的钢板制成,其扇形部分开有 1/4 圆周弧形的月牙槽,圆弧中心开有和轴相配的方孔,使手柄可按需要位置开关或调节阀板位置。手柄通过焊在垫板上的螺钉和翼形螺母,固定开关位置,垫板可焊在风管上固定。

(5)组装蝶阀时,应先检查零件尺寸,然后把两根半轴穿入短管的轴孔,并放入阀板,用螺栓把阀板固定在两个半轴上,使阀板在短管中绕轴转动,在转动灵活无卡阻情况时,垫好垫圈。在短管外铆好螺钉的垫板和下垫板,再把手柄套入,并以螺帽和翼形螺帽固定。蝶阀轴应严格放平,阀门在轴上应转动灵活,手柄位置应能正确反映阀门的开或关。

关键细节 15　对开式多叶调节阀的制作

(1)在制作时,宜在原标准图基础上,增设法兰以加强刚性。如果将调节手柄取消,把连动杆用连杆与电动执行机构相连,就构成电动式多叶调节阀,从而可以进行遥控和自动调节。

(2)组装后,调节装置应准确、灵活、平稳。其叶片间距应均匀,关闭后叶片能互相贴合,搭接尺寸应一致。对于大截面的多叶调节风阀应加强叶片与轴的刚度,适宜分组调节。阀体均应有标明转动方向的标志。阀件均应进行防腐处理。

关键细节 16 插板阀的制作

(1)闸板制作时要平整,套闸板的上、下两块闷板与垫板规格要相同;斜插板阀的上、下两块闷板开孔要相互错开,但螺孔要对正。闷板开孔时,斜插板阀按 45°设置,形状为椭圆形。

(2)将两块闷板先定位焊在管端上,并组合检查管子是否成一直线;找正后,方可焊接。

(3)装配时,将两块闷板中间垫好垫板。放入插板阀,再拧紧螺栓,要求拉动阀板时动作灵活。

关键细节 17 三通调节阀的制作

制作时先用薄钢板在专用模具上加工阀板。阀板的尺寸应准确,以免安装后与风管碰擦,阀板应调节方便。加工组装的转轴和手柄(或拉杆)调节转动自如,与风管接合处应严密,按设计要求内外作防腐。手柄开关应标明调节角度。

关键细节 18 防火阀与排烟阀的制作

(1)阀体外壳、叶片,用钢板制作,板厚必须不小于 2mm,严防火灾时变形失效。

(2)转动件在任何时候都应转动灵活,必须采用耐腐蚀的黄铜、青铜、不锈钢及镀锌铁件等材料加工制作。

(3)易熔件及执行机构必须是消防部门认可的标准产品,熔点温度符合设计要求。当采用双金属片式执行传感元件时,动作温度也应符合设计。设置易熔件的阀门,易熔件要安装在迎风面上,检查口应设在容易更换易熔件的位置。

(4)阀门组装后,必须经过试验,其动作应灵敏、准确、可靠。阀门关闭后应严密,能阻隔气流。其允许漏风量见表 4-13。

表 4-13　　　　　　　　　　防火阀与排烟阀允许漏风量

阀门类型	两端压差/Pa	允许漏风量/$(m^3 \cdot h^{-1} \cdot m^{-2})$
防火阀	300	≤700
排烟阀	300	≤700
板式排烟口	250	≤150

3. 风帽的制作

风帽是装在排风系统的末端,利用风压的作用,加强排风能力的一种自然通风装置。在排风系统中一般使用风帽,向室外排出污浊空气。常用的风帽有伞形风帽、锥形风帽和筒形风帽三种,如图 4-10 所示。

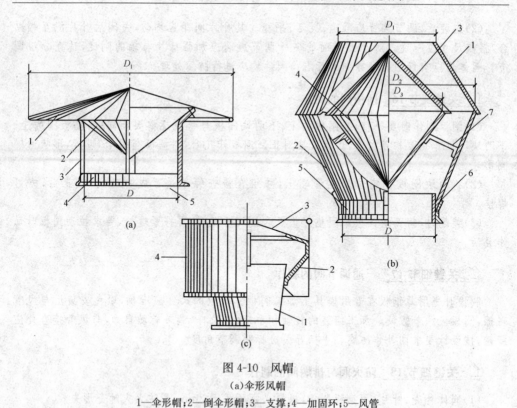

图 4-10　风帽

(a)伞形风帽

1—伞形帽；2—倒伞形帽；3—支撑；4—加固环；5—风管

(b)锥形风帽

1—上锥形帽；2—下锥形帽；3—上伞形帽；4—下伞形帽；5—连接管；6—外支撑；7—内支撑

(c)筒形风帽

1—扩散管；2—支撑；3—伞形罩；4—外筒

(1)伞形风帽适用于一般机械排风系统。当通风系统的室外风管厚度与 T609 标准图所示风帽不同时,零件伞形罩和倒伞形帽可按室外风管厚度制作。伞形风帽按 T609 标准图所绘共有 17 个型号。支撑用扁钢制成,用以连接伞形帽。

(2)锥形风帽适用于除尘系统。有 $D = 200 \sim 1250 \text{mm}$,共 17 个型号。制作方法主要按圆锥形展开下料组装。

(3)筒形风帽比伞形风帽多了一个外圆筒,当在室外风力作用下,风帽短管处形成空气稀薄现象,促使空气从竖管排至大气,风力越大,效率就越高,因而适用于自然排风系统。筒形风帽主要由伞形罩、外筒、扩散管和支撑四部分组成。有 $D = 200 \sim 1000 \text{mm}$,共 9 个型号。

关键细节 19　伞形风帽的制作

伞形罩按圆锥形展开咬口制成。圆筒为一圆形短管,规格较小时,帽的两端可翻边卷钢丝加固。规格较大时,可用扁钢或角钢做箍进行加固。扩散管可按圆形大小头加工,一端用卷钢丝加固,另一端铆上法兰,以便与风管连接。

🏠 **关键细节 20　锥形风帽的制作**

锥形风帽制作时,锥形帽里的上伞形帽挑檐 10mm 的尺寸必须确保,并且下伞形帽与上伞形帽焊接时,焊缝与焊渣不许露至檐口边,严防雨水流下时,从该处流到下伞形帽并沿外壁淌下造成漏雨。组装后,内外锥体的中心线应重合,而且两锥体间的水平距离均匀、连接缝应顺水,下部排水通畅。

🏠 **关键细节 21　筒形风帽的制作**

画展开图时,有些风帽圆筒要留出咬口和卷边尺寸,有些风帽圆筒不作卷边,用扁钢圈加固。扁钢应先调直,钻孔后,再卷圆焊接成形,铆在圆筒上。

筒形风帽的形状应规则,外筒体的上下沿口应加固,其不圆度不应大于直径的 2%。伞盖边缘与外筒体的距离应一致,挡风圈的位置应正确。

4. 排气罩的制作

排气罩是通风系统的局部排气装置,其形式很多,主要有密闭罩、外部吸气罩、接受式局部排气罩、吹吸式局部排气罩四种基本类型,如图 4-11 所示。

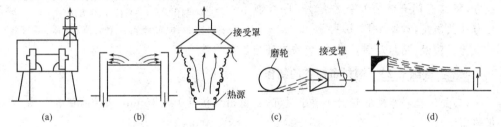

图 4-11　局部排气罩的基本类型
(a)密闭罩;(b)外部吸气罩;(c)接受式局部排气罩;(d)吹吸式局部排气罩

制作排气罩应符合设计或全国通用标准图集的要求,根据不同的形式展开画线、下料后进行机械或手动加工成型。其上各孔洞均采用冲制,连接件要选用与主料相同的标准件。各部件加工后,尺寸应正确,形状要规则,表面须平整光滑,外壳不得有尖锐的边缘,罩口应平整。制作尺寸应准确,连接处应牢固。其外壳不应有尖锐边缘。对于带有回转或升降机构的排气罩,所有活动部件应灵活、操作方便。

5. 柔性短管的制作

为了防止风机的振动通过风管传到室内引起噪声,通常在通风机的入口和出口处,装设柔性短管。柔性短管用来将风管与通风机、空调机、静压箱等相连接,防止设备产生的噪声通过风管传入房间,并起伸缩和隔振的作用。

柔性短管的制作应符合以下要求:

(1)安装柔性短管应松紧适当,不得扭曲。柔性短管长度一般在 15~150mm 范围内。

(2)制作柔性短管所用材料,一般为帆布和人造革。如果需要防潮,帆布短管应刷帆布漆,不得涂油漆,以防帆布失去弹性和伸缩性,起不到减振作用。输送腐蚀性气体的柔性短管应选用耐酸橡胶板或厚 0.8~1mm 的软聚氯乙烯塑料板制作。

(3)洁净风管的柔性短管。对洁净空调系统的柔性短管的连接要求,一是严密不漏;二是防止积尘。所以,在安装柔性短管时,一般常用人造革、涂胶帆布、软橡胶板等。柔性短管在拼缝时要注意严密,以免漏风,另外还要注意光面朝里,安装时不能扭曲,以防集尘。

关键细节 22　帆布短管的制作

帆布短管的制作方法有以下两种:

第一种方法:先把帆布按管径要求展接余量 20～50mm,然后将其缝成短管,再用镀锌钢板连同帆布短管一起固定在角钢法兰上。连接时要紧密。用铆钉固定时,一般距离为 60～80mm。帆布短管固定后,把伸出管端的镀锌钢板翻边,在法兰平面上找平,如图 4-12(a)所示。

第二种方法:把展开的帆布两端用 60～70mm 宽的镀锌钢板条固定牢,然后卷圆或找方,将钢板闭合缝咬口帆布缝好,再将钢板与法兰固定,如图 4-12(b)所示。

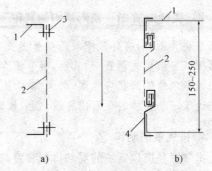

图 4-12　帆布短管
(a)制作方法(一);(b)制作方法(二)
1—法兰;2—帆布短管;3—镀锌薄钢板;4—铆钉

为了防潮、隔热及保持弹性,帆布表面应涂帆布漆。

关键细节 23　塑料布短管的制作

(1)先把塑料布按管径大小要求展开,并留出搭接量 10～15mm,法兰的留量可按角钢规格留设。

(2)焊接时,把塑料布焊接处对正,加热后,用压辊压紧,使塑料布粘结在一起,当一面焊好后,将塑料布翻过来,焊另一面。焊接时用电烙铁,温度要保持在 210～230℃之间,以免过热或烧焦。

(3)接合缝处要牢固,严密不漏风。

6. 消声器的制作

消声器是利用声的吸收、反射、干涉等原理,降低通风与空气调节系统中气流噪声的装置。消声器的种类和构造形式较多,按原理可分为四种基本类型,即阻性、抗性、共振性及宽频带复合消声器等。

关键细节 24　消声器壳体的制作

消声器外壳采用的拼接方法与漏风量有直接关系。若用自攻螺钉连接,则易漏风,必须采取密封措施。而采用咬接,不但增加强度,也可以减少漏风。所以,消声器的壳体应采用咬接较好。

在制作过程中,要注意有些形式的消声器是有方向要求的,故在制作完成后应在外壳上标明气流方向,以免安装时装错。

片式消声器的壳体,可用钢筋混凝土,也可用重砂浆砌体制成,壳的厚度按结构需要由设计决定。

关键细节 25 消声器框架的制作

消声器框架用角钢框、木框和铁皮等制作。无论用何种材料，都必须固定牢固，有些消声器如阻抗式、复合式、蜂窝式等在其迎风端还需装上导流板。

共振腔是共振性消声器的共振结构之一，每一个共振结构都具有一定的固有频率，由孔径、孔颈厚和共振腔(空腔)的组合所决定的。

关键细节 26 消声片单体的安装

在有较高消声要求的大型空调系统中，消声器的规格尺寸较大，一般做成单片，安装于处理室的消声段。消声片要有规则地排列，要保持片距的正确，才能达到较好的消声效果。上下两端装有固定消声片的框架，要求安装不能松动，以免产生噪声。

(二)风管部件的安装

通风风管部件的安装应符合以下一般要求：

(1)各类风口安装应横平、竖直、表面平整。室内部分应与室内线条平行。各种散流器的风口应与顶棚平行。有调节和转动装置的风口，安装后应保持原来的灵活程度。

(2)蝶阀、多叶调节阀、插板阀等调节装置，应安装在便于操作的部位。

(3)除尘系统的斜插板阀，应安装在不积尘的部位，在水平管上安装时，插板应顺气流安装；在垂直管上安装时，插板应逆气流安装。

(4)防火阀是通风空调系统的安全装置，要保证在火灾时起到关闭和停机的作用。防火阀有水平、垂直、左式右式之分，安装时不能弄错，否则会造成严重后果，为防止防火阀易熔片脱落，易熔片应在系统安装后再安装。

(5)通风系统的风帽和空调系统表面冷却器的滴水盘、滴水槽安装要牢固，不能渗漏，凝结水要引流至指定位置。

(6)除尘系统的吸气罩和排风系统的排气罩，安装的位置应正确，固定要牢固，支架不能设在影响操作的部位。

(7)柔性短管的安装应松紧适度，不能扭曲，安装在风机吸入口的柔性短管可装得绷紧一些，以防止风机启动被吸入而减小截面。

关键细节 27 风口的安装

(1)对于矩形风口要控制两对角线之差不应大于 3mm，以保证四角方正；对于圆形风口则控制其直径，一般取其中任意两互相垂直的直径，使两者的偏差不大于 2mm，就基本上不会出现椭圆形状。

(2)风口表面应平整、美观，与设计尺寸的允许偏差不应大于 2mm。在整个空调系统中，风口是唯一外露于室内的部件，故对它的外形要求要高一些。

(3)多数风口是可调节的，有的甚至是可旋转的，凡是有调节、旋转部分的风口都要保证活动件轻便灵活，叶片平直，不得与同边框有碰擦。

(4)在安装风口时，应注意风口与所在房间内线条的协调一致。尤其当风管暗装时，风口应服从房间的线条。吸顶的散流器与平顶平齐。散流器的扩散圈应保持等距。散流器与总管的接口应牢固可靠。

关键细节 28 风阀的安装

(1)风管系统上安装蝶阀、多叶阀等各类风阀,在安装前,应检查框架结构是否牢固,调节、制动、定位等装置应准确灵活。

(2)安装时,将风阀的法兰与风管或设备上的法兰对正,加密封垫片并拧紧螺栓,使其连接牢固及严密。

(3)阀件的调节装置应安装在便于操作的部位。

(4)注意风阀的气流方向,应按风阀外壳标注方向安装,不得装反。

(5)风阀的开闭方向、开启程度应在阀体上有明显和准确的标志。

(6)安装在高处的风阀,其操纵装置应距地面或平台 1～1.5m。

关键细节 29 风帽的安装

(1)风帽可在室外沿墙绕过檐口伸出屋面,或在室内直接穿过屋面板伸出屋顶。

(2)穿过屋面板安装的风管,必须完好无损,不能有钻孔或其他创伤,以免使用时雨水漏入室内。风管安装好后,应装设防雨罩。防雨罩与接口应紧密,防止漏水。

(3)不连接风管的筒形风帽,可用法兰固定在屋面板上的混凝土座或木底座上。

(4)风帽装设高度高出屋面 1.5m 时,应用镀锌钢丝或圆钢拉索固定,防止被风吹倒。

关键细节 30 风罩的安装

(1)各类吸尘罩、排气罩的安装位置应正确,牢固可靠,支架不得设置在影响操作的部位。

(2)用于排出蒸汽或其他潮湿气体的伞形排气罩,应在罩口内边采取排凝结液体的措施。

(3)罩子的安装高度对其实际效果影响很大,如果不按设计要求安装,将不能得到预期的效果。这一高度既要考虑不影响操作,又要考虑有效排除有害气体,其高度一般为罩的下口离设备上口小于或等于排气罩下口的边长最为合适。

(4)局部排气罩不得有尖锐的边缘,其安装位置和高度不应妨碍操作。

(5)局部排气罩因体积较大,应设置专用支、吊架,并要求支、吊架平整,牢固可靠。

关键细节 31 消声器的安装

(1)消声器等消声设备运输时,不得有变形现象和过大振动,避免外界冲击破坏消声性能。

(2)消声器在安装前应检查支、吊架等固定件的位置是否正确,预埋件或膨胀螺栓是否安装牢固、可靠。支、吊架必须保证所承担的荷载。消声器、消声弯管应单独设支架,不得由风管来支撑。

(3)消声器支、吊架的横托板穿吊杆的螺孔距离,应比消声器宽 40～50mm。为了便于调节标高,可在吊杆端部套 50～80mm 的丝扣,以便找平、找正,并加双螺帽固定。

(4)消声器的安装方向必须正确,与风管或管件的法兰连接应保证严密、牢固。

(5)当通风、空调系统有恒温、恒湿要求时,消声器等消声设备外壳与风管同样作保温处理。

(6)消声器安装就位后,可用拉线或吊线尺量的方法进行检查,对位置不正、扭曲、接口不齐等不符合要求部位进行修整,达到设计和使用的要求。

二、通风管道部件制作安装工程工程量计算

1. 工程量计算规则

(1)柔性接口工程量按设计图示尺寸以展开面积计算。

(2)静压箱工程量以个计量,按设计图示数量计算;以平方米计量,按设计图示尺寸以展开面积计算。

(3)其他部件工程量均按设计图示数量计算。

2. 清单项目设置及项目特征描述

通风管道部件制作安装工程量清单项目设置、项目特征描述的内容及计量单位,见表 4-14。

表 4-14　　　　　　　通风管道部件制作安装(编码:030703)

项目编码	项目名称	项目特征	计量单位	工作内容
030703001	碳钢阀门	1. 名称 2. 型号 3. 规格 4. 质量 5. 类型 6. 支架形式、材质	个	1. 阀体制作 2. 阀体安装 3. 支架制作、安装
030703002	柔性软风管阀门	1. 名称 2. 规格 3. 材质 4. 类型		阀体安装
030703003	铝蝶阀	1. 名称 2. 规格 3. 质量 4. 类型		
030703004	不锈钢蝶阀			
030703005	塑料阀门	1. 名称 2. 型号 3. 规格 4. 类型		
030703006	玻璃钢蝶阀			

项目编码	项目名称	项目特征	计量单位	工作内容
030703007	碳钢风口、散流器、百叶窗	1. 名称 2. 型号 3. 规格 4. 质量 5. 类型 6. 形式	个	1. 风口制作、安装 2. 散流器制作、安装 3. 百叶窗安装
030703008	不锈钢风口、散流器、百叶窗			
030703009	塑料风口、散流器、百叶窗			
030703010	玻璃钢风口	1. 名称 2. 型号 3. 规格 4. 类型 5. 形式		风口安装
030703011	铝及铝合金风口、散流器			1. 风口制作、安装 2. 散流器制作、安装
030703012	碳钢风帽			1. 风帽制作、安装 2. 筒形风帽滴水盘制作、安装 3. 风帽筝绳制作、安装 4. 风帽泛水制作、安装
030703013	不锈钢风帽			
030703014	塑料风帽	1. 名称 2. 规格 3. 质量 4. 类型 5. 形式 6. 风帽筝绳、泛水设计要求		
030703015	铝板伞形风帽			1. 板伞形风帽制作、安装 2. 风帽筝绳制作、安装 3. 风帽泛水制作、安装
030703016	玻璃钢风帽			1. 玻璃钢风帽安装 2. 筒形风帽滴水盘安装 3. 风帽筝绳安装 4. 风帽泛水安装
030703017	碳钢罩类	1. 名称 2. 型号 3. 规格 4. 质量 5. 类型 6. 形式		1. 罩类制作 2. 罩类安装
030703018	塑料罩类			
030703019	柔性接口	1. 名称 2. 规格 3. 材质 4. 类型 5. 形式	m²	1. 柔性接口制作 2. 柔性接口安装

续表

项目编码	项目名称	项目特征	计量单位	工作内容
030703020	消声器	1. 名称 2. 规格 3. 材质 4. 形式 5. 质量 6. 支架形式、材质	个	1. 消声器制作 2. 消声器安装 3. 支架制作安装
030703021	静压箱	1. 名称 2. 规格 3. 形式 4. 材质 5. 支架形式、材质	1. 个 2. m²	1. 静压箱制作、安装 2. 支架制作、安装
030703022	人防超压 自动排 气阀	1. 名称 2. 型号 3. 规格 4. 类型	个	安装
030703023	人防手动 密闭阀	1. 名称 2. 型号 3. 规格 4. 支架形式、材质		1. 密闭阀安装 2. 支架制作、安装
030703024	人防 其他部件	1. 名称 2. 型号 3. 规格 4. 类型	个 (套)	安装

关键细节 32　通风管道部件制作安装清单项目设置注意事项

(1)碳钢阀门包括:空气加热器上通阀、空气加热器旁通阀、圆形瓣式启动阀、风管蝶阀、风管止回阀、密闭式斜插板阀、矩形风管三通调节阀、对开多叶调节阀、风管防火阀、各型风罩调节阀等。

(2)塑料阀门包括:塑料蝶阀、塑料插板阀、各型风罩塑料调节阀。

(3)碳钢风口、散流器、百叶窗包括:百叶风口、矩形送风口、矩形空气分布器、风管插板风口、旋转吹风口、圆形散流器、方形散流器、流线型散流器、送吸风口、活动算式风口、网式风口、钢百叶窗等。

（4）碳钢罩类包括：皮带防护罩、电动机防雨罩、侧吸罩、中小型零件焊接台排气罩、整体分组式槽边侧吸罩、吹吸式槽边通风罩、条缝槽边抽风罩、泥心烘炉排气罩、升降式回转排气罩、上下吸式圆形回转罩、升降式排气罩、手锻炉排气罩。

（5）塑料罩类包括：塑料槽边侧吸罩、塑料槽边风罩、塑料条缝槽边抽风罩。

（6）柔性接口包括：金属、非金属软接口及伸缩节。

（7）消声器包括：片式消声器、矿棉管式消声器、聚酯泡沫管式消声器、卡普隆纤维管式消声器、弧形声流式消声器、阻抗复合式消声器、微穿孔板消声器、消声弯头。

（8）通风部件如图纸要求制作安装或用成品部件只安装不制作，这类特征在项目特征中应明确描述。

（9）静压箱的面积计算：按设计图示尺寸以展开面积计算不扣除开口的面积。

关键细节 33　风管长度计算应减部件的参考长度

计算风管长度时，应减除部件所占位置的长度。部分通风部件的长度如下所述：

（1）蝶阀：$L=150mm$。

（2）止回阀：$L=300mm$。

（3）密闭式对开多叶调节阀：$L=210mm$。

（4）圆形风管防火阀：$L=D+240mm$。

（5）矩形风管防火阀：$L=B+240mm$；B 为风管高度。

（6）密闭式斜插板阀长度见表 4-15。

表 4-15　　　　　　　　　　　　密闭式斜插板阀长度　　　　　　　　　　　　mm

序号 参数	1	2	3	4	5	6	7	8	9	10	11	12	13	14	15	16
D	80	85	90	95	100	105	110	115	120	125	130	135	140	145	150	155
L	280	285	290	300	305	310	315	320	325	330	335	340	345	350	355	360
序号 参数	17	18	19	20	21	22	23	24	25	26	27	28	29	30	31	32
D	160	165	170	175	180	185	190	195	200	205	210	215	220	225	230	235
L	360	365	370	375	380	385	390	395	400	405	410	415	420	425	430	435
序号 参数	33	34	35	36	37	38	39	40	41	42	43	44	45	46	47	48
D	240	245	250	255	260	265	270	275	280	285	290	300	310	320	330	340
L	440	445	450	455	460	465	470	475	480	485	490	500	510	520	530	540

注：D 为风管直径。

（7）塑料手柄式蝶阀长度见表 4-16。

1）圆形塑料手柄式蝶阀：$L=D+20mm$（不小于 160mm）。

2）方形塑料手柄式蝶阀：$L=A+20mm$（不小于 160mm）。

表 4-18　　　　　　　　　　　　　塑料手柄式蝶阀长度　　　　　　　　　　　　mm

参数	序号	1	2	3	4	5	6	7	8	9	10	11	12	13	14
圆形	D	100	120	140	160	180	200	220	250	280	320	360	400	450	500
	L	160	160	160	180	200	220	240	270	380	340	380	420	470	520
方形	A	120	160	200	250	320	400	500							
	L	160	180	220	270	340	420	520							

注:D 为风管外径,A 为方形风管外边宽。

(8)塑料拉链式蝶阀长度见表 4-17。

1)圆形塑料拉链式蝶阀:$L=D+20\text{mm}$(不小于 240mm)。

2)方形塑料拉链式蝶阀:$L=A+20\text{mm}$(不小于 240mm)。

表 4-17　　　　　　　　　　　　　塑料拉链式蝶阀长度　　　　　　　　　　　　mm

参数	序号	1	2	3	4	5	6	7	8	9	10	11
圆形	D	200	220	250	280	320	360	400	450	500	560	630
	L	240	240	270	300	340	380	420	470	520	580	650
方形	A	200	250	320	400	500	630					
	L	240	270	340	420	520	650					

注:D 为风管外径,A 为方形风管外边宽。

(9)塑料插板阀长度见表 4-18、表 4-19。

1)圆形塑料插板阀:$D=200\sim280\text{mm}$ 时,$L=200\text{mm}$;$D=320\sim630\text{mm}$ 时,$L=300\text{mm}$。

2)方形塑料插板阀:$A=200\sim400\text{mm}$ 时,$L=200\text{mm}$;$A=500\sim630\text{mm}$ 时,$L=300\text{mm}$。

表 4-18　　　　　　　　　　　　　圆形塑料插板阀长度　　　　　　　　　　　　mm

参数	序号	1	2	3	4	5	6	7	8	9	10	11
	D	200	220	250	280	320	360	400	450	500	560	630
	L	200	200	200	200	300	300	300	300	300	300	300

注:D 为风管外径。

表 4-19　　　　　　　　　　　　　方形塑料插板阀长度　　　　　　　　　　　　mm

参数	序号	1	2	3	4	5	6
	A	200	250	320	400	500	630
	L	200	200	200	200	300	300

注:A 为方形风管外边宽。

关键细节 34　国际通风部件标准重量表

国际通风部件标准重量表,见表 4-20。

表 4-20　　　　　　　　　　　　国际通风部件标准重量表

名称	带调节板活动百叶风口		单层百叶风口		双层百叶风口		三层百叶风口	
图号	T202—1		T202—2		T202—2		T202—3	
序号	尺寸(A×B)/mm	kg/个	尺寸(A×B)/mm	kg/个	尺寸(A×B)/mm	kg/个	尺寸(A×B)/mm	kg/个
1	300×150	1.45	200×150	0.88	200×150	1.73	250×180	3.66
2	350×175	1.79	300×150	1.19	300×150	2.52	290×180	4.22
3	450×225	2.47	300×185	1.40	300×185	2.85	330×210	5.14
4	500×250	2.94	330×240	1.70	330×240	3.48	370×210	5.84
5	600×300	3.60	400×240	1.94	400×240	4.46	410×280	6.41
6	—	—	470×285	2.48	470×285	5.66	450×280	8.01
7	—	—	530×330	3.05	530×330	7.22	490×320	9.04
8	—	—	550×375	3.59	550×375	8.01	470×320	10.10

名称	连动百叶风口		矩形送风口		矩形空气分布器	
图号	T202—4		T203		T206—1	
序号	尺寸(B×C)/mm	kg/个	尺寸(B×C)/mm	kg/个	尺寸(B×C)/mm	kg/个
1	200×150	1.49	60×52	2.22	300×150	4.95
2	250×195	1.88	80×69	2.84	400×200	6.61
3	300×195	2.06	100×87	3.36	500×250	10.32
4	300×240	2.35	120×104	4.46	600×300	12.42
5	350×240	2.55	140×121	5.40	700×350	17.71
6	350×285	2.83	160×139	6.29	—	—
7	400×330	3.52	180×156	7.36	—	—
8	500×330	4.70	200×173	8.65	—	—
9	500×370	4.50				

名称	风管插板式送吸风口				旋转吹风口		地上旋转吹风口	
图号	矩形 T208—1		圆形 T208—2		T209—1		T209—2	
序号	尺寸(B×C)/mm	kg/个	尺寸(B×C)/mm	kg/个	尺寸(D=A)/mm	kg个	尺寸(D=A)/mm	kg/个
1	200×120	0.88	160×80	0.62	250	10.09	250	13.20
2	240×160	1.20	180×90	0.68	280	11.76	280	15.49
3	320×240	1.95	200×100	0.79	320	14.67	320	18.92
4	400×320	2.96	220×110	0.90	360	17.86	360	22.82
5			240×120	1.01	400	20.68	400	26.25
6			280×140	1.27	450	25.21	450	31.77
7			320×160	1.50	—	—	—	—
8			360×180	1.79				
9			400×200	2.10				
10			440×220	2.39				
11			500×250	2.94				
12			560×280	3.53				

续一

名称	圆形直片散流器		方形直片散流器		流线型散流器	
图号	CT211—1		CT211—2		T211—4	
序号	尺寸(ϕ)/mm	kg/个	尺寸($A \times A$)/mm	kg/个	尺寸(d)/mm	kg/个
1	120	3.01	120×120	2.34	160	3.97
2	140	3.29	160×160	2.73	200	5.45
3	180	4.39	200×200	3.91	250	7.94
4	220	5.02	250×250	5.29	—	—
5	250	5.54	320×320	7.43	—	—
6	280	7.42	400×400	8.89	—	—
7	320	8.22	500×500	12.23	—	—
8	360	9.04	—	—		
9	400	10.88				
10	450	11.98				
11	500	13.07				

名称	单面送吸风口				双面送吸风口			
图号	Ⅰ型 T212—1		Ⅱ型 T212—1		Ⅰ型 T212—2		Ⅱ型 T212—2	
序号	尺寸($A \times A$)/mm	kg/个	尺寸(D)/mm	kg/个	尺寸($A \times A$)/mm	kg/个	尺寸(D)/mm	kg/个
1	100×100		100	1.37	100×100		100	1.54
2	120×120	2.01	120	1.85	120×120	2.07	120	1.97
3	140×140		140	2.23	140×140		140	2.32
4	160×160	2.93	160	2.68	160×160	2.75	160	2.76
5	180×180		180	3.14	180×180		180	3.20
6	200×200	4.01	200	3.73	200×200	3.63	200	3.65
7	220×220		220	5.51	220×220		220	5.17
8	250×250	7.12	250	6.68	250×250	5.83	250	6.18
9	280×280		280	8.08	280×280		280	7.42
10	320×320	10.84	320	10.27	320×320	8.20	320	9.06
11	360×360		360	12.52	360×360		360	10.74
12	400×400	15.68	400	14.93	400×400	11.19	400	12.81
13	450×450		450	18.20	450×450		450	15.26
14	500×500	23.08	500	22.01	500×500	15.50	500	18.36

续二

名称	活动算板式风口		网式风口				加热器上通阀	
图号	T261		三面 T262		矩形 T262		T101—1	
序号	尺寸($A\times B$)/mm	kg/个	尺寸($A\times B$)/mm	kg/个	尺寸($\times$)/mm	kg/个	尺寸($A\times B$)/mm	kg/个
1	235×200	1.06	250×200	5.27	200×150	0.56	650×250	13.00
2	325×200	1.39	300×200	5.95	250×200	0.73	1200×250	19.68
3	415×200	1.73	400×200	7.95	350×250	0.99	1100×300	19.71
4	415×250	1.97	500×250	10.97	450×300	1.27	1800×300	25.87
5	505×250	2.36	600×250	13.03	550×350	1.81	1200×400	23.19
6	595×250	2.71	620×300	14.19	600×400	2.05	1600×400	28.19
7	535×300	2.80	—	—	700×450	2.44	1800×400	33.78
8	655×300	3.35	—	—	800×500	2.83	—	—
9	775×300	3.70	—	—	—	—	—	—
10	655×400	4.08	—	—	—	—	—	—
11	775×400	4.75	—	—	—	—	—	—
12	895×400	5.42	—	—	—	—	—	—

名称	空气加热器旁通阀							
图号	T101—2							
序号	尺寸(SRZ)/mm	kg/个	尺寸(SRZ)/mm	kg/个	尺寸(SRZ)/mm	kg/个	尺寸(SRZ)/mm	kg/个
1	$D\,5\times5Z\,X$ 1型	11.32	$D\,10\times6Z\,X$ 1型	18.14	$D\,10\times7Z\,X$ 1型	18.14	$D\,15\times10Z\,X$ 1型	25.09
2	2型	13.98	2型	22.45	2型	22.45	2型	31.70
3	3型	14.72	3型	22.73	3型	22.91	3型	30.74
4	4型	18.20	4型	27.99	4型	27.99	4型	37.81
5	$D\,10\times5Z\,X$ 1型	18.14	$D\,15\times6Z\,X$ 1型	25.09	$D\,15\times7Z\,X$ 1型	25.09	$D\,17\times10Z\,X$ 1型	28.65
6	2型	22.45	2型	31.70	2型	31.70	2型	35.97
7	3型	22.73	3型	30.74	3型	30.74	3型	35.10
8	4型	27.99	4型	37.81	4型	37.81	4型	42.86
9	$D\,6\times6Z\,X$ 1型	12.42	$D\,7\times7Z\,X$ 1型	13.95	$D\,17\times7Z\,X$ 1型	28.65	$D\,12\times6Z\,X$ 1型	21.64
10	2型	15.62	2型	17.48	2型	35.97	2型	26.73
11	3型	16.21	3型	19.95	3型	35.10	3型	26.73
12	4型	20.08	4型	22.07	4型	42.96	4型	32.61

名称	圆形瓣式启动阀				圆形蝶阀(拉链式)			
图号	T301—5				非保温 T302—1		保温 T320—2	
序号	尺寸(ϕA_1)/mm	kg/个	尺寸(ϕA_1)/mm	kg/个	尺寸(D)/mm	kg/个	尺寸(D)/mm	kg/个
1	400	15.06	900	54.80	200	3.63	200	3.85
2	420	16.02	910	53.25	220	3.93	220	4.17
3	450	17.59	1000	63.93	250	4.40	250	4.67
4	455	17.37	1004	65.48	280	4.90	280	5.22
5	500	20.33	1170	72.57	320	5.78	320	5.92
6	520	20.31	1200	82.68	360	6.53	360	6.68

续三

名称	圆形瓣式启动阀				圆形蝶阀(拉链式)			
图号	T301—5				非保温 T302—1		保温 T320—2	
序号	尺寸(ϕA_1)/mm	kg/个	尺寸(ϕA_1)/mm	kg/个	尺寸(D)/mm	kg/个	尺寸(D)/mm	kg/个
7	550	22.23	1250	86.50	400	7.34	400	7.55
8	585	22.94	1300	89.16	450	8.37	450	8.51
9	600	29.67	—	—	500	13.22	500	11.32
10	620	28.35	—	—	560	16.07	560	13.78
11	650	30.21	—	—	630	18.55	630	15.65
12	715	35.37	—	—	700	22.54	700	19.32
13	750	39.29	—	—	800	26.62	800	22.49
14	780	41.55	—	—	900	32.91	900	28.12
15	800	42.38	—	—	1000	37.66	1000	31.77
16	840	44.21	—	—	1120	45.21	1120	39.42

名称	方形蝶阀(拉链式)				矩形蝶阀(拉链式)					
图号	非保温 T302—3		保温 T302—4		非保温 T302—5				保温 T302—6	
序号	尺寸($A \times A$)/mm	kg/个	尺寸($A \times A$)/mm	kg/个	尺寸($A \times B$)/mm	kg/个	尺寸($A \times B$)/mm	kg/个	尺寸($A \times B$)/mm	kg/个	尺寸($A \times B$)/mm	kg/个

名称	方形蝶阀(拉链式)				矩形蝶阀(拉链式)							
图号	非保温 T302—3		保温 T302—4		非保温 T302—5				保温 T302—6			
序号	尺寸($A \times A$)/mm	kg/个	尺寸($A \times A$)/mm	kg/个	尺寸($A \times B$)/mm	kg/个	尺寸($A \times B$)/mm	kg/个	尺寸($A \times B$)/mm	kg/个	尺寸($A \times B$)/mm	kg/个
1	120×120	3.04	120×120	3.20	200×250	5.17	320×630	17.44	200×250	5.33	320×630	15.55
2	160×160	3.78	160×160	3.97	200×320	5.85	320×800	22.43	200×320	6.03	320×800	20.07
3	200×200	4.54	200×200	4.78	200×400	6.68	400×500	15.74	200×400	6.87	400×500	13.95
4	250×250	5.68	250×250	5.86	200×500	9.74	400×630	19.27	200×500	9.96	400×630	17.09
5	320×320	7.25	320×320	7.44	250×320	6.45	400×800	24.58	250×320	6.64	400×800	21.91
6	400×400	10.07	400×400	10.28	250×400	7.31	500×630	21.58	250×400	7.51	500×630	18.97
7	500×500	19.14	500×500	16.70	250×500	10.58	500×800	27.40	250×500	10.81	500×800	24.20
8	630×630	27.08	630×630	23.63	250×630	13.29	630×800	30.87	250×630	13.53	630×800	27.14
9	800×800	37.75	800×800	32.67	320×400	12.46			320×400	11.19	—	—
10	1000×1000	49.55	1000×1000	42.42	320×500	14.18			320×500	12.64		

名称	钢制蝶阀(手柄式)									
图号	圆形 T302—7				方形 T302—8		矩形 T302—9			
序号	尺寸(D)/mm	kg/个	尺寸(D)/mm	kg/个	尺寸($A \times A$)/mm	kg/个	尺寸($A \times B$)/mm	kg/个	尺寸($A \times B$)/mm	kg/个
1	100	1.95	360	7.94	120×120	2.87	200×250	4.98	320×630	17.11
2	120	2.24	400	8.86	160×160	3.61	200×320	5.66	320×800	22.10
3	140	2.52	450	10.65	200×200	4.37	200×400	6.49	400×500	15.41
4	160	2.81	500	13.08	250×250	5.51	200×500	9.55	400×630	18.94
5	180	3.12	560	14.80	320×320	7.08	250×320	6.26	400×800	34.25
6	200	3.43	630	18.51	400×400	9.90	250×400	7.12	500×630	21.23
7	220	3.72	—	—	500×500	17.70	250×500	10.39	500×800	30.54
8	250	4.22			630×630	25.31	250×630	13.10	—	—
9	280	6.22					320×400	12.13		
10	320	7.06					320×500	13.85		

续四

名称	圆形风管止回阀				方形风管止回阀				密闭式斜插板阀			
图号	垂直式 T303—1		水平式 T303—1		垂直式 T303—2		水平式 T303—2		T309			
序号	尺寸 (D)/mm	kg/个	尺寸 (D)/mm	kg/个	尺寸 (A× A)/mm	kg/个	尺寸 (A× A)/mm	kg/个	尺寸 (D) /mm	kg/个	尺寸((D)/mm	kg/个
1	220	5.53	220	5.69	200×200	6.74	200×200	6.73	80	2.620	210	9.276
2	250	6.22	250	6.41	250×250	8.34	250×250	8.37	90	3.019	220	10.396
3	280	6.95	280	7.17	320×320	10.58	320×320	10.70	100	3.427	240	11.756
4	320	7.93	320	8.26	400×400	13.24	400×400	13.43	110	3.836	250	12.466
5	360	8.98	360	9.33	500×500	19.43	500×500	19.81	120	4.225	260	13.046
6	400	9.97	400	10.36	630×630	26.60	630×630	27.72	130	4.755	380	14.376
7	450	11.25	450	11.73	800×800	36.13	800×800	37.33	140	5.203	300	16.186
8	500	13.69	500	14.19	—	—	—	—	150	5.752	320	17.776
9	560	15.42	560	16.14	—	—	—	—	160	6.201	340	19.616
10	630	17.42	630	18.26	—	—	—	—	170	6.760		
11	700	20.81	700	21.85	—	—	—	—	180	7.219		
12	800	24.12	800	25.68	—	—	—	—	190	7.810		
13	900	29.53	900	31.13	—	—	—	—	200	9.056		

名称	手动密闭式对开多叶阀								
图号	T308—1								
序号	尺寸(A×B) /mm	kg/个	尺寸(A×B) /mm	kg/个	尺寸(A×B) /mm	kg/个	尺寸(A×B) /mm	kg/个
1	160×320	8.90	400×400	13.10	1000×500	25.90	1250×800	52.10
2	200×320	9.30	500×400	14.20	1250×500	31.60	1600×800	65.40
3	250×320	9.80	630×400	16.50	1600×500	50.80	2000×800	75.50
4	320×320	10.50	800×400	19.10	250×630	16.10	1000×1000	51.10
5	400×320	11.70	1000×400	22.40	630×630	22.80	1250×1000	61.40
6	500×320	12.70	1250×400	27.40	800×630	33.10	1600×1000	76.80
7	630×320	14.70	200×500	12.80	1000×630	37.90	2000×1000	88.10
8	800×320	17.30	250×500	13.40	1250×630	45.50	1600×1250	90.40
9	1000×320	20.20	500×500	16.70	1600×630	57.70	2000×1250	103.20
10	200×400	10.60	630×500	19.30	800×800	37.90	—	
11	250×400	11.10	800×500	22.40	1000×800	43.10	—	

名称	手动对开式多叶阀								
图号	T308—2								
序号	尺寸(A×B) /mm	kg/个	尺寸(A×B) /mm	kg/个	尺寸(A×B) /mm	kg/个	尺寸(A×B) /mm	kg/个
1	320×160	5.51	400×1000	15.42	630×250	9.80	800×1600	31.54
2	320×200	5.87	400×1250	18.05	630×320	10.57	800×2000	48.38
3	320×250	6.29	500×200	7.85	630×400	11.51	1000×800	23.91
4	320×320	6.90	500×250	8.27	630×500	12.63	1000×1000	28.31
5	320×800	10.99	500×320	9.02	630×630	14.07	1000×1250	30.17
6	320×1000	14.52	500×400	9.84	630×800	16.12	1000×1600	30.16
7	400×200	6.64	500×500	10.84	630×1000	19.83	1000×2000	57.73
8	400×250	7.13	500×800	13.98	630×1250	23.08	1250×160	44.57
9	400×320	7.73	500×1000	17.45	630×1600	27.55	1250×2000	67.47
10	400×400	8.46	500×1250	20.27	800×800	18.86	160×1600	52.45
11	400×800	-12.17	500×1600	24.39	800×1250	26.50	1600×2000	78.23

续五

名称	泥心烘炉排气罩		升降式回转排气罩		上吸式侧吸罩			下吸式侧吸罩		
图号	T407-1、2		T409		T401-1			T401-2		
序号	尺寸	kg/个	尺寸(D)/mm	kg/个	尺寸(A×φ)/mm		kg/个	尺寸(A×φ)/mm		kg/个
1	6m²	191.41	400	18.71	600×200	Ⅰ型	21.73	600×220	Ⅰ型	29.31
2	1.3m³	81.83	500	21.76	600×220	Ⅱ型	25.35	600×220	Ⅱ型	31.03
3	—	—	600	23.83	750×250	Ⅰ型	24.50	750×250	Ⅰ型	32.65
4	—	—			750×250	Ⅱ型	28.09	750×250	Ⅱ型	34.35
5	—	—			900×280	Ⅰ型	27.12	900×280	Ⅰ型	35.95
6	—	—			900×280	Ⅱ型	30.67	900×280	Ⅱ型	37.64

名称	中、小型零件焊接台排气罩		整体槽侧吸罩		分组槽边侧吸罩		分组侧吸罩调节阀	
图号	T401-3		T403-1		T403-1		T403-1	
序号	尺寸(A×B)/mm	kg/个	尺寸(B×C)/mm	kg/个	尺寸(B×C)/mm	kg/个	尺寸(B×C)/mm	kg/个
1	小零型件台 300×200	8.30	120×500	19.13	300×120	14.70	300×120	8.89
2	小零型件台 400×250	9.58	150×600	24.06	370×120	17.49	370×120	10.21
3	小零型件台 500×320	11.14	120×500	24.17	450×120	20×46	450×120	11.72
4	中型零件台	25.27	150×600	31.18	550×120	23.46	550×120	13.58
5			200×700	35.47	650×120	26.83	650×120	15.48
6			150×600	35.72	300×140	15.52	300×140	9.19
7			200×700	42.19	370×140	18.41	370×140	10.57
8			150×600	41.48	450×140	21.39	450×140	12.11
9			200×700	49.43	550×140	24.60	550×140	14.03
10			200×600	50.36	650×140	27.86	650×140	15.96
11			200×700	59.47	300×160	16.18	300×160	9.69
12			—	—	370×160	19.10	370×160	11.16
13			—	—	450×160	22.06	450×160	12.72
14			—	—	550×160	25.37	550×160	14.68
15			—	—	650×160	28.59	650×160	16.66

名称	槽边吹风罩		槽边吸风罩					
图号	T403-2		T403-2					
序号	尺寸(B×C)/mm	kg/个	尺寸(A×C)/mm	kg/个	尺寸(B×C)/mm	kg/个	尺寸(B×C)/mm	kg/个
1	300×100	12.73	300×100	14.05	370×400	46.30	550×200	37.07
2	300×120	13.61	300×120	16.28	370×500	56.63	550×300	47.70
3	370×100	15.30	300×150	19.27	450×100	19.82	440×400	59.64
4	370×120	16.30	300×200	23.35	450×120	22.73	550×500	72.53
5	450×100	17.81	300×400	38.20	450×200	31.85	650×100	26.17
6	450×120	18.84	300×400	38.20	450×200	31.85	650×120	29.76
7	550×100	20.88	300×300	46.76	450×300	40.88	650×150	34.35
8	550×120	22.04	370×100	17.02	450×400	51.08	650×200	40.91
9	650×100	23.79	370×120	19.71	450×500	62.09	650×300	52.10
10	650×120	24.98	370×150	23.06	550×100	23.16	650×400	64.57
11	—	—	370×200	28.22	550×120	26.48	650×500	78.04
12	—	—	370×300	36.91	550×150	30.93	—	—

续六

名称	槽边吸风罩调节阀						槽边吹风罩调节阀	
图号	T403—2						T403—2	
序号	尺寸(B×C)/mm	kg/个	尺寸(B×C)/mm	kg/个	尺寸(B×C)/mm	kg/个	尺寸(B×C)/mm	kg/个
1	300×100	8.43	370×400	16.86	550×200	15.77	300×100	8.43
2	300×120	8.89	370×500	19.22	550×300	17.97	300×120	8.89
3	300×150	9.55	450×100	11.12	550×400	21.24	370×100	9.72
4	300×200	10.69	450×120	11.71	550×500	24.09	370×120	10.21
5	300×300	12.80	450×150	12.47	650×100	14.89	450×100	11.22
6	300×400	14.98	450×200	13.73	650×120	15.49	450×120	11.71
7	300×500	17.36	450×300	16.26	650×150	16.39	550×100	13.06
8	370×100	9.70	450×400	18.82	650×200	17.81	550×120	13.60
9	370×120	10.21	450×500	21.35	650×300	20.74	650×100	14.89
10	370×150	10.92	550×100	13.06	650×400	23.68	650×120	15.48
11	370×200	12.10	550×120	13.6	650×500	26.98	—	—
12	370×300	14.8	550×150	14.47				

名称	条缝槽边抽风罩							
图号	单侧Ⅰ型 86T414				单侧Ⅱ型 86T414			
序号	尺寸(A×E×F)/mm	kg/个	尺寸(A×E×F)/mm	kg/个	尺寸(A×E×F)/mm	kg/个	尺寸(A×E×F)/mm	kg/个
1	400×120×120	9.44	600×140×140	19.37	400×120×120	8.01	600×140×140	13.42
2	400×140×120	11.55	600×170×140	21.12	400×140×120	9.21	600×170×140	14.82
3	400×140×120	11.55	800×120×160	18.74	400×140×120	9.21	800×120×160	14.88
4	400×170×120	12.51	800×140×160	23.41	400×170×120	10.16	800×140×160	16.70
5	500×120×140	11.65	800×140×160	27.63	500×120×140	9.84	800×140×160	17.59
6	50×140×140	14.04	800×170×160	29.76	500×140×140	11.09	800×170×160	19.27
7	500×140×140	15.08	1000×140×180	23.51	500×140×140	11.41	1000×120×180	18.71
8	500×170×140	16.64	1000×140×180	28.96	500×170×140	12.67	1000×140×180	20.66
9	600×120×140	14.37	1000×160×180	33.90	600×120×140	11.44	1000×140×180	21.48
10	600×140×140	17.04	1000×170×180	38.09	600×140×140	12.78	1000×170×180	23.74

名称	条缝槽边抽风罩							
图号	双侧Ⅰ型 86T414				双侧Ⅱ型、周边型 86T414			
序号	尺寸(A×E×E)/mm	kg/个	尺寸(A×B×E)/mm	kg/个	尺寸(A×B×E)/mm	kg/个	尺寸(A×B×E)/mm	kg/个
1	600×500×140	27.30	1200×600×140	59.73	600×500×140	36.97	1200×600×140	64.77
2	600×600×140	30.54	1200×700×170	60.46	600×600×140	38.14	1200×700×170	75.95
3	600×700×170	36.42	1200×800×170	67.35	600×700×170	45.21	1200×800×170	79.01
4	800×500×140	38.07	1200×1000×200	82.78	800×500×140	46.62	1200×1000×200	92.74
5	800×600×140	39.32	1200×1200×200	76.92	800×600×140	47.80	1200×1200×200	101.26
6	800×700×170	44.05	1500×700×170	77.76	800×700×170	56.04	1500×700×170	88.43
7	800×800×170	45.12	1500×800×170	80.23	800×800×170	58.84	1500×800×170	91.02
8	1000×500×140	44.26	1500×1000×200	97.08	1000×500×140	59.11	1500×1000×200	107.34
9	1000×600×140	46.42	1500×1200×200	104.47	1000×600×140	60.05	1500×1200×200	116.16
10	1000×700×170	54.70	2000×700×170	102.93	1000×700×170	69.47	2000×700×170	95.57
11	1000×800×170	60.62	2000×800×170	110.97	1000×800×170	71.82	2000×800×170	101.68
12	1000×1000×200	70.41	2000×100×200	123.82	1000×1000×200	84.66	2000×100×200	118.64
13	1200×500×140	50.80	2000×1200×200	127.83	1200×500×140	63.83	2000×120×200	125.46

续七

名称	LWP 滤尘器支架		LWP 滤尘器安装（框架）				风机减震台座	
图号	T521—1、5		立式、匣式 T521—2		人字式 T521—3		CG327	
序号	尺寸/mm	kg/个	尺寸(A×H)/mm	kg/个	尺寸(A×H)/mm	kg/个	尺寸/mm	kg/个
1	清洗槽	53.11	528×588	8.99	1400×1100	49.25	2.8A	25.20
2	油槽	33.70	528×1111	12.90	2100×1100	73.71	3.2A	28.60
3	晾 Ⅰ型	59.02	528×1634	16.12	2800×1100	98.38	3.6A	30.40
4	干 Ⅱ型	83.95	528×2157	19.35	1400×1633	62.04	4A	34.00
5	架 Ⅲ型	105.32	1051×1111	22.03	2100×1633	92.85	4.5A	39.60
6	—	—	1051×1634	26.07	2800×1633	123.81	5A	47.80
7	—	—	1051×2157	31.32	1400×2156	73.57	6C	211.10
8	—	—	1574×1634	33.01	210×2156	110×14	6D	188.80
9	—	—	1574×2157	37.64	2800×2156	146.90	8C	291.30
10	—	—	2108×2157	57.47	3500×2156	183.45	8D	310.10
11	—	—	2642×2157	78.79	3450×2679	215.33	10C	399.50
12							10D	310.10
13							12C	600.30
14							12D	415.70
15							16B	693.50

名称	滤水器及溢水盘		风管检查孔		圆伞形风帽		锥形风帽	
图号	T704—11		T614		T609		T610	
序号	尺寸(DN)/mm	kg/个	尺寸(B×D)/mm	kg/个	尺寸(D)/mm	kg/个	尺寸(D)/mm	kg/个
1	滤水器 70Ⅰ型	11.11	270×230	1.68	200	3.17	200	11.23
2	100Ⅱ型	13.68	370×340	2.89	220	3.59	220	12.86
3	150Ⅲ型	17.56	520×480	4.95	250	4.28	250	15.17
4	溢水盘 150Ⅰ型	14.76	—	—	280	5.09	280	17.93
5	200Ⅱ型	21.69	—	—	320	6.27	320	21.96
6	250Ⅲ型	26.79	—	—	360	7.66	360	26.28
7	—	—	—	—	400	9.03	400	31.27
8	—	—	—	—	450	11.79	450	40.71
9	—	—	—	—	500	13.97	500	48.26
10	—	—	—	—	560	16.92	560	58.63
11	—	—	—	—	630	21.32	630	73.09
12	—	—	—	—	700	25.54	700	87.68
13	—	—	—	—	800	40.83	800	114.77
14	—	—	—	—	900	50.55	900	142.56
15	—	—	—	—	1000	60.62	1000	172.05
16	—	—	—	—	1120	75.51	1120	212.98
17					1250	92.40	1250	260.51

续八

名称	上吸式圆回转罩		下吸式圆回转罩		升降式排气罩		手段炉排气罩	
图号	T410-1 (墙上、钢柱上)		T410-2 (钢柱、混凝土柱上)		T412		T413	
序号	尺寸(D)/mm	kg/个	尺寸(D)/mm	kg/个	尺寸(ϕ_0)/mm	kg/个	尺寸(D)/mm	kg/个
1	320	189.11	320	214.16	400	72.23	400	116
2	400	215.94	400	259.78	600	104.00	450	118
3	450	241.74	450	265.75	800	131.00	500	120
4	560	335.15	560	338.37	1000	169.00	560	184
5	630	394.30	630	385.46	1200	204.00	630	188
6					1500	299.00	700	189
7					2000	449.00		

名称	筒形风帽		筒形风帽滴水盘		片式消声器		矿棉管式消声器	
图号	T611		T611-1		T701-1		T701-2	
序号	尺寸(D)/mm	kg/个	尺寸(D)/mm	kg/个	尺寸(A)/mm	kg/个	尺寸(A×B)/mm	kg/个
1	200	8.93	200	4.16	900	972	320×320	32.98
2	280	14.74	280	5.66	1300	1365	320×420	38.91
3	400	26.54	400	7.14	1700	1758	320×520	44.88
4	500	53.68	500	12.97	2500	2544	370×370	38.91
5	630	78.75	630	16.03	—	—	370×495	46.50
6	700	94.00	700	18.48	—	—	370×620	53.91
7	800	103.75	800	26.24	—	—	420×420	44.89
8	900	159.54	900	29.64	—	—	420×570	53.91
9	1000	191.33	1000	33.33	—	—	420×720	62.88

名称	聚酯泡沫管式消声器		卡普隆管式消声器		弧形声流式消声器		阻抗复合式消声器	
图号	T701-3		T701-4		T701-5		T701-6	
序号	尺寸(A×B)/mm	kg/个	尺寸(A×B)/mm	kg/个	尺寸(A×B)/mm	kg/个	尺寸(A×B)/mm	kg/个
1	300×300	17	360×360	38.44	800×800	639	800×500	82.68
2	300×400	20	360×460	32.93	1200×800	874	800×600	96.08
3	300×500	23	360×560	37.83	—	—	1000×600	120.56
4	350×350	20	410×410	32.93	—	—	1000×800	134.62
5	350×475	23	410×535	39.04	—	—	1200×800	111.20
6	350×600	27	410×660	45.01	—	—	1200×1000	124.19
7	400×400	23	460×460	37.83	—	—	1500×1000	155.10
8	400×550	27	460×610	45.01	—	—	1500×1400	214.82
9	400×700	31	460×760	52.10	—	—	1800×1330	252.54
10	—	—					2000×1500	347.65

续九

名称	塑料直片散流器		塑料插板式侧面风口						塑料风机插板阀	
图号	T235-1		Ⅰ型圆形 T236－1		Ⅰ型方形 T236－1		Ⅱ型 T236－1		T351－1	
序号	尺寸 (D)/mm	kg/个	尺寸(A× B)/mm	kg/个	尺寸(A× B)/mm	kg/个	尺寸(A× B₁)/mm	kg/个	尺寸 (D)/mm	kg/个
1	160	1.97	160×80	0.33	200×120	0.42	360×188	1.93	195	2.01
2	200	2.62	180×90	0.37	240×160	0.54	400×208	2.22	228	2.42
3	250	3.41	200×110	0.41	320×140	1.03	440×228	2.51	260	2.87
4	320	4.46	220×110	0.46	400×320	1.64	500×258	3.00	292	3.34
5	400	9.34	240×120	0.51			560×288	3.53	325	4.99
6	450	10.51	280×140	0.61					390	6.62
7	500	11.67	320×160	0.78					455	8.05
8	560	13.31	360×180	1.12					520	10.11
9	—		400×200	1.33						
10	—		440×220	1.52						
11	—		500×250	1.81						
12	—		560×280	2.12						

名称	塑料空气分布器							
图号	网板式 T231－1		活动百叶 T231－1		矩形 T231－2		圆形 T234－3	
序号	尺寸(A₁× H)/mm	kg/个	尺寸(A₁× H)/mm	kg/个	尺寸(A× H)/mm	kg/个	尺寸(D) /mm	kg/个
1	250×385	1.90	250×385	2.79	300×450	2.89	160	2.62
2	300×480	2.52	300×480	4.19	400×600	4.54	200	3.09
3	350×580	3.33	350×580	5.62	500×710	6.84	250	5.26
4	450×770	6.15	450×770	11.10	600×900	10.33	320	7.29
5	500×870	7.64	500×870	14.16	700×1000	12.91	400	12.04
6	550×965	8.92	550×965	16.47	—		450	15.47

名称	塑料蝶阀(手柄式)				塑料蝶阀(拉链式)			
图号	圆形 T354－1		方形 T354－1		圆形 T354－2		方形 T354－2	
序号	尺寸(D) /mm	kg/个	尺寸(A×A) /mm	kg/个	尺寸(D)/mm	kg/个	尺寸(A×A) /mm	kg/个
1	100	0.86	120×120	1.13	200	1.75	200×200	2.13
2	120	0.97	160×160	1.49	220	1.89	250×250	2.78
3	140	1.09	200×200	2.15	250	2.26	320×320	4.36
4	160	1.25	250×250	2.87	280	2.66	400×400	7.09
5	180	1.41	320×320	4.48	320	3.22	500×500	10.72
6	200	1.78	400×400	7.21	360	4.81	630×630	17.40
7	220	1.98	500×500	10.84	400	5.71		
8	250	2.35	—		450	7.17		
9	280	2.75	—		500	8.54		
10	320	3.31	—		560	11.41		
11	360	4.93	—		630	13.91		
12	400	5.83	—					
13	450	7.29	—					
14	500	8.66						

续十

名称	塑料插板阀				塑料整体槽边罩		塑料分组槽边罩	
图号	图形 T355—1		方形 T355—2		T451—1		T451—1	
序号	尺寸(D)/mm	kg/个	尺寸($A \times A$)/mm	kg/个	尺寸($B \times C$)/mm	kg/个	尺寸($B \times C$)/mm	kg/个
1	200	2.85	200×200	3.39	120×500	6.50	300×120	5.00
2	220	3.14	250×250	4.27	150×600	8.11	370×120	5.93
3	250	3.64	320×320	7.51	120×500	8.29	450×120	7.02
4	280	4.83	400×400	11.11	150×600	10.25	550×120	8.13
5	320	6.44	500×500	17.48	200×700	12.14	650×120	9.19
6	360	8.23	630×630	25.59	150×600	12.39	300×140	5.20
7	400	9.12	—	—	200×700	14.44	370×140	6.32
8	450	11.83	—	—	150×600	14.34	450×140	7.14
9	500	15.33	—	—	200×700	17.12	550×140	8.51
10	560	18.64	—	—	200×600	17.15	650×140	9.59
11	630	21.97	—	—	200×700	20.58	300×160	5.47
12	—	—	—	—	—	—	370×160	6.58
13	—	—	—	—	—	—	450×160	7.59
14	—	—	—	—	—	—	550×160	8.88
15	—	—	—	—	—	—	650×160	9.93

名称	塑料分组罩调节阀		塑料槽边吹风罩		塑料槽边吸风罩			
图号	T451—1		T451—2		T451—2			
序号	尺寸($B \times C$)/mm	kg/个	尺寸($B \times C$)/mm	kg/个	尺寸($B \times C$)/mm	kg/个	尺寸($B \times C$)/mm	kg/个
1	300×120	3.09	300×100	4.41	300×100	4.89	450×120	7.93
2	370×120	3.50	300×120	4.70	300×120	5.68	450×150	9.26
3	450×120	3.96	370×100	5.30	300×150	6.72	400×200	11.15
4	550×120	4.63	370×120	5.63	300×200	8.17	450×300	14.35
5	650×120	5.20	450×100	6.16	300×300	10.64	450×400	17.94
6	300×140	3.25	450×120	6.52	300×400	13.42	450×500	21.86
7	370×140	3.66	550×100	7.23	300×500	16.46	550×100	8.03
8	450×140	4.20	550×120	7.61	370×100	5.92	550×120	9.23
9	550×140	4.82	650×100	8.22	370×120	6.88	550×150	10.79
10	650×140	5.41	650×120	8.64	370×150	8.07	550×200	12.98
11	300×160	3.39	—	—	370×200	9.90	550×300	16.72
12	370×160	3.81	—	—	370×300	12.90	—	—
13	450×160	4.31	—	—	370×400	16.28	—	—
14	550×160	4.99	—	—	370×500	19.62	—	—
15	650×160	5.60	—	—	450×100	6.89	—	—

续十一

名称	塑料槽边吸风罩		塑料槽边吸风罩调节阀					
图号	T451—2		T451—2					
序号	尺寸(B×C)/mm	kg/个	尺寸(B×C)/mm	kg/个	尺寸(B×C)/mm	kg/个	尺寸(B×C)/mm	kg/个
1	550×400	20.95	300×100	2.96	370×400	5.64	550×200	5.37
2	550×500	25.51	300×120	3.09	370×500	6.38	550×300	6.21
3	650×100	9.08	300×150	3.33	450×100	3.82	550×400	7.11
4	650×120	10.37	300×200	3.66	450×120	4.00	550×500	7.99
5	650×150	12.00	300×300	4.37	450×150	4.23	650×100	5.02
6	650×200	14.31	300×400	5.10	450×200	4.64	650×120	5.02
7	650×300	18.24	300×500	5.81	450×300	5.43	650×150	5.54
8	650×400	22.66	370×100	3.35	450×400	6.22	650×200	5.99
9	650×500	27.44	370×120	3.50	450×500	7.07	650×300	6.91
10	—	—	370×150	3.76	550×100	4.46	650×400	7.88
11	—	—	370×200	4.16	550×120	4.64	650×500	8.83
12	—	—	370×300	4.86	550×150	4.91	—	—

名称	塑料槽边吹风罩调节阀		塑料条缝槽边排风罩							
图号	T451—2		单侧A型 94T415				单侧B型 94T415			
序号	尺寸(B×C)/mm	kg/个	尺寸(A×E×F)/mm	kg/个	尺寸(A×E×F)/mm	kg/个	尺寸(A×E×F)/mm	kg/个	尺寸(A×E×F)/mm	kg/个
1	300×100	2.96	400×120×120	2.63	600×140×140	5.36	400×120×120	2.24	600×140×140	3.74
2	300×120	3.09	400×140×120	3.22	600×170×140	5.84	400×140×120	2.58	600×170×140	4.14
3	370×100	3.35	400×140×160	3.22	800×120×160	5.84	300×140×120	2.58	800×120×160	4.12
4	370×120	3.50	400×170×120	3.48	800×140×160	6.46	400×170×120	2.84	800×140×160	4.64
5	450×100	3.82	500×120×140	3.23	800×140×160	7.62	500×120×140	2.74	800×140×160	4.90
6	450×120	4.08	500×140×140	3.89	800×170×160	8.21	500×140×140	3.09	800×170×160	5.36
7	550×100	4.46	500×140×140	4.15	1000×120×180	6.46	500×140×140	3.19	1000×120×180	5.16

续十二

名称	塑料槽边吹风罩调节阀		塑料条缝槽边排风罩						
图号	T451—2		单侧 A 型 94T415				单侧 B 型 94T415		
序号	尺寸(B×C)/mm	kg/个	尺寸(A×E×F)/mm	kg/个	尺寸(A×E×F)/mm	kg/个	尺寸(A×E×F)/mm	kg/个	尺寸(A×E×F)/mm	kg/个
8	550×120	4.62	500×170×140	4.61	1000×140×180	7.97	500×170×140	3.53	1000×140×180	5.71
9	650×100	5.02	600×120×140	3.98	1000×140×180	9.33	600×120×140	3.24	1000×140×180	5.96
10	650×120	5.22	600×140×140	4.72	1000×170×180	10.48	600×140×140	3.56	1000×170×180	6.59

名称	塑料圆伞形风帽		塑料锥形风帽		塑料简形风帽		铝板圆伞形风帽	
图号	T654—1		T654—2		T654—3		T609	
序号	尺寸(D)/mm	kg/个	尺寸(D)/mm	kg/个	尺寸(D)/mm	kg/个	尺寸(D)/mm	kg/个
1	200	2.28	200	4.97	200	5.03	200	1.12
2	220	2.64	220	5.74	220	5.98	220	1.27
3	250	3.41	250	7.02	250	7.87	250	1.53
4	280	4.20	280	9.78	280	9.61	280	1.82
5	320	5.89	320	12.17	320	12.23	320	2.25
6	360	7.79	360	15.18	360	17.18	360	2.75
7	400	9.24	400	18.55	400	22.57	400	3.25
8	450	12.77	450	22.37	450	28.15	450	4.22
9	500	16.25	500	27.69	500	37.72	500	5.01
10	560	19.44	560	35.90	560	49.50	560	6.09
11	630	26.87	630	53.17	630	61.96	630	7.68
12	700	36.58	700	64.89	700	82.21	700	9.22
13	800	45.59	800	82.55	800	105.45	800	14.74
14	900	57.98	900	102.86	900	132.04	900	18.27
15	—	—	—	—	—	—	1000	21.92
16	—	—	—	—	—	—	1120	27.33
17	—	—	—	—	—	—	1250	33.46

注:片式消声器包括外壳及密闭重量。

【例 4-5】　如图 4-13 所示为某复合型风管示意图，试计算其工程量。

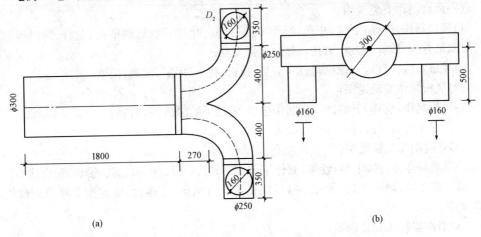

(a)　　　　　　　　　　　　　　　　　　　　　　(b)

图 4-13　复合型风管平面图

(a)平面图；(b)立面图

【解】　$\phi300$ 风管工程量 $=\pi DL$

$$=3.14\times0.3\times1.8$$

$$=1.70\text{m}^2$$

$\phi160$ 风管工程量 $=\pi DL\times2$

$$=3.14\times0.16\times0.5\times2$$

$$=0.50\text{m}^2$$

$\phi250$ 风管工程量 $=2(\pi DL+\dfrac{1}{4}\pi^2 D^2)$

$$=2\times[3.14\times0.25\times(0.27+0.35)+\dfrac{1}{4}\times3.14^2\times0.25^2]$$

$$=1.28\text{m}^2$$

$\phi160$ 圆形散流器工程量为 2 个。

工程量计算结果见表 4-21。

表 4-21　　　　　　　　　　　**工程量计算表**

项目编码	项目名称	项目特征描述	计量单位	工程量
030702007001	复合型风管	$\phi300$,$L=1800\text{mm}$	m^2	1.70
030702007002	复合型风管	$\phi160$,$L=500\text{mm}$	m^2	0.50
030702007003	复合型风管	$\phi250$	m^2	1.28
030703011001	铝及铝合金风口、散流器	$\phi160$,圆形	个	2

三、全统定额关于通风管道部件制作安装的说明

(1)调节阀制作安装说明：

1)调节阀制作：放样，下料，制作短管、阀板、法兰、零件，钻孔，铆焊，组合成型。

2)调节阀安装:号孔,钻孔,对口,校正,制垫,垫垫,上螺栓,紧固,试动。

(2)风口制作安装说明:

1)风口制作:放样,下料,开孔,制作零件、外框、叶片、网框、调节板、拉杆、导风板、弯管、天圆地方、扩散管、法兰、钻孔,铆焊,组合成型。

2)风口安装:对口,上螺栓,制垫,垫垫,找正,找平,固定,试动,调整。

(3)风帽制作安装说明:

1)风帽制作:放样,下料,咬口,制作法兰,零件,钻孔,铆焊,组装。

2)风帽安装:安装,找正,找平,制垫,垫垫,上螺栓,固定。

(4)罩类制作安装说明:

1)罩类制作:放样,下料,卷圆,制作罩体、来回弯、零件、法兰,钻孔,铆焊,组合成型。

2)罩类安装:埋设支架,吊装,对口,找正,制垫,垫垫,上螺栓,固定配重环及钢丝绳,试动调整。

(5)消声器制作安装说明:

1)消声器制作:放样,下料,钻孔,制作内外套管、木框架、法兰,铆焊,粘贴,填充消声材料,组合。

2)消声器安装:组对,安装,找正,制垫,垫垫,上螺栓,固定。

第三节　　通风空调设备及部件制作安装工程

一、通风空调设备及部件制作安装概述

通风空调设备及部件主要是指空气加热器、除尘设备、空调器(各式空调机、风机盘等)、过滤器、净化工作台、风淋室、洁净室及空调机的配件。

1. 空气加热器安装

空气加热器是由金属制成的,分为光管式和肋管式两大类。

(1)光管式空气加热器由联箱(较粗的管子)和焊接在联箱间的钢管组成,一般在现场按标准图加工制作。这种加热器的特点是加热面积小,金属消耗多,但表面光滑,易于清灰,不易堵塞,空气阻力小,易于加工,适用于灰尘较大的场合。

(2)肋管式空气加热器根据外肋片加工的方法不同而分为套片式、绕片式、镶片式和轧片式,其结构材料有钢管钢片、钢管铝片和铜管铜片等。

关键细节 35　空气加热器安装注意事项

(1)表面式空气加热器安装前应保持表面的清洁完整。凡有合格证并在技术文件规定期内,外壳无损伤者,安装前可不做水压试验,否则应做水压试验。

(2)空气加热器安装时应用水平尺校正找平,包括框架均匀平整、牢固。如果表面式热交换器用于冷却空气时,应按设计要求,在下部设置滴水盘和排水管。

2. 除尘器安装

除尘器是净化空气的一种设备,有很多种类,按作用于除尘器的外力或作用原理可分

为机械式除尘器、过滤式除尘器、洗涤式除尘器和电除尘器四种类型。

(1)机械式除尘器是利用气、尘两相流在流动过程中,由于速度或方向的改变,对气体和尘粒产生不同的离心力、惯性力或重力,而达到分离尘粒的目的。

(2)过滤式除尘器是利用过滤材料对尘粒的拦截与尘粒对过滤材料的惯性碰撞等原理实现分离的。

(3)洗涤式除尘器是利用含尘气体与液膜、液滴间的惯性碰撞、拦截及扩散等作用达到除尘的目的。

(4)电除尘器是利用电极电晕放电使尘粒带电,然后在电场力的作用下驱向沉降而达到灰尘分离的目的。

关键细节 36　机械式除尘器的安装

(1)组装时,除尘器各部分的相对位置和尺寸应准确,各法兰的连接处应垫石棉垫片,并将螺栓拧紧。

(2)除尘器应保持垂直或水平,并稳定牢固,与风管连接必须严密不漏风。

(3)除尘器安装后,在联动试车时应考核其气密性,如有局部渗漏应进行修补。

关键细节 37　过滤式除尘器的安装

(1)外壳、滤材与相邻部件的连接必须严密,不能使含尘气流短路。

(2)对于袋式滤材,起毛的一面必须迎气流方向。组装后的滤袋,垂直度与张紧力必须保持一致。拉紧力应保持在 25～35N/m;与滤袋连接接触的短管和袋帽,应无毛刺。

(3)机械回转扁袋式除尘器的旋臂,转动应灵活可靠;净气上部的顶盖,应密封不漏气,旋转应灵活,无卡阻现象。

(4)脉冲袋式除尘器的喷吹孔,应对准管中心,同心度允许偏差为 2mm。

(5)凸轮的转动方向应与设计要求一致,所有凸轮应按次序进行咬合,不能卡住或断开,并能保证每组滤袋必要的振动次数。

(6)振动杠杆上的吊梁应升降自如,不应出现滞动现象。

(7)清灰机构动作应灵活可靠。

(8)吸气阀与反吹阀的启闭应灵活,关闭时必须严密,脉冲控制系统动作可靠。

关键细节 38　洗涤式除尘器的安装

(1)水膜除尘器的喷嘴应同向等距离排列;喷嘴与水管连接要严密;液位控制装置可靠。

(2)旋筒式水膜除尘器的外筒体内壁不得有凸出的横向接缝。

(3)对于水浴式、水膜式除尘器,要保证液位系统的准确。

(4)对于喷淋式的洗涤器,喷淋均匀无死角,液滴细密,耗水量少。

关键细节 39　电除尘的安装

(1)放电极部分的零件表面应无尖刺、焊疤,电晕线的张紧力均匀一致;组装后的放电极与两侧沉降极的间距保持一致。

(2)电除尘器必须具有良好的气密性,不能有漏气现象;高压电源必须绝缘良好。

(3)清灰装置动作灵活可靠,不能与周围其他部件相碰。

(4)电除尘器壳体及辅助设备均匀接地,在各种气候条件下,接地电阻应小于 4Ω。

(5)电除尘器外壳应做保温层。

3. 空调机组安装

空调机组是空调系统的核心设备,它担负着对空气进行加热、冷却、加湿、减湿、净化及输送任务。按空气调节系统规模大小或空气处理方式,空调机组可分为装配式空调器、整体式空调机组和组合式空调机组三大类。

(1)装配式空调器一般由空调器厂定型生产。为了适应空气处理的不同要求和便于运输及安装,生产时将空调器按空气处理功能分成各个段体,如新风进风混合段、过滤段、加热段、喷淋段、表冷段、加湿段、中间段、消声段、送风机段、回风机段等段体。由设计人员根据空气处理的要求选用,在现场组对安装。

(2)整体式空调机组是将制冷压缩冷凝机组、蒸发器、通风机、加热器、加湿器、空气过滤器及自动调节和电气控制装置等组装在一个箱体内。

(3)组合式空调机组由制冷压缩冷凝机组和空调器两部分组成。组合式空调机组与整体式空调机组基本相同,区别是将制冷压缩冷凝机组由箱体内移出,安装在空调器附近。电加热器安装在送风机管道内,一般分为 3 组或 4 组进行手动或自动调节。电气装置和自动调节元件安装在单独的控制箱内。

关键细节 40　装配式空调器的安装

(1)空调器各段在施工现场组装时,坐标位置应正确,并找平找正,各段连接处要连接严密,牢固可靠,喷水段不得渗水,检视门不得漏水,凝结水的引水管或水槽应畅通,凝结水不得外溢。

(2)表面式冷却器或加热器应有出厂合格证。

(3)表面式冷却器或加热器之间的缝隙,表面冷却器或加热器与围护结构的缝隙,应用耐热垫片拧紧。

关键细节 41　整体式空调机组的安装

(1)整体式空调机组安装前,应认真熟悉施工图纸、设备说明书及有关的技术文件。

(2)空调机组安装时,坐标、位置应正确。基础达到强度,基础表面应平整,一般应高出地面 100~150mm。

(3)空调机组加减振装置时,应严格按设计要求的减振器型号、数量和位置进行安装并找平找正。

(4)水冷式的机组要按设计或设备说明书要求的流程,对冷凝器的冷却水管进行连接。

(5)机组的电气装置及自动调节仪表的接线,应参照电气、自控平面敷设电管、穿线,并参照设备技术文件接线。

关键细节 42　组合式空调机组的安装

(1)压缩冷凝机组的安装。设备吊装时,应注意用衬垫将设备垫妥,以防止设备变形;

并在捆扎过程中,主要承力点应高于设备重心,防止在起吊时倾斜;还应防止机组底座产生扭曲和变形。吊索的转折处与设备接触部位,应使用软质材料衬垫,避免设备、管路、仪表、附件等受损和擦伤油漆。设备就位后,应进行找平找正。机身纵横向水平度不应大于0.2/1000,测量部位应在立轴外露部分或其他基准面上;对于公共底座的压缩冷凝机组,可在主机结构选择适当位置做基准面。

(2)空气调节机组的安装。机组安装时,直接安放在混凝土的基座上,根据要求也可在基座上垫上橡胶板,以减少机组运转时的振动。机组安装的坐标位置应正确,并对机组找平找正。水冷式的机组,要按设备说明书要求的流程,对冷凝器的冷却水管进行连接。机组的电气装置及自动调节仪表的接线,应参照电气、自控平面敷设电管、穿线,并参照设备技术文件接线。

(3)风管内电加热器的安装。采用一台空调器,用来控制两个恒温房间,一般除主风管安装电加热器外,在控制恒温房间的支管上也得安装电加热器,这种电加热器叫微调加热器或收敛加热器,它受恒温房间的干球温度控制。电加热器安装后,在其电加热器前后800mm范围内的风管隔热层应采用石棉板、岩棉等不燃材料,防止由于系统在运转出现不正常情况下致使过热而引起燃烧。

4. 风机盘管安装

风机盘管是空调系统的一个末端设备,由箱体、出风格栅、吸声材料、循环风口及过滤器、前向多翼离心风机或轴流风机、冷却加热两用换热盘管、单相电容调速低噪声电机、控制器和凝水盘等组成,如图4-14所示。

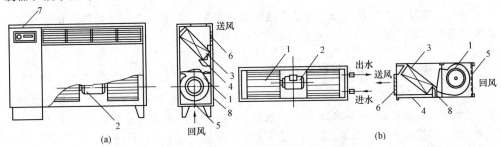

图 4-14　风机盘管机组构造示意图
(a)立式明装;(b)卧式暗装(控制器装在机组外)
1—离心式风机;2—电动机;3—盘管;4—凝水盘;5—空气过滤器;
6—出风格栅;7—控制器(电动阀);8—箱体

风机盘管机组一般分为立式和卧式两种形式,可按要求在接地面上立装或悬吊安装,同时,根据室内装修的需要可以明装和暗装。

关键细节 43　风机盘管机组的安装

(1)安装前,应首先阅读生产厂家提供的产品样本及安装使用说明书,详细了解其结构特点和安装要点。

(2)因该种机组吊装于楼板上,故应确认楼板的混凝土强度等级是否合格,承重能力是否满足要求。

(3)确定吊装方案。在一般情况下,如机组风量和质量均不过大,而机组的振动又较小的情况下,吊杆顶部采用膨胀螺栓与屋顶连接,吊杆底部采用螺扣加装橡胶减振垫与吊装孔连接的办法。如果是大风量吊装式新风机组,质量较大,则应采用一定的保证措施。

(4)合理选择吊杆直径的大小,保证吊挂安全。

(5)合理考虑机组的振动,采取适当的减振措施,一般情况下,新风机组空调器内部的送风机与箱体底架之间已加装了减振装置。如果是小规格的机组,可直接将吊杆与机组吊装孔采用螺扣加垫圈连接,如果进行试运转机组本身振动较大,则应考虑加装减振装置。或在吊装孔下部粘贴橡胶垫使吊杆与机组之间减振,或在吊杆中间加装减振弹簧。

(6)在机组安装时应特别注意机组的进出风方向、进出水方向、过滤器的抽出方向是否正确等,以避免失误。

(7)安装时应特别注意保护好进出水管、冷凝水管的连接丝扣,缠好密封材料,防止管路连接处漏水,同时,应保护好机组凝结水盘的保温材料,不要使凝结水盘有裸露情况。

(8)机组安装后应进行调节,以保持机组的水平。

(9)在连接机组的冷凝水管时应有一定的坡度,以使冷凝水顺利排出。

(10)机组安装完毕后应检查送风机运转的平衡性,风机运转方向。同时,冷热交换器应无渗漏。

(11)机组的送风口与送风管道连接时,应采用帆布软管连接形式。

(12)机组安装完毕进行通水试压时,应通过冷热交换器上部的放气阀将空气排放干净,以保证系统压力和水系统的通畅。

5. 空气过滤器安装

空气过滤器是空调系统和空气洁净系统的重要组成部分。空气过滤器根据空气过滤效率可分为粗效过滤器、中效过滤器和高效过滤器三种。

关键细节 44　粗效过滤器的安装

粗效过滤器比较常用,按使用的不同滤料有金属网格浸油过滤器、自动卷绕式过滤器、自动浸油过滤器、聚氨酯泡沫塑料过滤器、无纺布过滤器等。安装应考虑便于拆卸和更换滤料,并使过滤器与框架、框架与空调器之间保持严密。

(1)金属网格浸油过滤器用于一般通风、空调系统。安装前,应用热碱水将过滤器表面黏附物清洗干净,晾干后再浸以 12 号或 20 号机油,安装时,应将空调器内外清扫干净,并注意过滤器的方向,将大孔径金属网格朝向迎风面,以提高过滤效率。

(2)自动卷绕式过滤器是用化纤卷材为过滤滤料,以过滤器前后压差为传感信号进行自动控制更换滤料的空气过滤设备,常用于空调和空气洁净系统。安装前,应检查框架是否平整,过滤器支架上所有接触滤材表面处不能有破角、毛边、破口等。滤料应松紧适当,上下箱应平行,保证滤料的可靠运行。滤料安装要规整,防止自动运行时偏离轨道。多台并列安装的过滤器共用一套控制设备时,压差信号来自过滤器前后的平均压差值,这就要求过滤器的高度、卷材轴直径以及所用的滤料规格等有关技术条件一致,以保证过滤器的同步运行。特别注意的是,电路开关必须调整到相同的位置,避免其中一台过早的报警,而使其他过滤器的滤料也中途更换。

(3)自动浸油过滤器只用于一般通风、空调系统,不能在空气洁净系统中采用,以防止将油雾(即灰尘)带入系统中。安装时,应清除过滤器表面黏附物,并注意装配的转动方向,使传动机构灵活。过滤器与框架或并列安装的过滤器之间应进行封闭,防止从缝隙中将污染的空气带入系统中,形成空气短路现象,从而降低过滤效果。

关键细节 45　中效过滤器的安装

中效过滤器的安装方法与粗效过滤器相同,它一般安装在空调器内或特制的过滤器箱内。安装时应严密,并便于拆卸和更换。

关键细节 46　高效过滤器的安装

(1)按出厂标志竖向搬运和存放,防止剧烈振动和碰撞。

(2)安装前,必须检查过滤器的质量,确认无损坏,方能安装。

(3)安装时,发现安用的过滤器框架尺寸不对或不平整时,为了保证连接严密,只能修改框架,使其符合安装要求。不得修改过滤器,更不能发生因为框架不平整而强行连接,致使过滤器的木框损裂。

(4)过滤器的框架之间必须作密封处理,一般采用闭孔海绵橡胶板或氯丁橡胶板密封垫,也有的不用密封垫,而用硅橡胶涂抹密封。密封垫料厚度为 6~8mm,定位粘贴在过滤器边框上,安装后的压缩率应大于 50%。密封垫的拼接方法采用榫形或梯形。若用硅橡胶密封时,涂抹前,应先清除过滤器和框架上的粉尘,再饱满均匀地涂抹硅橡胶。另外,高效过滤器的保护网(扩散板)在安装前应擦拭干净。

(5)高效过滤器的安装条件:洁净空调系统必须全部安装完毕,调试合格,并运转一段时间,吹净系统内的浮尘。洁净室房间还需全面清扫后,才能安装。

(6)对空气洁净度有严格要求的空调系统,在送风口前常用高效过滤器来消除空气中的微尘。为了延长使用寿命,高效过滤器一般都与低效和中效(中效过滤器是一种填充纤维滤料的过滤器,其滤料直径一般为不大于 $18\mu m$ 的玻璃纤维)过滤器串联使用。

(7)高效过滤器密封垫的漏风,是造成过滤总效率下降的主要原因之一。密封效果的好坏与密封垫材料的种类、表面状况、断面大小、拼接方式、安装的好坏、框架端面加工精度和表面粗糙度等都有密切关系。实验资料证明,带有表皮的海绵密封垫的泄漏量比无表皮的海绵密封垫泄漏量要大很多。

6. 净化工作台安装

净化工作台是造成局部洁净空气区域的设备。它是使局部空间形成无尘无菌的操作台,以提高操作环境的洁净要求。其种类较多,一般按气流组织和排风方式来分类。

(1)按气流组织分,工作台可分为水平单向流和垂直单向流两大类。水平单向流净化工作台根据气流的特点,对于小物件操作较为理想;而垂直单向流净化工作台则适合操作较大的物件。

(2)按排风方式分,工作台可分为无排风的全循环式、全排风的直流式、台面前部排风至室外式、台面上排风至室外式等。无排风的全循环式净化工作台,适用于工艺不产生或极少产生污染的场合;全排风的直流式净化工作台,是采用全新风,适用于工艺产生较多污染的场合;台面前部排风至室外式净化工作台,其特点是排风量大于等于送风量,台面前部 100mm 的范围内设有排风孔眼,吸入台内排出的有害气体,不使有害气体外逸;台面上排风至室外净化工作台,其特点是排风量小于送风量,台面上全排风。

关键细节 47　净化工作台安装注意事项

净化工作台安装时,应轻运轻放,不能有激烈的振动,以保护工作台内高效过滤器的完整性。净化工作台的安放位置应尽量远离振源和声源,以避免环境振动和噪声对它的影响。使用过程中,应定期检查风机、电机,定期更换高效过滤器,以保证运行正常。

7. 风淋室安装

风淋室是人身净化设备。它是为了减少洁净室免受尘源的污染,工作人员在进入洁净室前,先经过风淋室内的空气吹淋,利用经过处理的高洁净气流,将身上的灰尘进行吹除。风淋室安装在洁净室的入口处,还起到气闸作用,防止污染的空气进入洁净室。

关键细节 48　风淋室安装注意事项

(1)根据设计的坐标位置或土建施工预留的位置进行就位。

(2)设备的地面应水平、平整,并在设备的底部与地面接触的平面,应根据设计要求垫隔振层,使设备保持纵向垂直、横向水平。

(3)设备与围护结构连接的接缝,应配合土建施工做好密封处理。

(4)设备的机械、电气连锁装置,应处于正常状态,即风机与电加热、内外门及内门与外门的连锁等。

(5)风淋室内的喷嘴角度,应按要求的角度调整好。

8. 装配式洁净室安装

装配式洁净室由围护结构和净化设备两大部分组成,成套设备的组成部件有围护结构、送风单元、空调机组、空气吹淋室、传递窗、余压阀、控制箱、照明灯具、灭菌灯具及安装在通风系统中的多级空气过滤器、消声器等单机等,如图 4-15 所示。安装时,应按产品说明书的要求进行安装。

装配式洁净室适用于空气洁净度要求较高的场所,还可用于原有房间进行净化技术改造。

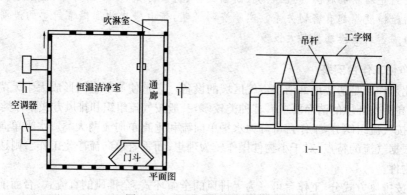

图 4-15　装配式洁净室示意图

关键细节 49　装配式洁净室的安装要点

(1)装配式洁净室的安装,应在装饰工程完成后的室内进行。室内空间必须清洁、无积尘,并在施工安装过程中对零部件和场地随时清扫、擦净。

(2)施工安装时,应首先进行吊挂、锚固件等与主体结构和楼面、地面的连接件的固定。

(3)壁板安装前必须严格放线,墙角应垂直交接,防止累积误差造成壁板倾斜扭曲,壁板的垂直度偏差不应大于0.2%。

(4)吊顶应按房间宽度方向起拱,使吊顶在受荷载后的使用过程中保持平整。吊顶周边应与墙体交接严密。

(5)需要粘贴面层的材料、嵌填密封胶的表面和沟槽必须严格清扫清洗,除去杂质和油污,确保粘贴密实,防止脱落和积灰。

(6)装配式洁净室的安装缝隙,必须用密封胶密封。

二、通风空调设备及部件制作安装工程量计算

1. 工程量计算规则

(1)过滤器工程量以台计量,按设计图示数量计算;以面积计量,按设计图示尺寸以过滤面积计算。

(2)其他设备及部件工程量均按设计图示数量计算。

2. 清单项目设置及项目特征描述

通风空调设备及部件制作安装工程量清单项目设置、项目特征描述的内容及计量单位见表4-22。

表 4-22　　　　通风空调设备及部件制作安装(编码:030701)

项目编码	项目名称	项目特征	计量单位	工作内容
030701001	空气加热器(冷却器)	1. 名称 2. 型号 3. 规格 4. 质量 5. 安装形式 6. 支架形式、材质	台	1. 本体安装、调试 2. 设备支架制作、安装 3. 补刷(喷)油漆
030701002	除尘设备			
030701003	空调器	1. 名称 2. 型号 3. 规格 4. 安装形式 5. 质量 6. 隔振垫(器)、支架形式、材质	台(组)	1. 本体安装或组装、调试 2. 设备支架制作、安装 3. 补刷(喷)油漆

续一

项目编码	项目名称	项目特征	计量单位	工作内容
030701004	风机盘管	1. 名称 2. 型号 3. 规格 4. 安装形式 5. 减振器、支架形式、材质 6. 试压要求	台	1. 本体安装、调试 2. 支架制作、安装 3. 试压 4. 补刷(喷)油漆
030701005	表冷器	1. 名称 2. 型号 3. 规格		1. 本体安装 2. 型钢制作、安装 3. 过滤器安装 4. 挡水板安装 5. 调试及运转 6. 补刷(喷)油漆
030701006	密闭门	1. 名称 2. 型号 3. 规格 4. 形式 5. 支架形式、材质	个	1. 本体制作 2. 本体安装 3. 支架制作、安装
030701007	挡水板			
030701008	滤水器、溢水盘			
030701009	金属壳体			
030701010	过滤器	1. 名称 2. 型号 3. 规格 4. 类型 5. 框架形式、材质	1. 台 2. m²	1. 本体安装 2. 框架制作、安装 3. 补刷(喷)油漆
030701011	净化工作台	1. 名称 2. 型号 3. 规格 4. 类型	台	1. 本体安装 2. 补刷(喷)油漆
030701012	风淋室	1. 名称 2. 型号 3. 规格 4. 类型 5. 质量		
030701013	洁净室			

续二

项目编码	项目名称	项目特征	计量单位	工作内容
030701014	除湿机	1. 名称 2. 型号 3. 规格 4. 类型	台	本体安装
030701015	人防过滤吸收器	1. 名称 2. 规格 3. 形式 4. 材质 5. 支架形式、材质		1. 过滤吸收器安装 2. 支架制作、安装

关键细节 50 通风空调设备及部件制作安装清单项目设置注意事项

(1)通风空调设备安装的地脚螺栓按设备自带考虑。

(2)冷冻机机组站内的设置安装、通风机安装及人防两用通风机安装,应按《通风安装工程工程量计算规范》(GB 50856—2013)附录 A 机械设备安装工程相关项目编码列项。

(3)设备的除锈、刷漆、保温及保护层安装,应按《通用安装工程工程量计算规范》(GB 50856—2013)附录 M 刷油、防腐蚀、绝热工程相关项目编码列项。

关键细节 51 除尘设备重量的确定

除尘设备重量见表 4-23。

表 4-23 除尘设备重量表

名称	CLG 多管除尘器		CLS 水膜除尘器		CLT/A 旋风式除尘器			
图号	T501		T503		T505			
序号	型号	kg/个	尺寸(ϕ)/mm	kg/个	尺寸(ϕ)/mm	kg/个	尺寸(ϕ)/mm	kg/个
1	9 管	300	315	83	300 单筒	106	450 三筒	927
2	12 管	400	443	110	300 双筒	132	450 四筒	1053
3	16 管	500	570	190	350 单筒	132	450 六筒	1749
4	—	—	634	227	350 双筒	280	500 单筒	276
5	—	—	730	288	350 三筒	540	500 双筒	584
6	—	—	793	337	350 四筒	615	500 三筒	1160
7	—	—	888	398	400 单筒	175	500 四筒	1320
8			—	—	400 双筒	358	500 六筒	2154
9			—	—	400 三筒	688	550 单筒	339
10			—	—	400 四筒	805	550 双筒	718
11			—	—	400 六筒	1428	550 三筒	1394
12			—	—	450 单筒	213	550 四筒	1603
13			—	—	450 双筒	449	550 六筒	2672

续一

名称	CLT/A 旋风式除尘器		XLP 旋风除尘器		卧式旋风水膜除尘器			
T505	T513		CT531		CT531			
序号	尺寸(φ)/mm	kg/个	尺寸(φ)/mm	kg/个	尺寸(φ)/mm	kg/个	尺寸 L/型号	kg/个
1	600 单筒	432	750 单筒	645	300A 型	52	1420/1	193
2	600 双筒	887	750 双筒	1456	300B 型	46	1430/2	231
3	600 三筒	1706	750 三筒	2708	420A 型	94	1680/3	310
4	600 四筒	2059	750 四筒	3626	420B 型	83	1980/4	405
5	600 六筒	3524	750 六筒	5577	540A 型	151	2285/5	503
6	650 单筒	500	800 单筒	878	540B 型	134	2620/6	621
7	650 双筒	1062	800 双筒	1915	700A 型	252	3140/7	969
8	650 三筒	2050	800 三筒	3356	700B 型	222	3850/8	1224
9	650 四筒	2609	800 四筒	4411	820A 型	346	4155/9	1604
10	650 六筒	4156	800 六筒	6462	820B 型	309	4740/10	2481
11	700 单筒	564	—	—	940A 型	450	5320/11	2926
12	700 双筒	1244	—	—	940B 型	397	31507/7	893
13	700 三筒	2400	—	—	1060A 型	601	3820/8	1125
14	700 四筒	3189	—	—	1060B 型	498	4235/9	1504
15	700 六筒	4883	—	—			4760/10	2264
16	—	—					5200/11	2636

（尺寸 L/型号栏中：1420/1~5320/11 为檐板脱水；31507/7~5200/11 为旋风脱水）

名称	CLK 扩散式除尘器		CCJ/A 机组式除尘器		MC 脉冲袋式除尘器	
图号	CT533		CT534		CT536	
序号	尺寸(D)/mm	kg/个	型号	kg/个	型号	kg/个
1	150	31	CCJ/A−5	791	24−I	904
2	200	49	CCJ/A−7	956	36−I	1172
3	250	71	CCJ/A−10	1196	48−I	1328
4	300	98	CCJ/A−14	2426	60−I	1633
5	350	136	CCJ/A−20	3277	72−I	1850
6	400	214	CCJ/A−30	3954	84−I	2106
7	450	266	CCJ/A−40	4989	96−I	2264
8	500	330	CCJ/A−60	6764	120−I	2702
9	600	583	—	—	—	—
10	700	780	—	—	—	—

续二

名称	XCX 型旋风除尘器		XNX 型旋风式除尘器		XP 型旋风除尘器	
图号	CT537		CT538		CT501	
序号	尺寸(ϕ)/mm	kg/个	尺寸(ϕ)/mm	kg/个	尺寸(ϕ)/mm	kg/个
1	200	20	400	62	200	20
2	300	36	500	95	300	39
3	400	63	600	135	400	66
4	500	97	700	180	500	102
5	600	139	800	230	600	141
6	700	184	900	288	700	193
7	800	234	1000	456	800	250
8	900	292	1100	546	900	307
9	1000	464	1200	646	1000	379
10	1100	555	—	—	—	—
11	1200	653	—	—	—	—
12	1300	761				

【例 4-6】 如图 4-16 所示为除尘器示意图，试计算其工程量。

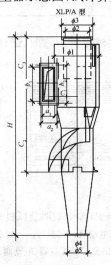

图 4-16　XLP 型旋风除尘器示意图

【解】 工程量计算结果见表 4-24。

表 4-24　　　　　　　　　　　　　　**工程量计算表**

项目编码	项目名称	项目特征描述	计量单位	工程量
030701002001	除尘设备	旋风除尘器,XLP/A 型	台	1

【例4-7】 如图 4-17 所示为明装壁挂式风机盘管示意图,型号为 FP5,制冷量 7950～10800kJ/h,风量 300～500m³/h,功率 60W,每台的重量为 30～48kg,尺寸 847mm×452mm×375mm,试计算其工程量。

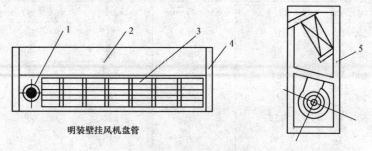

明装壁挂风机盘管

图 4-17　风机盘管示意图
1—机组;2—外壳顶板;3—出风口;4—外壳右侧板;5—保温层

【解】 工程量计算结果见表 4-25。

表 4-25　　　　　　　　　　　　工程量计算表

项目编码	项目名称	项目特征描述	计量单位	工程量
030701004001	风机盘管	FP5 型号,847mm × 452mm × 375mm,明装壁挂式	台	1

【例4-8】 如图 4-18 所示为风机盘管示意图,试计算其工程量。

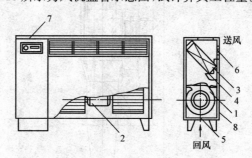

图 4-18　FP5 型立式明装风机盘管示意图
1—离心式风机;2—电动机;3—盘管;4—凝水盘;5—空气过滤器;
6—出风格栅;7—控制器(电动阀);8—箱体

【解】 工程量计算结果见表 4-26。

表 4-26　　　　　　　　　　　　工程量计算表

项目编码	项目名称	项目特征描述	计量单位	工程量
030701004001	风机盘管	立式明装,风机盘管 FP5	台	1

【例4-9】 如图4-19所示为某化工实验室,试计算其工程量。

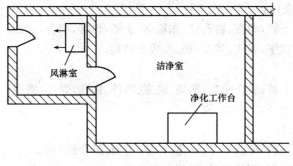

图4-19 某化工实验室

【解】 通风机的工作内容已包括风机减振台座的制作安装,不再进行计算,洁净室的工程量为1台。工程量计算结果见表4-27。

表4-27 工程量计算表

序号	项目编码	项目名称	项目特征描述	计量单位	工程量
1	030701012001	风淋室	131.63kg/台	台	1
2	030701010001	过滤器	M-II型泡沫塑料过滤器	台	1
3	030701010002	过滤器	GS型石棉纤维高效过滤器	台	1
4	030701001001	空气加热器	B型空气热交换器;8.35kg/台	台	1
5	030108001001	离心式通风机	风机叶轮直径4号	台	1
6	030701006001	密闭门	带视孔,钢板制,$\delta=1.00mm$,350mm×600mm	个	1
7	030701011001	净化工作台	SZX-ZP	台	1
8	030701013001	洁净室	268.78kg/台	台	1

三、全统定额关于通风空调设备及部件制作安装的说明

(1)通风空调设备安装说明:

1)工作内容:

①开箱检查设备、附件、底座螺栓。

②吊装,找平,找正,垫垫,灌浆,螺栓固定,装梯子。

2)通风机安装项目内包括电动机安装,其安装形式包括A、B、C或D型,也适用不锈钢和塑料风机安装。

3)设备安装项目的基价中不包括设备费和应配备的地脚螺栓价值。

4)诱导器安装执行风机盘管安装项目。

5)风机盘管的配管执行《给排水、采暖、燃气工程》相应项目。

(2)空调部件及设备支架制作安装说明:

1)工作内容：

①金属空调器壳体：

a. 制作：放样，下料，调直，钻孔，制作箱体、水槽，焊接，组合，试装；

b. 安装：就位，找平，找正，连接，固定，表面清理。

②挡水板：

a. 制作：放样，下料，制作曲板、框架、底座、零件，钻孔，焊接，成型；

b. 安装：找平，找正，上螺栓，固定。

③滤水器、溢水盘

a. 制作：放样，下料，配制零件，钻孔，焊接，上网，组合成型；

b. 安装：找平，找正，焊接管道，固定。

④密闭门：

a. 制作：放样，下料，制作门框、零件、开视孔，填料，铆焊，组装；

b. 安装：找正，固定。

⑤设备支架：

a. 制作：放样，下料，调直，钻孔，焊接，成型；

b. 安装：测位，上螺栓，固定，打洞，埋支架。

2)清洗槽、浸油槽、晾干架、LWP 滤尘器支架制作安装，执行设备支架项目。

3)风机减振台座执行设备支架项目，定额中不包括减振器用量，应依设计图纸按实计算。

4)玻璃挡水板执行钢板挡水板相应项目，其材料、机械均乘以系数 0.45，人工不变。

5)保温钢板密闭门执行钢板密闭门项目，其材料乘以系数 0.5，机械乘以系数 0.45，人工不变。

第四节　通风空调系统检测、调试工程

一、通风空调系统工程检测、调试概述

通风空调工程在施工安装好后，应进行系统的检测与调试。通风空调工程测定与调整的项目包括以下几项：

(1)系统的风量测定和调整。

(2)室内空气温度、相对湿度的测定与调整。

(3)室内气流组织测定。

(4)室内洁净度的测定。

(5)室内噪声的测定。

(6)通风除尘车间空气中含尘浓度与排放浓度的测定。

(7)自动调节系统应作参数整定和联动调试。

对洁净室综合性能全面评定检测项目应按表 4-28 规定的内容确定。检测工作在系统调整好并运行 24 小时以后进行。

表 4-28　　　　　　　　　洁净室综合性能评定检测内容

序号	项　　目	单向流(层流)洁净室		乱流洁净室
		洁净度高于100级	100级	洁净度1000级及低于1000级
1	室内送风量、系统总新风量、有排风时的室内排风量	检测		
2	静压差	检测		
3	截面平均风速	检测		不测
4	截面风速不均匀度	检测	必要时测	不测
5	洁净度级别	检　测		
6	浮游菌和沉降菌	必要时测		
7	室内温度和相对湿度	检　测		
8	室温(或相对湿度)被动范围和区域温差	必要时测		
9	室内噪声级	检　测		
10	室内倍频程声压级	必要时测		
11	室内照度和照度均匀度	检　测		
12	室内微震	必要时测		
13	表面导静电性能	必要时测		
14	室内气流流型	不测		必要时测
15	流线平行性	检测	必要时测	不测
16	自净时间	不测	必要时测	必要时测

(一)系统的风量测定和调整

(1)按设计要求调整系统送风和回风各干、支管道,各送(回)风口的风量。

(2)按设计要求调整通过空调机组的风量,包括新风量,一、二次回风量,机组出口的送风量。

(3)在系统风量基本平衡后进一步调整风机风量,使其满足空调系统的要求。

(4)经过调整后在各部分阀门不变动的条件下,重新测定各处风量作为最后实测风量,同时在各阀门处做标记,并固定阀位。

系统的风量测定和调整包括送(回)风口风量的测定、送(回)风系统风量的调整、空调机风量的测定和调整、室内正压的测定和调整四部分。

关键细节 52　送(回)风口风量的测定

空调系统风量测定时,只有当不适宜在管系中的分支管处测定时,才在风口处进行风量测定。送(回)风口风量的测定主要有以下三种方法：

(1)定点测量法。当送风口上装有格栅或网格时，一般使用叶轮风速仪紧贴风口平面测定风量。面积较大的风口，可划分为边长等于2倍风速仪直径的面积相等的小方块，在其中心逐个测定，计算平均速度。

(2)辅助风管法。由于送风口存在射流，用叶轮风速仪测定比用热电式风速仪效果好。当送风口气流偏斜时，可制作一长度为0.5～1.0m，断面尺寸与风口尺寸相同的短管套接在风口上进行测定。

(3)静压法。这种方法的工作原理是，扩散板的风量决定于孔板内静压值。因此，可先取一个扩散孔板测其孔板内的静压，然后测定其扩散孔板连接的支管风速(即可换算出风量)，可绘制静压与风管的风速曲线，只要扩散孔板风口的规格相同，则测出各个扩散孔板内的静压，即可按曲线查出各风口对应的风量。

关键细节53　送(回)风系统风量的调整

送(回)风系统风量的调整，就是在测量管段风量的同时，按照需要及时地调节设在两风管分支处的三通调节阀(或支管上的调节阀)的开度大小，以控制风量达到一定的数值。它是用调节阀来改变管网中的阻力大小来实现的。阻力一经改变，其风量也要相应地起变化。

目前，国内使用的风量调整方法有流量等比分配法、基准风口调整法和逐段分支调整法等。由于每种方法都有其适应性，应根据调试对象的具体情况，采取相应的方法进行调整，从而达到节省时间加快调试进度的目的。

为了减少送风系统与回风系统同时开动给风量调整带来的干扰，对于非空气洁净系统，在调整时暂时先不开送风机，只开动回风机，即先调回风系统的风量。为此，需要将空调房间的门打开以便由外部补充空气。对有超净要求的系统则不可用开房门的办法补充空气。当回风系统调整到基本平衡后，关闭房门再进行送风系统的调整，此时回风机同时运行。

关键细节54　空调机风量的测定和调整

(1)新风风量：可在新风管道上打测孔，用皮托管和微压计来测量风量，此法比较准确。如无新风风道时(例如从开设在墙上的百叶窗直接进气)，一般在新风阀门的出口处(或新风进口处)用风速仪来测量。此时可在离风阀10～20cm处放风速仪，并使它与气流流向垂直，将整个风门划分9个或12个方格定点测其中心速度，求出平均值。由于风门开启呈一定角度，气流截面有所缩小，所以，在计算风量时宜将风门外框面积乘以系数$\cos\alpha$(α为阀门叶片与水平线的夹角)。

(2)一、二次回风量和排出风量：一般来说，都可以在各自的管道上打测孔用皮托管和微压计测出。如果打测孔有困难，也可以在一、二次回风的入口处和排风出口处用风速仪测定。

通过喷水室(或表面冷却器)的风量应等于新风与一次回风量之和，这个数值可以作为复核用。在分风板前、挡水板后用风速仪进行定点测量，并将分风板前、挡水板后所测得的风量取其平均值作为通过喷水室的风量。测定时，风速仪须贴近测量断面，并将它划分为 9 个、12 个或 16 个方格,测其中心处速度,取其平均值。计算风量时,气流通过的断面积可采取除掉方框后的断面积,再乘上一个挡水板厚度和横条阻塞系数 0.95。

(3)通过空调机的总风量,除了在第二次混合段测量外(对于一次回风系统,就是通过喷水室的风量),实际上就是送风机吸入端所测得的风量。但由于所使用的测量仪器不一样,测值的准确性也有差别。测量结果可以互相校核,取出符合实际的数据。

关键细节 55　室内正压的测定和调整

(1)正压的测定。测定前,首先用尼龙丝或薄纸条(或点燃的香),放在稍微开的门缝处,观察飘动的方向来确定空调房间所处的状态。为保证室内达到规定的正压值的准确性,应采用补偿式微压计来测定。将微压计放在室内,微压计的"一"端与大气相通,从微压计读取室内静压值,即是室内所保持的正压值。

(2)正压的调整。为了保持室内正压,通常是靠调节房间回风量的大小来实现。在房间送风量不变的情况下,开大房间回风调节阀,就能减少室内正压值;关小调节阀就会增大正压值。如果房间有两个以上的回风口时,在调节阀门的时候,要照顾到各回风口风量的均匀性;否则,将对房间气流组织带来不良的影响。

对于空气洁净系统室内保持的静压差,应符合下列规定:

(1)相邻不同级别洁净室之间和洁净室与非洁净室之间的静压差应大于 5Pa。

(2)洁净室与室外静压差应大于 10Pa。

(3)洁净度高于 100 级的单向流(层流)洁净室,开门状态下,在出入口的室内侧 0.6m 处,不应测出超过室内级别上限的浓度。

(二)室内洁净度检测

室内空气洁净度必须符合设计规定的等级或在商定验收状态下的等级要求,高于等于 5 级的单向流洁净室。空气洁净度等级的检测,应在设计指定的占用状态(空态、静态、动态)下进行。

1. 采样点的布置

测定室内洁净度时,采样点应均匀分布于整个面积内,并位于工作区的高度(距地坪 0.8m 的水平面),或设计单位、业主特指的位置。

最低限度的采样点数 N_L,见表 4-29。

表 4-29　　　　　　　　最低限度的采样点数 N_L 表

测点数 N_L	2	3	4	5	6	7	8	9	10
洁净区面积 A/m²	2.1～6.0	6.1～12.0	12.1～20.0	20.1～30.0	30.1～42.0	42.1～56.0	56.1～72.0	72.1～90.0	90.1～110.0

注:1. 在水平单向流时,面积 A 为与气流方向呈垂直的流动空气截面面积。

2. 最低限度的采样点数 N_L 按公式 $N_L = A^{0.5}$ 计算(四舍五入取整数)。

2. 采样量的确定

(1)每次采样的最少采样量见表 4-30。

表 4-30　　　　　　　　　　每次采样的最少采样量 $V_s(L)$ 表

洁净度等级	粒径/μm					
	0.1	0.2	0.3	0.5	1.0	5.0
1	2000	8400	—	—	—	—
2	200	840	1960	5680	—	—
3	20	84	196	568	2400	—
4	2	8	20	57	240	—
5	2	2	2	6	24	680
6	2	2	2	2	2	68
7	—	—	—	2	2	7
8	—	—	—	2	2	2
9	—	—	—	2	2	2

(2)每个采样点的最少采样时间为 1min,采样量至少为 2L。

(3)每个洁净室(区)最少采样次数为 3 次。当洁净区仅有一个采样点时,则在该点至少采样 3 次。

(4)对预期空气洁净度等级达到 4 级或更洁净的环境,采样量很大,可采用 ISO 14644-1附录 F 规定的顺序采样法。

3. 采样检测

(1)采样时采样口处的气流速度,应尽可能接近室内的设计气流速度。

(2)对于单向流洁净室,其粒子计数器的采样管口应迎着气流方向;对于非单向流洁净室,采样管口宜向上。

(3)采样管必须干净,连接处不得有渗漏。采样管的长度,应根据允许长度确定,如果无规定时,不宜大于 1.5m。

(4)室内的测定人员必须穿洁净工作服,且不宜超过 3 名,并应远离或位于采样点的下风侧静止不动或微动。

关键细节 56　室内浮游菌和沉降菌的检测

(1)微生物检测方法有空气悬浮微生物法和沉降微生物法两种,采样后的基片(或平皿)经过恒温箱内 37℃、48h 的培养生成菌落后进行计数。使用的采样器皿和培养液必须进行消毒灭菌处理。采样点可均匀布置或取代表性地域布置。

(2)悬浮微生物法应采用离心式、狭缝式和针孔式等碰击式采样器,采样时间应根据空气中微生物浓度来决定,采样点数可与测定空气洁净度测点数相同。各种采样器应按仪器说明书规定的方法使用。

沉降微生物法,应采用直径为 90mm 的培养皿,在采样点上沉降 30min 后进行采样,培养皿最少采样数应符合表 4-31 的规定。

表 4-31　　　　　　　　　　　　　最少培养皿数

空气洁净度级别	培养皿数
＜5	44
5	14
6	5
≥7	2

(3)制药厂洁净室(包括生物洁净室)室内浮游菌和沉降菌测试,也可采用按协议确定的采样方案。

(4)用培养皿测定沉降菌,用碰撞式采样器或过滤采样器测定浮游菌,还应遵守以下规定:

1)采样装置采样前的准备及采样后的处理,均应在设有高效空气过滤器排风的负压实验室进行操作,该实验室的温度应为 22℃±2℃;相对湿度应为 50%±10%。

2)采样仪器应消毒灭菌。

3)采样器选择应审核其粗度和效率,并有合格证书。

4)采样装置的排气不应污染洁净室。

5)沉降皿个数及采样点、培养基及培养温度、培养时间应按有关规范的规定执行。

6)浮游菌采样器的采样率宜大于 100L/min。

7)碰撞培养基的空气速度应小于 20m/s。

(三)室内气流组织测定

气流组织就是合理地布置送风口和回风口,使送入房间内经过处理的冷风或热风到达工作区域后,能造成比较均匀而稳定的温度、湿度、气流速度和洁净度,以满足生产工艺和人体舒适的要求。

室内气流组织的测定应在空调系统风量调整到符合设计要求并保证各送风口的风量达到均匀分配,以及空调器运转正常条件下进行。

关键细节 57　气流流型的测定

气流流型测定前,需要粗略地测一下各个送风口的扩张角 α 是否基本相同,射流轴线是否偏移。其做法是用两条合成纤维丝缚在风口两侧中心处进行观察,并经过适当的调整,使各股气流之间互相搭接好。

气流流型的测定方法通常有以下两种:

(1)烟雾法。将棉球蘸上发烟剂(如四氯化钛、四氯化锡等)放在送风口处,烟雾随气流在室内流动。仔细观察烟雾的流动方向和范围,在记录图上粗略地描绘出射流边界线、回旋涡流区和回流区。由于从风口射出的烟雾不大而且扩散较快,不易看清楚流动情况,可将蘸上发烟剂的棉花球绑在测杆上,放到需要测定的部位,以观察气流流型。这种方法比较快,但准确性差,只在粗测时采用。需要注意的是,发烟剂具有腐蚀性,在已经投产或安装好工艺设备的房间应禁止使用。

(2)逐点描绘法。将很细的合成纤维或点燃的香绑在测杆上,放在测定断面各测点位置上,观察丝线或烟的流动方向,并在记录图上逐点描绘出气流流型。这种测试方法比较接近于实际情况,也是现场测试中常用的。

⌂关键细节 58　气流速度分布的测定

气流速度分布的测定,主要是确定射流在进入工作区前,其速度是否衰减以及考核恒温区内气流速度是否符合生产工艺和劳动卫生的要求。这项测定一般是紧接着气流流型测定之后进行,在射流区和回流区内测点的布置与前面相同。

气流速度分布测定的具体方法为:将测杆头部绑上 1 个热球风速仪的测头和 1 条合成纤维丝,在风口直径倍数的不同断面上从上至下逐点进行测量(一般希望每个点测量两次取平均值),热球风速仪只测出气流速度的大小而气流方向靠丝线飘动的方向来确定,并将测定结果用面积图形表示在纵断面上。

⌂关键细节 59　温度分布的测定

温度分布的测定主要确定射流的温度在进入恒温区之前是否衰减,以及恒温区的区域温差值,在此基础上画出区域温差的累积曲线。

(1)射流区温度衰减的测定:射流区测点的布置与测速度分布时相同,可用热电耦温度计或水银温度计进行逐点测量。射流区每个垂直断面上测 5 个点。在射流速度最大值处所测得的温度称为射流轴心温度 $t_{射心}$,而把 5 个测定温度的平均值作为射流的平均温度 $t_{射心}$。

射流区各个断面上温度分布测完后,可将实测数据进行整理。

(2)恒温区域内温度分布的测定:主要测定恒温区域内(离地 2m 以下)不同标高平面上各点的温度,绘出平面温差图,进而确定不同平面中区域温差值。为此在测定前,首先在地板面上布置测点,画出平面测点布置图和纵断面测点布置图。

测量时,在测定断面上,用热电耦温度计逐点进行测量,测完一个断面移动一次测架。用标杆测量时,将标杆立在地板上标有胶布的测点位置处用热电耦沿标杆所示的测点测量,测完后就移动一次标杆。

整理测定数据时,以恒温区所有测点的综合平均温度作为室温基数 $t_{室}$,并将各测点温度值与 $t_{室}$ 进行比较,大于室温基数 $t_{室}$ 的为正,小于室温基数 $t_{室}$ 的为负,然后在坐标纸上画出不同标高(如 0.4m、0.8m、1.2m、1.6m)的平面温差分布图。再绘制区域温差累计曲线图。根据各种温差占总数的百分比,判断恒温室内所达到的室温允许的波动范围。

(四)室内空气温度、相对湿度测定

室内空气温度和相对湿度测定之前,净化空调系统应已连续运行至少 24 小时。测定时,应根据设计要求来确定工作区,并在工作区内布置测点。对有恒温要求的场所,根据

温度和相对湿度波动范围,应选择相应的具有足够精度的仪表进行测定。每次测定间隔时间不应大于 30min。

室内测点应设置在以下位置:

(1)送回风口处。

(2)恒温工作区具有代表性的地表(如沿着工艺设备周围布置或等距离布置)。

(3)设有恒温要求的洁净室中心。

测点一般应布置在距外墙表面大于 0.5m,离地面 0.8m 的同一高度上;也可以根据恒温区的大小,分别布置在离地不同高度的几个平面上。

测点的数量应符合表 4-32 的规定。

表 4-32　　　　　　　　　　　　　　　　**温、湿度测点数**

波动范围	室面积≤50m²	每增加 20~50m²
$\Delta t=\pm 0.5 \sim \pm 2℃$	5 个	增加 3~5 个
$\Delta RH=\pm 5 \sim \pm 10\%$		
$\Delta t \leqslant \pm 0.5℃$	点间距不应大于 2m,点数不应少于 5 个	
$\Delta RH \leqslant \pm 5\%$		

关键细节 60　有恒温恒湿要求的洁净室

室温波动范围按各测点的各次温度中偏差控制点温度的最大值占测点总数的百分比整理成累积统计曲线。如 90% 以上测点偏差值在室温波动范围内为符合设计要求;反之,为不合格。

区域温度以各测点中最低的一次测试温度为基准,各测点平均温度与超偏差值的点数,占测点总数的百分比整理成累计统计曲线,90% 以上测点所达到的偏差值为区域温差,应符合设计要求。相对湿度波动范围可按室温波动范围的规定执行。

(五)室内噪声的测定

空调系统的噪声测量,主要是测量"A"挡声级,必要时测量倍频程频谱进行噪声的评价。测量的对象是通风机、水泵、制冷压缩机、消声器和房间等。测量时一般在夜间进行,以排除其他声源的影响。

1. 测点选择

测点选择应注意传声器放置在正确地点上,提高测量的准确性。对于风机、水泵、电动机等设备的测点,应选择在距设备水平距离 1m,高 1.5m 处;对于消声器前后的噪声可在风管内测量;对于空调房间的测点,一般选择在房间中心距地面约 1.5m 处。

2. 测量读数方法

当噪声级很稳定,即表头上的指针摆动较小时,可使用"快挡"读出电表指针的平均偏转数;当噪声不稳定,即表头上的指针有较大的摆动时,可使用"慢挡"读出电表指针的平均偏转数。对于低频噪声,可使用"慢挡"。

关键细节 61 室内噪声测量注意事项

(1)测量记录要标明测点位置,注明使用仪器型号及被测设备的工作状态。

(2)避免本底噪声对测量的干扰,如声源噪声与本底噪声相差不到 10dB,则应扣除因本底噪声干扰的修正量。其扣除量为:当两者差 6~9dB 时,从测量值中减去 1dB;当两者差 4~5dB 时,从测量值中减去 2dB;当两者相差 3dB 时,从测量值中减去 3dB。

(3)注意反射声的影响,传声器应尽量离开反射面(2~3m)。

(4)注意风、电磁及振动等影响,以免带来测量误差。

二、通风工程检测、调试工程工程量计算

1. 工程量计算规则

(1)通风工程检测、调试工程量按通风系统计算。

(2)风管漏光试验、漏风试验工程量按设计图纸或规范要求以展开面积计算。

2. 清单项目设置及项目特征描述

通风工程检测、调试工程量清单项目设置、项目特征描述的内容及计量单位,见表 4-33。

表 4-33 通风工程检测、调试(编码:030704)

项目编码	项目名称	项目特征	计量单位	工作内容
030704001	通风工程检测、调试	风管工程量	系统	1. 通风管道风量测定 2. 风压测定 3. 温度测定 4. 各系统风口、阀门调整
030704002	风管漏光试验、漏风试验	漏光试验、漏风试验、设计要求	m²	通风管道漏光试验、漏风试验

第五章　通风空调工程设计概算编制

第一节　概　　述

设计概算是初步设计概算的简称,是指在初步设计或扩大初步设计阶段,由设计单位根据初步设计图纸、定额、指标、其他工程费用定额等,对工程投资进行的概略计算,这是初步设计文件的重要组成部分,是确定工程设计阶段的投资依据,经过批准的设计概算是控制工程建设投资的最高限额。

一、设计概算内容及相互关系

设计概算分为三级概算,即建设项目总概算、单项工程综合概算、单位工程概算。其内容及相互关系如图 5-1 所示。

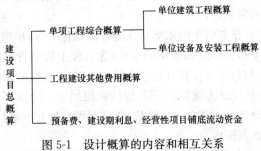

图 5-1　设计概算的内容和相互关系

二、设计概算编制依据与原则

1. 设计概算编制依据

(1)批准的可行性研究报告。

(2)设计工程量。

(3)项目涉及的概算指标或定额。

(4)国家、行业和地方政府有关法律、法规或规定。

(5)资金筹措方式。

(6)正常的施工组织设计。

(7)项目涉及的设备、材料供应及价格。

(8)项目的管理(含监理)、施工条件。

(9)项目所在地区有关的气候、水文、地质地貌等自然条件。

(10)项目所在地区有关的经济、人文等社会条件。

(11)项目的技术复杂程度,以及新技术、专利使用情况等。

(12)有关文件、合同、协议等。

2. 设计概算编制原则

(1)严格执行国家建设方针和经济政策。

(2)完整、准确地反映设计内容。

(3)结合拟建工程实际,反映工程所在地价格水平。

(4)概算造价要控制在投资估算范围内。

三、设计概算作用

(1)设计概算是确定建设项目、各单项工程及各单位工程投资的依据。按照规定报请有关部门或单位批准的初步设计及总概算,一经批准即作为建设项目静态总投资的最高限额,不得任意突破,必须突破时须报原审批部门(单位)批准。

(2)设计概算是编制投资计划的依据。计划部门根据批准的设计概算编制建设项目年固定资产投资计划,并严格控制投资计划的实施。如果建设项目实际投资数额超过了总概算,那么必须在原设计单位和建设单位共同提出追加投资的申请报告基础上,经上级计划部门审核批准后,方能追加投资。

(3)设计概算是进行拨款和贷款的依据。建设银行根据批准的设计概算和年度投资计划,进行拨款和贷款,并严格实行监督控制。对超出概算的部分,未经计划部门批准,建设银行不得追加拨款和贷款。

(4)设计概算是实行投资包干的依据。在进行概算包干时,单项工程综合概算及建设项目总概算是投资包干指标商定和确定的基础,尤其经上级主管部门批准的设计概算或修正概算,是主管单位和包干单位签订包干合同,控制包干数额的依据。

(5)设计概算是考核设计方案的经济合理性和控制施工图预算的依据。设计单位根据设计概算进行技术经济分析和多方案评价,以提高设计质量和经济效果。同时,保证施工图预算在设计概算的范围内。

(6)设计概算是进行各种施工准备、设备供应指标、加工订货及落实各项技术经济责任制的依据。

(7)设计概算是控制项目投资,考核建设成本,提高项目实施阶段工程管理和经济核算水平的必要手段。

四、设计概算文件组成及常用表格

1. 设计概算文件组成

(1)三级编制(总概算、综合概算、单位工程概算)形式设计概算文件的组成:

1)封面、签署页及目录。

2)编制说明。

3)总概算表。

4)其他费用表。

5)综合概算表。

6)单位工程概算表。

7)附件:补充单位估价表。

（2）二级编制（总概算、单位工程概算）形式设计概算文件的组成：

1）封面、签署页及目录。

2）编制说明。

3）总概算表。

4）其他费用表。

5）单位工程概算表。

6）附件：补充单位估价表。

2. 设计概算文件常用表格

（1）设计概算封面、签署页、目录、编制说明样式见表 5-1～表 5-4。

（2）概算表格格式见表 5-5～表 5-15。

1）总概算表（表 5-5）为采用三级编制形式的总概算的表格。

2）总概算表（表 5-6）为采用二级编制形式的总概算的表格。

表 5-1　　　　　　　　　　　　设计概算封面式样

（工程名称）

设 计 概 算

档 案 号：

共　册　　第　册

（编制单位名称）

（工程造价咨询单位执业章）

年　月　日

3)其他费用表(表 5-7)。

4)其他费用计算表(表 5-8)。

5)综合概算表(表 5-9)为单项工程综合概算的表格。

6)建筑工程概算表(表 5-10)为单位工程概算的表格。

7)设备及安装工程概算表(表 5-11)为单位工程概算的表格。

8)补充单位估价表(表 5-12)。

9)主要设备、材料数量及价格表(表 5-13)。

10)进口设备、材料货价及从属费用计算表(表 5-14)。

11)工程费用计算程序表(表 5-15)。

(3)调整概算对比表。

1)总概算对比表(表 5-16)。

2)综合概算对比表(表 5-17)。

表 5-2　　　　　　　　　**设计概算签署页式样**

(工程名称)

设 计 概 算

档 案 号:

共　册　　第　册

编 制 人:＿＿＿＿＿＿＿[执业(从业)印章]＿＿＿＿＿＿

审 核 人:＿＿＿＿＿＿＿[执业(从业)印章]＿＿＿＿＿＿

审 定 人:＿＿＿＿＿＿＿[执业(从业)印章]＿＿＿＿＿＿

法定负责人:＿＿＿＿＿＿＿＿＿＿＿＿＿＿＿＿＿＿＿＿＿

表 5-3　　　　　　　　　　　　　设计概算目录式样

序　号	编　号	名　称	页　次
1		编制说明	
2		总概算表	
3		其他费用表	
4		预备费计算表	
5		专项费用计算表	
6		×××综合概算表	
7		×××综合概算表	
		……	
8		×××单项工程概算表	
9		×××单项工程概算表	
		……	
10		补充单位估价表	
11		主要设备、材料数量及价格表	
12		概算相关资料	

表 5-4　　　　　　　　　　　　　编制说明式样

编制说明

1　工程概况。

2　主要技术经济指标。

3　编制依据。

4　工程费用计算表

(1)建筑工程工程费用计算表；

(2)工艺安装工程工程费用计算表；

(3)配套工程工程费用计算表；

(4)其他工程工程费用计算表。

5　引进设备材料有关费率取定及依据：国外运输费、国外运输保险费、海关税费、增值税、国内运杂费、其他有关税费。

6　其他有关说明的问题。

7　引进设备材料从属费用计算表。

表 5-5   总概算表(三级编制形式)

总概算编号:_____   工程名称:_____   (单位:万元) 共 页 第 页

序号	概算编号	工程项目或费用名称	建筑工程费	设备购置费	安装工程费	其他费用	合计	其中:引进部分		占总投资比例/(%)
								美元	折合人民币	
一		工程费用								
1		主要工程								
		×××××								
		×××××								
2		辅助工程								
		×××××								
3		配套工程								
		×××××								
二		其他费用								
1		×××××								
2		×××××								
三		预备费								
四		专项费用								
1		×××××								
2		×××××								
		建设项目概算总投资								

编制人: 审核人: 审定人:

表 5-6 总概算表(二级编制形式)

总概算编号:＿＿＿＿＿　　工程名称:＿＿＿＿＿　　(单位: 万元) 共 页第 页

序号	概算编号	工程项目或费用名称	设计规模或主要工程量	建筑工程费	设备购置费	安装工程费	其他费用	合计	其中:引进部分		占总投资比例/(%)
									美元	折合人民币	
一		工程费用									
1		主要工程									
(1)	×××	××××××									
(2)	×××	××××××									
2		辅助工程									
(1)	×××	××××××									
3		配套工程									
(1)	×××	××××××									
二		其他费用									
1		××××××									
2		××××××									
三		预备费									
四		专项费用									
1		××××××									
2		××××××									
		建设项目概算总投资									

编制人:　　　　　　　　　审核人:　　　　　　　　　审定人:

表 5-7 　　　　　　　　　　　　　　　**其他费用表**

工程名称：＿＿＿＿＿＿＿＿＿＿　　　　　　　　　　　（单位：万元）　共　页　第　页

序号	费用项目编号	费用项目名称	费用计算基数	费率/(%)	金额	计算公式	备注
		合计					

编制人：　　　　　　　　　　　　审核人：

表 5-8　　　　　　　　　　　　　　　**其他费用计算表**

其他费用编号：_____　费用名称：_____　　　　　　　　（单位：万元）　共　页第　页

序号	费用项目名称	费用计算基数	费率/(%)	金额	计算公式	备注
	合计					

编制人：　　　　　　　　　　审核人：

表 5-9　　　　　　　　　　　　**综合概算表**

综合概算编号：_____　　工程名称(单项工程)：_____　　　(单位：万元)　共　页　第　页

序号	概算编号	工程项目或费用名称	设计规模或主要工程量	建筑工程费	设备购置费	安装工程费	合计	其中:引进部分	
								美元	折合人民币
一		主要工程							
1	×××	××××××							
2	×××	××××××							
二		辅助工程							
1	×××	××××××							
2	×××	××××××							
三		配套工程							
1	×××	××××××							
2	×××	××××××							
		单项工程概算费用合计							

编制人：　　　　　　　　　　审核人：　　　　　　　　　　　　审定人：

表 5-10　　　　　　　　　　　　　**建筑工程概算表**

单位工程概算编号：_____　　　工程名称（单项工程）：_____　　　　　　共　页　第　页

序号	定额编号	工程项目或费用名称	单位	数量	单价/元				合价/元			
					定额基价	人工费	材料费	机械费	金额	人工费	材料费	机械费
一		土石方工程										
1	××	×××××										
2	××	×××××										
二		砌筑工程										
1	××	×××××										
三		楼地面工程										
1	××	×××××										
		小　计										
		工程综合取费										
		单位工程概算费用合计										

编制人：　　　　　　　　　　　　　　　　　审核人：

表 5-11　　　　　　　　　　　**设备及安装工程概算表**

单位工程概算编号：_____　　　工程名称(单项工程)：_____　　　　　　　　共 　页 　第 　页

序号	定额编号	工程项目或费用名称	单位	数量	单价/元					合价/元				
					设备费	主材费	定额基价	其中:		设备费	主材费	定额费	其中:	
								人工费	机械费				人工费	机械费
一		设备安装												
1	××	×××××												
2	××	×××××												
二		管道安装												
1	××	×××××												
三		防腐保温												
1	××	×××××												
		小 计												
		工程综合取费												
		合计(单位工程概算费用)												

编制人：　　　　　　　　　　　　　　　审核人：

表 5-12 补充单位估价表

子目名称：

工作内容：

共 页 第 页

补充单位估价表编号				
定 额 基 价				
人工费				
材料费				
机械费				
名　　称	单位	单价	数　　量	
综合工日				
材 料				
其他材料费				
机 械				

编制人：　　　　　　　　　　　　　审核人：

表 5-13　　　　　　　　　　　　主要设备、材料数量及价格表

序号	设备材料名称	规格型号及材质	单位	数量	单价/元	价格来源	备注

编制人：　　　　　　　　　　　　审核人：

表 5-14　　　　　　　　　　　**进口设备、材料货价及从属费用计算表**

| 序号 | 设备材料规格名称及费用名称 | 单位 | 数量 | 单价/美元 | 外币金额/美元 | | | | | 折合人民币/元 | 人民币金额/元 | | | | | | 合计/元 |
					货价	运输费	保险费	其他费用	合计		关税	增值税	银行财务费	外贸手续费	国内运杂费	合计	

编制人：　　　　　　　　　　　　　　　　　　审核人：

表 5-15   工程费用计算程序表

序号	费用名称	取费基础	费　率	计算公式

表 5-16　　　　　　　　　　　　总概算对比表

总概算编号：_____　　工程名称：_____　　　　　　　（单位：万元）　共　页　第　页

序号	工程项目或费用名称	原批准概算					调整概算					差额(调整概算－原批准概算)	备注
		建筑工程费	设备购置费	安装工程费	其他费用	合计	建筑工程费	设备购置费	安装工程费	其他费用	合计		
一	工程费用												
1	主要工程												
(1)	×××××												
(2)	×××××												
2	辅助工程												
(1)	×××××												
3	配套工程												
(1)	×××××												
二	其他费用												
1	×××××												
2	×××××												
三	预备费												
四	专项费用												
1	×××××												
2	×××××												
	建设项目概算总投资												

编制人：　　　　　　　　　　　　　　　　　　　　审核人：

表 5-17   综合概算对比表

综合概算编号：_____   工程名称：_____   （单位：万元） 共 页 第 页

序号	工程项目或费用名称	原批准概算				调整概算				差额（调整概算－原批准概算）	调整的主要原因
		建筑工程费	设备购置费	安装工程费	合计	建筑工程费	设备购置费	安装工程费其他费用	合计		
一	主要工程										
1	××××××										
2	××××××										
二	辅助工程										
1	××××××										
2	××××××										
三	配套工程										
1	××××××										
2	××××××										
	单项工程概算费用合计										

编制人：   审核人：

第二节　设计概算编制方法

一、建设项目总概算及单项工程综合概算的编制

(1)概算编制说明应包括以下主要内容:

1)项目概况:简述建设项目的建设地点、建设规模、建设性质(新建、扩建或改建)、工程类别、建设期(年限)、主要工程内容、主要工程量、主要工艺设备及数量等。

2)主要技术经济指标:项目概算总投资(有引进的给出所需外汇额度)及主要分项投资、主要技术经济指标(主要单位工程投资指标)等。

3)资金来源:按资金来源不同渠道分别说明,发生资产租赁的说明租赁方式及租金。

4)编制依据。

5)其他需要说明的问题。

6)总说明附表:

①建筑、安装工程工程费用计算程序表。

②引进设备、材料清单及从属费用计算表。

③具体建设项目概算要求的其他附表及附件。

(2)总概算表。概算总投资由工程费用、其他费用、预备费及应列入项目概算总投资中的几项费用(建设期利息、固定资产投资方向调节税、铺底流动资金)组成。

1)工程费用。按单项工程综合概算组成编制,采用二级编制的按单位工程概算组成编制。

①市政民用建设项目一般排列顺序:主体建(构)筑物、辅助建(构)筑物、配套系统。

②工业建设项目一般排列顺序:主要工艺生产装置、辅助工艺生产装置、公用工程、总图运输、生产管理服务性工程、生活福利工程、厂外工程。

2)其他费用。一般按其他费用概算顺序列项,具体见下述"二、其他费用、预备费、专项费用概算编制"。

3)预备费。包括基本预备费和价差预备费,具体见下述"二、其他费用、预备费、专项费用概算编制"。

4)应列入项目概算总投资中的几项费用。一般包括建设期利息、铺底流动资金、固定资产投资方向调节税(暂停征收)等,具体见下述"二、其他费用、预备费、专项费用概算编制"。

(3)综合概算以单项工程所属的单位工程概算为基础,采用"综合概算表(表5-9)"进行编制,分别按各单位工程概算汇总成若干个单项工程综合概算。

(4)对单一的、具有独立性的单项工程建设项目,按二级编制形式编制,直接编制总概算。

二、其他费用、预备费、专项费用概算编制

(1)一般建设项目其他费用包括建设用地费、建设管理费、勘察设计费、可行性研究

费、环境影响评价费、劳动安全卫生评价费、场地准备及临时设施费、工程保险费、联合试运转费、生产准备及开办费、特殊设备安全监督检验费、市政公用设施建设及绿化补偿费、引进技术和引进设备材料其他费、专利及专有技术使用费、研究试验费等。

1）建设管理费。

①以建设投资中的工程费用为基数乘以建设管理费费率计算，即：

$$建设管理费＝工程费用×建设管理费费率$$

②工程监理是受建设单位委托的工程建设技术服务，属建设管埋范畴。如采用监埋，建设单位部分管理工作量会转移至监理单位。监理费应根据委托的监理工作范围和监理深度在监理合同中商定或按当地或所属行业部门有关规定计算。

③如建设管理采用工程总承包方式，其总包管理费由建设单位与总包单位根据总包工作范围在合同中商定，从建设管理费中支出。

④改扩建项目的建设管理费费率应比新建项目适当降低。

⑤建设项目建成后，应及时组织验收，移交生产或使用。已超过批准的试运行期，并已符合验收条件但未及时办理竣工验收手续的建设项目，视同项目已交付生产，其费用不得从基建投资中支付，所实现的收入作为生产经营收入，不再作为基建收入。

2）建设用地费。

①根据征用建设用地面积、临时用地面积，按建设项目所在省、市、自治区人民政府制定颁发的土地征用补偿费、安置补助费标准和耕地占用税、城镇土地使用税标准计算。

②建设用地上的建（构）筑物如需迁建，其迁建补偿费应按迁建补偿协议计列或按新建同类工程造价计算。

③建设项目采用"长租短付"方式租用土地使用权，在建设期间支付的租地费用应计入建设用地费；在生产经营期间支付的土地使用费应计入营运成本中核算。

3）可行性研究费。

①依据前期研究委托合同计列，或参照《国家计委关于印发〈建设项目前期工作咨询收费暂行规定〉的通知》（计投资[1999]1283 号）规定计算。

②编制预可行性研究报告参照编制项目建议书收费标准并可适当调整。

4）研究试验费。

①按照研究试验内容和要求进行编制。

②研究试验费不包括以下项目：

a. 应由科技三项费用（即新产品试制费、中间试验费和重要科学研究补助费）开支的项目。

b. 应在建筑安装费用中列支的施工企业对建筑材料、构件和建筑物进行一般鉴定、检查所发生的费用及技术革新的研究试验费。

c. 应由勘察设计费或工程费用中开支的项目。

5）勘察设计费。依据勘察设计委托合同计列，或参照原国家计委、原建设部《关于发布〈工程勘察设计收费管理规定〉的通知》（计价格[2002]10 号）规定计算。

6）环境影响评价及验收费、水土保持评价及验收费、劳动安全卫生评价及验收费。环境影响评价及验收费依据委托合同计列，或按照原国家计委、国家环境保护总局《关于规范环境影响咨询收费有关问题的通知》（计价格[2002]125 号）规定及建设项目所在省、市、自治区环境保护部门有关规定计算;水土保持评价及验收费、劳动安全卫生评价及验收费依据委托合同以及按照国家和建设项目所在省、市、自治区劳动和国土资源等行政部门规定的标准计算。

7)职业病危害评价费等。依据职业病危害评价、地震安全性评价、地质灾害评价委托合同计列,或按照建设项目所在省、市、自治区有关行政部门规定的标准计算。

8)场地准备及临时设施费。

①场地准备及临时设施费应尽量与永久性工程统一考虑。建设场地的大型土石方工程应计入工程费用中的总图运输费用中。

②新建项目的场地准备和临时设施费应根据实际工程量估算,或按工程费用的比例计算。改扩建项目一般只计拆除清理费,即:

$$场地准备和临时设施费＝工程费用×费率＋拆除清理费$$

③发生拆除清理费时可按新建同类工程造价或主材费、设备费的比例计算。

凡可回收材料的拆除工程采用以料抵工方式冲抵拆除清理费。

④此项费用不包括已列入建筑安装工程费用中的施工单位临时设施费用。

9)引进技术和引进设备其他费。

①引进项目图纸资料翻译复制费:根据引进项目的具体情况计列或按引进货价(F. O. B)的比例估列;引进项目发生备品备件测绘费时按具体情况估列。

②出国人员费用:依据合同或协议规定的出国人次、期限以及相应的费用标准计算。生活费按照财政部、外交部规定的现行标准计算,旅费按中国民航公布的票价计算。

③来华人员费用:依据引进合同或协议有关条款及来华技术人员派遣计划进行计算。来华人员接待费用可按每人次费用指标计算。引进合同价款中已包括的费用内容不得重复计算。

④银行担保及承诺费:应按担保或承诺协议计取。投资估算和概算编制时可以担保金额或承诺金额为基数乘以费率计算。

⑤引进设备材料的国外运输费、国外运输保险费、关税、增值税、外贸手续费、银行财务费、国内运杂费、引进设备材料国内检验费等,按照引进货价(F. O. B 或 C. I. F)计算后进入相应的设备、材料费中。

⑥单独引进软件,不计关税只计增值税。

10)工程保险费。

①不投保的工程不计取此项费用。

②不同的建设项目可根据工程特点选择投保险种,根据投保合同计列保险费用。编制投资估算和概算时可按工程费用的比例估算。

③不包括已列入施工企业管理费中的施工管理用财产、车辆保险费。

11)联合试运转费。

①不发生试运转或试运转收入大于(或等于)费用支出的工程,不列此项费用。

②当联合试运转收入小于试运转支出时,其计算公式如下:

$$联合试运转费＝联合试运转费用支出－联合试运转收入$$

③联合试运转费不包括应由设备安装工程费用开支的调试及试车费用,以及在试运转中暴露出来的因施工原因或设备缺陷等发生的处理费用。

④试运行期按照以下规定确定:引进国外设备项目按建设合同中规定的试运行期执行;国内一般性建设项目试运行期原则上按照批准的设计文件所规定的期限执行。个别行业的建设项目试运行期需要超过规定试运行期的,应报项目设计文件审批机关批准。试运行期一经确定,各建设单位应严格按规定执行,不得擅自缩短或延长。

12)特殊设备安全监督检验费。按照建设项目所在省、市、自治区安全监察部门的规定标准计算。无具体规定的,在编制投资估算和概算时,可按受检设备现场安装费的比例估算。

13)市政公用设施费。按工程所在地人民政府规定标准计列;不发生或按规定免征项目不计算。

14)专利及专有技术使用费。

①按专利使用许可协议和专有技术使用合同的规定计列。

②专有技术的界定应以省、部级鉴定批准为依据。

③项目投资中只计需要在建设期支付的专利及专有技术使用费。协议或合同规定在生产期支付的使用费应在生产成本中核算。

④一次性支付的商标权、商誉及特许经营权费按协议或合同规定计列。协议或合同规定在生产期支付的商标权或特许经营权费应在生产成本中核算。

⑤为项目配套的专用设施投资,包括专用铁路线、专用公路、专用通信设施、变送电站、地下管道、专用码头等,若由项目建设单位负责投资,但产权不归属本单位的,应作无形资产处理。

15)生产准备及开办费。

①新建项目按设计定员为基数计算,改扩建项目按新增设计定员为基数计算:
$$生产准备费=设计定员×生产准备费用指标(元/人)$$

②可采用综合的生产准备费用指标进行计算,也可以按费用内容的分类指标计算。

(2)引进工程其他费用中的国外技术人员现场服务费、出国人员旅费和生活费折合人民币列入,用人民币支付的其他几项费用直接列入其他费用中。

(3)其他费用概算表格形式见表 5-7 和表 5-8。

(4)预备费包括基本预备费和价差预备费,基本预备费以总概算第一部分"工程费用"和第二部分"其他费用"之和为基数的百分比计算;价差预备费一般按下式计算:

$$P = \sum_{t=1}^{n} I_t \left[(1+f)^m (1+f)^{0.5} (1+f)^{t-1} - 1 \right]$$

式中　　P——价差预备费;

　　　　n——建设期(年)数;

　　　　I_t——建设期第 t 年的投资;

　　　　f——投资价格指数;

　　　　t——建设期第 t 年;

　　　　m——建设前年数(从编制概算到开工建设年数)。

(5)应列入项目概算总投资中的费用。

1)建设期利息:根据不同资金来源及利率分别计算,即:

$$Q = \sum_{j=1}^{n} (P_{j-1} + A_j/2)i$$

式中　Q——建设期利息；

P_{j-1}——建设期第($j-1$)年末贷款累计金额与利息累计金额之和；

　A_j——建设期第 j 年贷款金额；

　i——贷款年利率；

　n——建设期年数。

2)铺底流动资金按国家或行业有关规定计算。

3)固定资产投资方向调节税(暂停征收)。

三、单位工程概算的编制

(1)单位工程概算是编制单项工程综合概算(或项目总概算)的依据,单位工程概算项目根据单项工程中所属的每个单体按专业分别编制。

(2)单位工程概算一般分建筑工程、设备及安装工程两大类,建筑工程单位工程概算按下述"(3)"的要求编制,设备及安装工程单位工程概算按下述"(4)"的要求编制。

(3)建筑工程单位工程概算。

1)建筑工程概算费用内容及组成见住房和城乡建设部建标[2013]44 号《建筑安装工程费用项目组成》。

2)建筑工程概算要采用"建筑工程概算表"(表 5-10)编制,按构成单位工程的主要分部分项工程编制,根据初步设计工程量按工程所在省、市、自治区颁发的概算定额(指标)或行业概算定额(指标),以及工程费用定额计算。

3)对于通用结构建筑可采用"造价指标"编制概算;对于特殊或重要的建(构)筑物,必须按构成单位工程的主要分部分项工程编制,必要时结合施工组织设计进行详细计算。

(4)设备及安装工程单位工程概算。

1)设备及安装工程概算费用由设备购置费和安装工程费组成。

2)设备购置费。其计算公式如下：

$$\text{定型或成套设备费} = \text{设备出厂价格} + \text{运输费} + \text{采购保管费}$$

引进设备费用分外币和人民币两种支付方式,外币部分按美元或其他国际主要流通货币计算。

非标准设备原价有多种不同的计算方法,如综合单价法、成本计算估价法、系列设备插入估价法、分部组合估价法、定额估价法等。一般采用不同种类设备综合单价法计算。其计算公式如下：

$$\text{设备费} = \sum \text{综合单价(元/吨)} \times \text{设备单重(吨)}$$

工具、器具及生产家具购置费一般以设备购置费为计算基数,按照部门或行业规定的工具、器具及生产家具费率计算。

3)安装工程费。安装工程费用内容组成,以及工程费用计算方法见住房和城乡建设部建标[2013]44 号《建筑安装工程费用项目组成》;其中,辅助材料费按概算定额(指标)计算,主要材料费以消耗量按工程所在地当年预算价格(或市场价)计算。

4)引进材料费用计算方法与引进设备费用计算方法相同。

5)设备及安装工程概算采用"设备及安装工程概算表"(表 5-11)形式,按构成单位工程的主要分部分项工程编制,要按初步设计工程量按工程所在省、市、自治区颁发的概算定额(指标)或行业概算定额(指标),以及工程费用定额计算。

6)概算编制深度可参照《建设工程工程量清单计价规范》(GB 50500—2013)深度执行。

(5)当概算定额或指标不能满足概算编制要求时,应编制"补充单位估价表"(表 5-12)。

四、调整概算编制

(1)设计概算批准后一般不得调整。由于特殊原因需要调整概算时,由建设单位调查分析变更原因,报主管部门审批同意后,由原设计单位核实编制、调整概算,并按有关审批程序报批。

(2)调整概算的原因。

1)超出原设计范围的重大变更。

2)超出基本预备费规定范围内不可抗拒的重大自然灾害引起的工程变动和费用增加。

3)超出工程造价调整预备费的国家重大政策性的调整。

(3)影响工程概算的主要因素已经清楚,工程量完成了一定量后方可进行调整,一个工程只允许调整一次概算。

(4)调整概算编制深度与要求、文件组成及表格形式同原设计概算,调整概算还应对工程概算调整的原因做详尽分析说明,所调整的内容在调整概算总说明中要逐项与原批准概算对比,并编制调整前后概算对比表(表 5-16、表 5-17),分析主要变更原因。

(5)在上报调整概算时,应同时提供有关文件和调整依据。

五、设计概算文件编制程序与质量控制

(1)设计概算文件编制的有关单位应当一起制定编制原则、方法,以及确定合理的概算投资水平,对设计概算的编制质量、投资水平负责。

(2)项目设计负责人和概算负责人对全部设计概算的质量负责;概算文件编制人员应参与设计方案的讨论;设计人员要树立以经济效益为中心的观念,严格按照批准的工程内容及投资额度设计,提出满足概算文件编制深度的技术资料;概算文件编制人员对投资的合理性负责。

(3)概算文件需要经编制单位自审,建设单位(项目业主)复审,工程造价主管部门审批。

(4)概算文件的编制与审查人员必须具有国家注册造价工程师资格,或者具有省市(行业)颁发的造价员资格证,并根据工程项目大小按持证专业承担相应的编审工作。

(5)各造价协会(或者行业)、造价主管部门可根据所主管的工程特点制定概算编制质量的管理办法,并对编制人员采取相应的措施进行考核。

第三节　设计概算审查

一、设计概算审查意义

认真做好设计概算的审查工作,对于正确确定工程造价以及充分发挥投资效果具有十分重要的意义,具体表现为以下几个方面:

(1)有利于合理分配投资资金,加强投资计划管理。设计概算编制得偏高或偏低,都会影响投资计划的真实性,影响投资资金的合理分配。因此,审查设计概算是为了准确确定工程造价,使投资更能遵循客观经济规律。

(2)有利于促进设计的技术先进性与经济合理性。设计概算中的技术经济指标,是概算的综合反映,与同类工程对比,便可查出它的先进与合理程度。

(3)可以促进概算编制单位严格执行国家有关概算的编制规定和费用标准,从而提高概算的编制质量。

(4)可以使建设项目总投资力求做到准确、完整,防止任意扩大投资规模或出现漏项,从而减少投资缺口,缩小概算与预算之间的差距,避免故意压低概算投资,搞"钓鱼"项目,最后导致实际造价大幅度地突破概算。

二、设计概算审查内容

设计概算审查的内容主要包括:审查设计概算的编制依据,审查概算编制深度,审查建设规模与标准,审查设备规格、数量和配置,审查工程费,审查计价指标和审查其他费用。

关键细节1　设计概算编制依据的审查

对设计概算的编制依据的审查主要包括国家综合部门的文件,国务院主管部门和各省、直辖市、自治区根据国家规定或授权制定的各种规定及办法,以及建设项目的设计文件等重点审查。其具体应从以下几个方面着手进行审查:

(1)审查编制依据的合法性。采用的各种编制依据必须经过国家或授权机关的批准,符合国家的编制规定,未经批准的不能采用。也不能强调情况特殊,擅自提高概算定额、指标或费用标准。

(2)审查编制依据的时效性。各种依据,如定额、指标、价格、取费标准等,都应根据国家有关部门的现行规定进行,注意有无调整和新的规定。有的虽然颁发时间较长,但不能全部适用;有的应按有关部门规定的调整系数执行。

(3)审查编制依据的适用范围。各种编制依据都有规定的适用范围,如各主管部门规定的各种专业定额及其取费标准,只适用于该部门的专业工程;各地区规定的各种定额及其取费标准,只适用于该地区的范围以内。特别是地区的材料预算价格区域性更强,如果某市有该市市区的材料预算价格,又编制了郊区内一个矿区的材料预算价格,则在该市的矿区建设时,其概算采用的材料预算价格,应用郊区的价格,而不能采用市区的价格。

关键细节 2　概算编制深度的审查

(1)审查编制说明。审查编制说明可以检查概算的编制方法、深度和编制依据等重大原则问题。

(2)审查概算的编制范围。审查概算编制范围及具体内容是否与主管部门批准的建设项目范围及具体工程内容一致;审查分期建设项目的建筑范围及具体工程内容有无重复交叉,是否重复计算或漏算;审查其他费用所列的项目是否都符合规定,静态投资、动态投资和经营性项目铺底流动资金是否分部列出等。

(3)审查概算编制深度。一般大中型项目的设计概算,应有完整的编制说明和"三级概算"(即总概算表、单项工程综合概算表、单位工程概算表),并按有关规定的深度进行编制。审查是否有符合规定的"三级概算",各级概算的编制、审核、审定是否按规定签署。

关键细节 3　建设规模、标准的审查

审查设计概算的投资规模、生产能力、设计标准、建设用地、建筑面积、主要设备、配套工程、设计定员等是否符合原批准可行性研究报告或立项批文的标准。若概算总投资超过原批准投资估算 10%以上,应进一步审查超估算的原因。

关键细节 4　设备规格、数量和配置的审查

工业建设项目设备投资比重大,一般占总投资的 30%～50%,要认真审查。审查所选用的设备规格、台数是否与生产规模一致,材质、自动化程度有无提高标准,引进设备是否配套、合理,备用设备台数是否适当,消防、环保设备是否计算等。还要重点审查价格是否合理、是否符合有关规定,国产设备应按当时询价资料或有关部门发布的出厂价、信息价编制预算,引进设备应依据询价或合同价编制概算。

关键细节 5　工程费的审查

建筑安装工程投资是随工程量增加而增加的,要认真审查。要根据初步设计图纸、概算定额及工程量计算规则、专业设备材料表、建构筑物和总图运输一览表审查有无多算、重算、漏算。

关键细节 6　计价指标的审查

审查建筑安装工程采用工程所在地区的计价定额、费用定额、价格指数和有关人工、材料、机械台班单价是否符合现行规定;审查安装工程所采用的专业部门或地区定额是否符合工程所在地区的市场价格水平,概算指标调整系数、主材价格、人工、机械台班和辅材调整系数是否按当地最新规定执行;审查引进设备安装费率或计取标准、部分行业专业设备安装费率是否按有关规定计算等。

关键细节 7　其他费用的审查

工程建设其他费用投资占项目总投资 25%以上,必须认真逐项审查。审查费用项目是否按国家统一规定计列,具体费率或计取标准、部分行业专业设备安装费率是否按有关规定计算等。

三、设计概算审查步骤

设计概算审查是一项复杂而细致的技术经济工作,审查人员既应懂得有关专业技术知识,又应具有熟练编制概算的能力,一般情况下可按以下步骤进行:

(1)掌握必要的资料。要熟悉图纸和说明书,弄清概预算的内容、编制依据和方法,收集有关的定额、指标和有关文件,为审查工作做好必要的准备。

(2)进行对比分析,逐项核对。对规定的定额、指标以及同类工程的技术经济指标进行对比,找出差距的原因。根据设计文件所列的项目、规模、尺寸等,与概预算书计算采用的项目、数据核对;根据概预算书引用的定额、标准与原定额、标准核对,找出差别或错漏。

(3)调查研究。对于在审查中遇到的问题,包括随着设计、施工技术的发展所遇到的新问题,一定要深入实际调查研究,弄清建筑的内外部条件,了解设计是否经济合理、概预算所采用的定额、指标是否符合实际情况等。

(4)提出审查报告。在发现的问题得到妥善解决后,可提出审查报告,并请有关单位和部门鉴定认可后,作为最后的审查成果。

四、设计概算审查方法

(1)对比分析法。对比分析法主要是通过建设规模、标准与立项批文对比;工程数量与设计图纸对比;综合范围、内容与编制方法、规定对比;各项取费与规定标准对比;材料、人工单价与市场信息对比;引进设备、技术投资与报价要求对比;技术经济指标与同类工程对比等等。通过以上对比,容易发现设计概算存在的主要问题和偏差。

(2)查询核实法。查询核实法是对一些关键设备和设施、重要装置、引进工程图纸、难以核算的较大投资进行多方查询核对,逐项落实的方法。主要设备的市场价向设备供应部门或招标代理公司查询核实;重要生产装置、设施向同类企业(工程)查询了解;引进设备价格及有关税费向进出口公司调查落实;复杂的建安工程向同类工程的建设、承包、施工单位征求意见;深度不够或不清楚的问题直接向原概算编制人员、设计者询问清楚。

(3)联合会审法。联合会审前,可先采取多种形式分头审查,包括设计单位自审,主管、建设、承包单位初审,工程造价咨询公司评审,邀请同行专家预审,审批部门复审等,经层层审查把关后,由有关单位和专家进行联合会审。在会审会上,由设计单位介绍概算编制情况及有关问题,各有关单位、专家汇报初审和预审意见。然后进行认真分析,讨论,结合对各专业技术方案的审查意见所产生的投资增减,逐一核实原概算出现的问题。经过充分协商,认真听取设计单位意见后,实事求是地处理和调整。

通过以上复审后,对审查中发现的问题和偏差,按照单项、单位工程的顺序,先按设备费、安装费、建筑费和工程建设其他费用分类整理。然后按照静态投资部分、动态投资部分和铺底流动资金三大类,汇总核增或核减的项目及其投资额。最后将具体审核数据,按照"原编概算"、"审核结果"、"增减幅度"四栏列表,并按照原总概算表汇总顺序,将增减项目逐一列出,相应调整所属项目投资合计,再依次汇总审核后的总投资及增减投资额。对于差错较多、问题较大或不能满足要求的,责成按会审意见修改返工后,重新报批;对于无重大原则问题,深度基本满足要求,投资增减不多的,当场核定概算投资额,并提交审批部门复核后,正式下达审批概算。

第六章 通风空调工程施工图预算编制

第一节 概 述

施工图预算是在设计的施工图完成后，以施工图为依据，根据预算定额、费用标准以及工程所在地区的人工、材料、施工机械设备台班的预算价格编制的，是确定建筑工程、安装工程预算造价的文件。

一、施工图预算编制规定

(1)建设项目施工图预算是施工图设计阶段合理确定和有效控制工程造价的重要依据。

(2)建设项目施工图预算的编制应由相应专业资质的单位和造价专业人员完成。编制单位应在施工图预算成果文件上加盖公章和资质专用章，对成果文件质量承担相应责任；注册造价工程师和造价员应在施工图预算文件上签署执业(从业)印章，并承担相应责任。

(3)对于大型或复杂的建设项目，应委托多个单位共同承担其施工图预算文件编制时，委托单位应指定主体承担单位，由主体承担单位负责具体编制时，委托单位应指定主体承担单位，由主体承担单位负责具体编制工作的总体规划、标准的统一、编制工作的部署、资料的汇总等综合性工作，其他各单位负责其所承担的各个单项、单位工程施工图预算文件的编制。

(4)建设项目施工图预算应按照设计文件和项目所在地的人工、材料和机械等要素的市场价格水平进行编制，应充分考虑项目其他因素对工程造价的影响；并应确定合理的预备费，力求能够使投资额度得以科学合理地确定，以保证项目的顺利进行。

(5)建设项目施工图预算由总预算、综合预算和单位工程预算组成。建设项目总预算由综合预算汇总而成。综合预算由组成本单项工程的各单位工程预算汇总。单位工程预算包括建筑工程预算和设备及安装工程预算。

(6)施工图总预算应控制在已批准的设计总概算投资范围以内。

(7)施工图预算总投资包含建筑工程费、设备及工器具购置费、安装工程费、工程建设其他费用、预备费、建设期贷款利息、固定资产投资方向调节税及铺底流动资金。

(8)施工图预算的编制应保证编制依据的合法性、全面性和有效性，以及预算编制成果文件的准确性、完整性。

(9)施工图预算应考虑施工现场实际情况，并结合拟建建设项目合理的施工组织设计进行编制。

二、施工图预算编制依据

(1)国家、行业、地方政府发布的计价依据、有关法律法规或规定。

(2)建设项目有关文件、合同、协议等。

(3)批准的设计概算。

(4)批准的施工图设计图纸及相关标准图集和规范。

(5)相应预算定额和地区单位估价表。

(6)合理的施工组织设计和施工方案等文件。

(7)项目有关的设备、材料供应合同、价格及相关说明书。

(8)项目所在地区有关的气候、水文、地质地貌等的自然条件。

(9)项目的技术复杂程度,以及新技术、专利使用情况等。

(10)项目所在地区有关的经济、人文等社会条件。

三、施工图预算文件组成及常用表格

1. 施工图预算文件组成

施工图预算根据建设项目实际情况可采用三级预算编制或二级预算编制形式。当建设项目有多个单项工程时,应采用三级预算编制形式,三级预算编制形式由建设项目施工图总预算、单项工程综合预算、单位工程施工图预算组成;当建设项目只有一个单项工程时,应采用二级预算编制形式,二级预算编制形式由建设项目施工图总预算和单位工程施工图预算组成。

(1)三级预算编制形式的工程预算文件的组成如下:

1)封面、签署页及目录。

2)编制说明。

3)总预算表。

4)综合预算表。

5)单位工程预算表。

6)附件。

(2)二级预算编制形式的工程预算文件的组成如下:

1)封面、签署页及目录。

2)编制说明。

3)总预算表。

4)单位工程预算表。

5)附件。

2. 施工图预算表格格式

(1)建设项目施工图预算文件的封面、签署页、目录、编制说明式样见表 6-1~表 6-4。

表 6-1　　　　　　　　　　　　　工程预算封面式样

（工程名称）

设 计 预 算

档 案 号：

共　册　　第　册

【设计(咨询)单位名称】

证书号(公章)

年　月　日

表 6-2　　　　　　　　　　　工程预算签署页式样

（工程名称）

工 程 预 算

档 案 号：

共 册 第 册

编 制 人：＿＿＿＿＿＿＿（执业或从业印章）＿＿＿＿＿＿

审 核 人：＿＿＿＿＿＿＿（执业或从业印章）＿＿＿＿＿＿

审 定 人：＿＿＿＿＿＿＿（执业或从业印章）＿＿＿＿＿＿

法定代表人或其授权人：＿＿＿＿＿＿＿＿＿＿＿＿＿＿＿

表 6-3　　　　　　　　　　　工程预算文件目录式样

序　号	编　号	名　称	页　次
1		编制说明	
2		总预算表	
3		其他费用表	
4		预备费计算表	
5		专项费用计算表	
6		×××综合预算表	
7		×××综合预算表	
		…	
9		×××单项工程预算表	
10		×××单位工程预算表	
		…	
12		补充单位估价表	
13		主要设备、材料数量及价格表	
14		…	

表 6-4　　　　　　　　　　　编制说明式样

编 制 说 明

1. 工程概况
2. 主要技术经济指标
3. 编制依据
4. 工程费用计算表
建筑、设备、安装工程费用计算方法和其他费用计取的说明
5. 其他有关说明的问题

(2)建设项目施工图预算文件的预算表格包括以下类别：

1)总预算表(表 6-5 和表 6-6)。

2)其他费用表(表 6-7)。

3)其他费用计算表(表 6-8)。

4)综合预算表(表 6-9)。

5)建筑工程取费表(表 6-10)。

6)建筑工程预算表(表 6-11)。

7)设备及安装工程取费表(表 6-12)。

8)设备及安装工程预算表(表 6-13)。

9)补充单位估价表(表 6-14)。

10)主要设备材料数量及价格表(表 6-15)。

11)分部工程工料分析表(表 6-16)。

12)分部工程工种数量分析汇总表(表 6-17)。

13)单位工程材料分析汇总表(表 6-18)。

14)进口设备材料货价及从属费用计算表(表 6-19)。

表 6-5　　　　　　　　　　　　　总 预 算 表

总预算编号：＿＿＿＿＿　　　工程名称：＿＿＿＿＿＿＿　　　　　　　　(单位：万元)　共　页　第　页

序号	预算编号	工程项目或费用名称	建筑工程费	设备购置费	安装工程费	其他费用	合计	其中:引进部分		占总投资比例/(%)
								美元	折合人民币	
一		工程费用								
1		主要工程								
		××××××								
		××××××								
2		辅助工程								
		××××××								
3		配套工程								
		××××××								
二		其他费用								
1		××××××								
2		××××××								
三		预备费								
四		专项费用								
1		××××××								
2		××××××								
		建设项目预算总投资								

编制人：　　　　　　　　　　　　审核人：　　　　　　　　　　　　项目负责人：

表 6-6　　　　　　　　　　　　**总预算表**

总预算编号：_____　　工程名称：_____　　　　（单位：万元）　共　页　第　页

序号	预算编号	工程项目或费用名称	设计规格或主要工程量	建筑工程费	设备购置费	安装工程费	其他费用	合计	其中:引进部分		占总投资比例/(%)
									美元	折合人民币	
一		工程费用									
1		主要工程									
(1)	×××	×××××									
(2)	×××	×××××									
2		辅助工程									
(1)	×××	×××××									
3		配套工程									
(1)	×××	×××××									
二		其他费用									
1		×××××									
2		×××××									
三		预备费									
四		专项费用									
1		×××××									
2		×××××									
		建设项目预算总投资									

编制人：　　　　　　　　　　　审核人：　　　　　　　　　　　项目负责人：

表 6-7　　　　　　　　　　　　　　　**其他费用表**

工程名称：_____　　　　　　　　　（单位：万元）共　页第　页

序号	费用项目编号	费用项目名称	费用计算基数	费率/(%)	金额	计算公式	备注
1							
2							
		合　计					

编制人：　　　　　　　　　　　审核人：

表 6-8　　　　　　　　　　　　**其他费用计算表**

其他费用编号：_____　费用名称：_____　　　　　　　（单位：万元）共　页第　页

序号	费用项目名称	费用计算基数	费率/(%)	金额	计算公式	备注
	合　计					

编制人：　　　　　　　　　　　审核人：

表 6-9　　　　　　　　　　　　　　　**综合预算表**

综合预算编号：＿＿＿　工程名称(单项工程)：＿＿＿　　　　　（单位：万元）　共　页 第　页

序号	预算编号	工程项目或费用名称	设计规模或主要工程量	建筑工程费	设备购置费	安装工程费	合计	其中:引进部分	
								美元	折合人民币
一		主要工程							
1	×××	××××××							
2	×××	××××××							
二		辅助工程							
1	×××	××××××							
2	×××	××××××							
三		配套工程							
1	×××	××××××							
2	×××	××××××							
		单项工程预算费用合计							

编制人：　　　　　　　　　　　审核人：　　　　　　　　　　项目负责人：

表 6-10 建筑工程取费表

单项工程预算编号：____ 工程名称（单位工程）：____ 共 页 第 页

序号	工程项目或费用名称	表达式	费率/(%)	合价/元
1	分部分项工程费			
2	措施项目费			
2.1	其中:安全文明施工费			
3	其他项目费			
3.1	其中:暂列金额			
3.2	其中:专业工程暂估价			
3.3	其中:计日工			
3.4	其中:总承包服务费			
4	规费			
5	税金(扣除不列入计税范围的工程设备金额)			
6	单位建筑工程费用			

编制人： 审核人：

表 6-11 建筑工程预算表

单项工程预算编号：____ 工程名称（单位工程）：____ 共 页 第 页

序号	定额号	工程项目或定额名称	单位	数量	单价/元	其中人工费/元	合价/元	其中人工费/元
一		土石方工程						
1	×××	×××××						
2	×××	×××××						
二		砌筑工程						
1	×××	×××××						
2	×××	×××××						
三		楼地面工程						
1	×××	×××××						
2	×××	×××××						
		分部分项工程费						

编制人： 审核人：

表 6-12　　　　　　　　　　设备及安装工程取费表

单项工程预算编号：____　　工程名称(单位工程)：____　　　　　　　　　共　页　第　页

序号	工程项目或费用名称	表达式	费率/(%)	合价/元
1	分部分项工程费			
2	措施项目费			
2.1	其中:安全文明施工费			
3	其他项目费			
3.1	其中:暂列金额			
3.2	其中:专业工程暂估价			
3.3	其中:计日工			
3.4	其中:总承包服务费			
4	规费			
5	税金(扣除不列入计税范围的工程设备金额)			
6	单位设备及安装工程费用			

编制人：　　　　　　　　　审核人：

表 6-13　　　　　　　　　　设备及安装工程预算表

单项工程预算编号：____　　工程名称(单位工程)：____　　　　　　　　　共　页　第　页

序号	定额号	工程项目或定额名称	单位	数量	单价/元	其中人工费/元	合价/元	其中人工费/元	其中设备费/元	其中主材费/元
一		设备安装								
1	×××	×××××								
2	×××	×××××								
二		管道安装								
1	×××	×××××					·			
2	×××	×××××								
三		防腐保温								
1	×××	×××××								
2	×××	×××××								
		分部分项工程费								

编制人：　　　　　　　　　审核人：

表 6-14　　　　　　　　　　　　补充单位估价表

子目名称：＿＿＿＿＿＿＿＿＿＿＿＿

工作内容：＿＿＿＿＿＿＿＿＿＿＿＿　　　　　　　　　　　　共　页　第　页

补充单位估价表编号				
基价				
人工费				
材料费				
机械费				

	名　称	单位	单价	数　量	
	综合工日				
材					
料					
	其他材料费				
机					
械					

编制人：　　　　　　　　　　　审核人：

表 6-15　　　　　　　　　主要设备材料数量及价格表

序号	设备材料名称	规格型号	单位	数量	单价/元	价格来源	备注

编制人：　　　　　　　　　　　审核人：

表 6-16 分部工程工料分析表

项目名称：＿＿＿＿＿＿＿＿＿＿＿　　　　　　　　　　　　　　编号：＿＿＿＿＿＿＿＿＿

序号	定额编号	分部(项)工程名称	单位	工程量	人工/工日	主要材料					其他材料费/元
						材料 1	材料 2	材料 3	材料 4	…	

编制人：　　　　　　　　　　　　　审核人：

表 6-17 分部工程工种数量分析汇总表

项目名称：＿＿＿＿＿＿＿＿＿＿＿　　　　　　　　　　　　　　编号：＿＿＿＿＿＿＿＿＿

序　号	工 种 名 称	工 日 数	备　注
1	木工		
2	瓦工		
3	钢筋工		
…	…		

编制人：　　　　　　　　　　　　　审核人：

表 6-18 单位工程材料分析汇总表

项目名称：＿＿＿＿＿＿＿＿＿＿＿　　　　　　　　　　　　　　编号：＿＿＿＿＿＿＿＿＿

序　号	材料名称	规　格	单　位	数　量	备　注
1	红砖				
2	中砂				
3	河流石				
…	…				

编制人：　　　　　　　　　　　　　审核人：

表 6-19 进口设备材料货价及从属费用计算表

序号	设备、材料规格、名称及费用名称	单位	数量	单价/美元	外币金额/美元					折合人民币/元	人民币金额/元						合计/元
					货价	运输费	保险费	其他费用	合计		关税	增值税	银行财务费	外贸手续费	国内运杂费	合计	

编制人：　　　　　　　　　　　　　审核人：

(3)调整预算表格包括以下类别：

1)调整预算"正表"表格格式见表6-5～表6-19。

2)调整预算对比表格：

①总预算对比表(表6-20)。

②综合预算对比表(表6-21)。

③其他费用对比表(表6-22)。

④主要设备材料数量及价格对比表(表6-23)。

表 6-20　　　　　　　　　　　总预算对比表

综合概算编号：_____　　　　工程名称：_____　　　　　　　(单位：万元) 共　页 第　页

序号	工程项目或费用名称	概　算					预　算					差额（预算—概算）	备注
		建筑工程费	设备购置费	安装工程费	其他费用	合计	建筑工程费	设备购置费	安装工程费	其他费用	合计		
一	工程费用												
1	主要工程												
(1)	××××××												
(2)	××××××												
2	辅助工程												
(1)	××××××												
3	配套工程												
(1)	××××××												
二	其他费用												
1	××××××												
2	××××××												
三	预备费												
四	专项费用												
1	××××××												
2	××××××												
	建设项目总投资												

编制人：　　　　　　　　　　　　　　　　　审核人：

表 6-21　　　　　　　　　　　　**综合预算对比表**

综合预算编号：_____　　　　工程名称：_____　　　　　　（单位：万元）　共　页　第　页

序号	工程项目或费用名称	概算				预算				差额（预算－概算）	调整的主要原因
		建筑工程费	设备购置费	安装工程费	合计	建筑工程费	设备购置费	安装工程费	合计		
一	主要工程										
1	××××××										
2	××××××										
二	辅助工程										
1	××××××										
2	××××××										
三	配套工程										
1	××××××										
2	××××××										
	单项工程费用合计										

编制人：　　　　　　　　　　　　　　　　审核人：

表 6-22　　　　　　　　　　　　**其他费用对比表**

工程名称：_____　　　　　　　　　　　　（单位：万元）　共　页　第　页

序号	费用项目编号	费用项目名称	费用计算基数	费率/(%)	概算金额	预算金额	差额	计算公式	调整主要原因	备注
1										
2										
		合计								

编制人：　　　　　　　　　　　　　　　　审核人：

表 6-23　　　　　　　　　主要设备材料数量及价格对比表

序号	概　算						预　算						差额	调整原因
	设备材料名称	规格型号	单位	数量	单价/元	价格来源	设备材料名称	规格型号	单位	数量	单价/元	价格来源		

编制人：　　　　　　　　　　　　　　审核人：

第二节　施工图预算编制方法

一、单位工程预算编制

单位工程预算编制应根据施工图设计文件、预算定额（或综合单价）以及人工、材料及施工机械台班等价格资料进行编制。主要编制方法有单价法和实物量法,其中,单价法分为定额单价法和工程量清单单价法。

1. 定额单价法

定额单价法是用事先编制好的分项工程的单位估价表来编制施工图预算的方法。定额单价法编制施工图预算的基本步骤如下:

(1)编制前的准备工作。编制施工图预算的过程是具体确定建筑安装工程预算造价的过程。编制施工图预算,不仅应严格遵守国家计价法规、政策,严格按图纸计量,还应考虑施工现场条件因素,是一项复杂而细致的工作,也是一项政策性和技术性都很强的工作,因此,必须事前做好充分准备。准备工作主要包括两个方面:一是组织准备;二是资料的收集和现场情况的调查。

(2)熟悉图纸和预算定额以及单位估价表。图纸是编制施工图预算的基本依据。熟悉图纸不但要弄清图纸的内容,还应对图纸进行审核:图纸间相关尺寸是否有误,设备与材料表上的规格、数量是否与图示相符,详图、说明、尺寸和其他符号是否正确等,若发现错误应及时纠正。另外,还要熟悉标准图以及设计更改通知(或类似文件),这些都是图纸的组成部分,不可遗漏。通过对图纸的熟悉,要了解工程的性质、系统的组成,设备和材料的规格型号和品种,以及有无新材料、新工艺的采用。

预算定额和单位估价表是编制施工图预算的计价标准,对其适用范围及定额系数等都要充分了解,做到心中有数,这样才能使预算编制准确、迅速。

(3)了解施工组织设计和施工现场情况。编制施工图预算前,应了解施工组织设计中影响工程造价的有关内容。例如,各分部分项工程的施工方法,土方工程中余土外运使用的工具、运距、施工平面图对建筑材料、构件等堆放点到施工操作地点的距离等,以便能正确计算工程量和正确套用或确定某些分项工程的基价。这对于正确计算工程造价、提高施工图预算质量具有重要意义。

(4)划分工程项目和计算工程量。

1)划分工程项目。划分的工程项目必须和定额规定的项目一致,这样才能正确地套用定额。不能重复列项计算,也不能漏算或少算。

2)计算并整理工程量。必须按现行国家计量规范规定的工程量计算规则进行计算,该扣除部分要扣除,不该扣除的部分不能扣除。当按照工程项目装饰工程量全部计算完以后,要对工程项目和工程量进行整理,即合并同类项和按序排列,为套用定额、计算分部分项和进行工料分析打下基础。

(5)套单价(计算定额基价),即将定额子项中的基价填于预算表单价栏内,并将单价乘以工程量得出合价,将结果填入合价栏。

(6)工料分析。工料分析即按分项工程项目,依据定额或单位估价表,计算人工和各种材料的实物耗量,并将主要材料汇总成表。工料分析的方法是:首先从定额项目表中分别将各分项工程消耗的每项材料和人工的定额消耗量查出;然后分别乘以该工程项目的工程量;得到分项工程工料消耗量,最后将各分项工程工料消耗量加以汇总,得出单位工程人工、材料的消耗数量。

(7)计算主材费(未计价材料费)。许多定额项目基价为不完全价格,即未包括主材费用在内。计算所在地定额基价(基价合计)之后,还应计算出主材费,以便计算工程造价。

(8)按费用定额取费,即按有关规定计取措施项目费和其他项目费,以及按相关取费规定计取规费和税金等。

(9)计算汇总工程造价。将分部分项工程费、措施项目费、其他项目费、规费和税金相加即为工程预算造价。

2. 工程量清单单价法

工程量清单单价法是指招标人按照设计图纸和国家统一的工程量计算规则提供工程数量,采用综合单价的形式计算工程造价的方法。该综合单价是指完成一个规定计量单位的分部分项工程清单项目或措施清单项目所需的人工费、材料费、施工机具使用费和企业管理费与利润,以及一定范围内的风险费用。

3. 实物量法

实物量法是依据施工图纸和预算定额的项目划分及工程量计算规则,先计算出分部分项工程量,然后套用预算定额(实物量定额)来编制施工图预算的方法。实物量法的优点是能比较及时地将反映各种材料、人工、机械的当时当地市场单价计入预算价格,不需调价,反映当时当地的工程价格水平。

二、综合预算和总预算编制

(1)综合预算造价由组成该单项工程的各个单位工程预算造价汇总而成。

(2)总预算造价由组成该建设项目的各个单项工程综合预算以及经计算的工程建设其他费、预备费、建设期贷款利息、固定资产投资方向调节税汇总而成。

三、建筑工程预算编制

(1)建筑工程预算费用内容及组成,应符合《建筑安装工程费用项目组成》(建标〔2013〕44号)的有关规定(参见本书第一章第四节相关内容)。

(2)建筑工程预算采用"建筑工程预算表"(表6-11),按构成单位工程的分部分项工程编制,根据设计施工图纸计算各分部分项工程量,按工程所在省(自治区、直辖市)或行业颁发的预算定额或单位估价表,以及建筑安装工程费用定额进行编制。

四、安装工程预算编制

(1)安装工程预算费用组成应符合《建筑安装工程费用项目组成》(建标〔2013〕44号)的有关规定(参见本书第一章第四节相关内容)。

(2)安装工程预算采用"设备及安装工程预算表"(表6-13),按构成单位工程的分部分项工程编制,根据设计施工图纸计算各分部分项工程量,按工程所在省(自治区、直辖市)或行业颁发的预算定额或单位估价表,以及建筑安装工程费用定额进行编制计算。

五、调整预算编制

(1)工程预算批准后,一般情况下不得调整。由于重大设计变更、政策性调整及不可抗力等原因造成的可以调整。

(2)调整预算编制深度与要求、文件组成及表格形式同原施工图预算。调整预算还应对工程预算调整的原因做详尽分析说明,所调整的内容在调整预算总说明中要逐项与原批准预算对比,并编制调整前后预算对比表,分析主要变更原因。在上报调整预算时,应同时提供有关文件和调整依据。

第三节　施工图预算审查

一、施工图预算审查作用

(1)施工图预算审查对降低工程造价具有现实意义。

(2)施工图预算审查有利于节约工程建设资金。

(3)施工图预算审查有利于发挥领导层、银行的监督作用。

(4)施工图预算审查有利于积累和分析各项技术经济指标。

二、施工图预算审查内容

施工图预算审查的重点内容是工程量计算是否准确;分部、分项单价套用是否正确;各项取费标准是否符合现行规定等。

关键细节 1 审查定额或单价的套用

(1)预算中所列各分项工程单价是否与预算定额的预算单价相符;其名称、规格、计量单位和所包括的工程内容是否与预算定额一致。

(2)有单价换算时,应审查换算的分项工程是否符合定额规定及换算是否正确。

(3)对补充定额和单位计价表的使用,应审查补充定额是否符合编制原则,单位计价表计算是否正确。

关键细节 2 审查其他有关费用

其他有关费用包括的内容各地不同,具体审查时应注意是否符合当地规定和定额的要求。

(1)是否按本项目的工程性质计取费用、有无高套取费标准。

(2)间接费的计取基础是否符合规定。

(3)预算外调增的材料差价是否计取间接费;直接费或人工费增减后,有关费用是否做了相应调整。

(4)有无将不需安装的设备计取在安装工程的间接费中。

(5)有无巧立名目、乱摊费用的情况。

利润和税金的审查,重点应放在计取基础和费率是否符合当地有关部门的现行规定、有无多算或重算方面。

三、施工图预算审查步骤与方法

施工图预算审查应按以下步骤进行:

(1)做好审查前的准备工作。

(2)选择合适的审查方法,按相应内容审查。

(3)综合整理审查资料,编制调整预算。

施工图审查的方法有逐项审查法、标准预算审查法、分组计算审查法、重点审查法和对比审查法。

关键细节 3 采用逐项审查法进行施工图预算审查

逐项审查法又称全面审查法,即按定额顺序或施工顺序,对各分项工程中的工程细目逐项全面详细审查。该方法优点是全面、细致,审查质量高、效果好;缺点是工作量大,时间较长。这种方法适合于一些工程量较小、工艺比较简单的工程。

关键细节 4 采用标准预算审查法进行施工图预算审查

标准预算审查法就是对利用标准图纸或通用图纸施工的工程,先集中力量编制标准预算,以此为准来审查工程预算。按标准设计图纸或通用图纸施工的工程,一般做法相同,只是根据情况不同,对某些部分做局部改变。凡这样的工程,以标准预算为准,对局部修改部分单独审查即可,不需逐一详细审查。该方法的优点是时间短、效果好、易定案;缺点是适用范围小,仅适用于采用标准图纸的工程。

关键细节 5　采用分组计算审查法进行施工图预算审查

分组计算审查法就是把预算中有关项目按类别划分若干组,利用同组中的一组数据审查分项工程量。这种方法首先将若干分部分项工程按相邻且有一定内在联系的项目进行编组,利用同组分项工程间具有相同或相近计算基数的关系,审查一个分项工程数量,由此判断同组中其他几个分项工程的准确程度。该方法的特点是审查速度快、工作量小。

关键细节 6　采用重点审查法进行施工图预算审查

重点审查法就是抓住工程预算中的重点进行审核。审查的重点一般是工程量大或者造价较高的各种工程、补充定额、计取的各项费用(计取基础、取费标准)等。该方法的优点是重点突出、审查时间短、效果好。

关键细节 7　采用对比审查法进行施工图预算审查

对比审查法是指当工程条件相同时,用已完工程的预算或未完但已经过审查修正的工程预算对比审查拟建工程的同类工程预算。

第七章 · 通风空调工程工程量清单编制

第一节 工程量清单编制概述

一、工程量清单概念

（1）工程量清单。工程量清单是载明建设工程分部分项工程项目、措施项目、其他项目的名称和相应数量以及规费、税金项目等内容的明细清单。

（2）招标工程量清单。招标工程量清单是招标人依据国家标准、招标文件、设计文件以及施工现场实际情况编制的，随招标文件发布供投标报价的工程量清单，包括其说明和表格。

（3）已标价工程量清单。已标价工程量清单是指构成合同文件组成部分的投标文件中已标明价格，经算术性错误修正（如有）且承包人已确认的工程量清单，包括其说明和表格。

二、工程量清单编制一般规定

（1）招标工程量清单应由招标人负责编制，若招标人不具有编制工程量清单的能力，则可根据《工程造价咨询企业管理办法》（建设部第 149 号令）的规定，委托具有工程造价咨询性质的工程造价咨询人编制。

（2）招标工程量清单必须作为招标文件的组成部分，其准确性（数量不算错）和完整性（不缺项漏项）应由招标人负责。招标人应将工程量清单连同招标文件一起发（售）给投标人。投标人依据工程量清单进行投标报价时，对工程量清单不负有核实的义务，更不具有修改和调整的权力。如招标人委托工程造价咨询人编制工程量清单，其责任仍由招标人负责。

（3）招标工程量清单是工程量清单计价的基础，应作为编制招标控制价、投标报价、计算或调整工程量以及工程索赔等的依据之一。

（4）招标工程量清单应以单位（项）工程为单位编制，应由分部分项工程项目清单、措施项目清单、其他项目清单、规费和税金项目清单组成。

（5）编制招标工程量清单应依据以下资料：

1）《建设工程工程量清单计价规范》（GB 50500—2013）和相关工程的国家计量规范。

2）国家或省级、行业建设主管部门颁发的计价定额和办法。

3）建设工程设计文件及相关资料。

4）与建设工程有关的标准、规范、技术资料。

5）拟定的招标文件。

6）施工现场情况、地勘水文资料、工程特点及常规施工方案。

7）其他相关资料。

三、2013 版清单计价规范简介

2012 年 12 月 25 日,住房和城乡建设部发布了《建设工程工程量清单计价规范》(GB 50500—2013)(以下简称"13 计价规范")和《房屋建筑与装饰工程工程量计算规范》(GB 50854—2013)、《仿古建筑工程工程量计算规范》(GB 50855—2013)、《通用安装工程工程量计算规范》(GB 50856—2013)、《市政工程工程量计算规范》(GB 50857—2013)、《园林绿化工程工程量计算规范》(GB 50858—2013)、《矿山工程工程量计算规范》(GB 50859—2013)、《构筑物工程工程量计算规范》(GB 50860—2013)、《城市轨道交通工程工程量计算规范》(GB 50861—2013)、《爆破工程工程量计算规范》(GB 50862—2013)等 9 本计量规范(以下简称"13 工程计量规范"),全部 10 本规范于 2013 年 7 月 1 日起实施。

"13 计价规范"及"13 工程计量规范"是在《建设工程工程量清单计价规范》(GB 50500—2008)(以下简称"08 计价规范")基础上,以原建设部发布的工程基础定额、消耗量定额、预算定额以及各省、自治区、直辖市或行业建设主管部门发布的工程计价定额为参考,以工程计价相关的国家或行业的技术标准、规范、规程为依据,收集近年来新的施工技术、工艺和新材料的项目资料,经过整理,在全国广泛征求意见后编制而成。

"13 计价规范"适用于建设工程发承包及实施阶段的招标工程量清单、招标控制价、投标报价的编制,工程合同价款的约定,竣工结算的办理以及施工过程中的工程计量、合同价款支付、施工索赔与现场签证、合同价款调整和合同价款争议的解决等计价活动。

第二节　工程量清单编制方法

一、分部分项工程项目

(1)分部分项工程项目清单必须载明项目编码、项目名称、项目特征、计量单位和工程量。这是构成一个分部分项工程项目清单的五个要件,在分部分项工程项目清单的组成中缺一不可。

(2)分部分项工程项目清单必须根据相关工程现行国家计量规范规定的项目编码、项目名称、项目特征、计量单位和工程量计算规则进行编制。

二、措施项目

(1)措施项目清单必须根据相关工程现行国家计量规范的规定编制。

(2)由于工程建设施工特点和承包人组织施工生产的施工装备水平、施工方案及施工管理水平的差异,同一工程由不同承包人组织施工采用的施工技术措施也不完全相同,因此,措施项目清单应根据拟建工程的实际情况列项。

三、其他项目

(1)其他项目清单宜按照下列内容列项:

1)暂列金额。暂列金额是招标人在工程量清单中暂定并包括在合同价款中的一笔款

项。清单计价规范中明确规定暂列金额用于施工合同签订时尚未确定或者不可预见的所需材料、设备、服务的采购,施工中可能发生的工程变更、合同约定调整因素出现时的工程价款调整以及发生的索赔、现场签证确认等的费用。

不管采用何种合同形式,工程造理想的标准是,一份合同的价格就是其最终的竣工结算价格,或者至少两者应尽可能接近。我国规定对政府投资工程实行概算管理,经项目审批部门批复的设计概算是工程投资控制的刚性指标,即使商业性开发项目也有成本的预先控制问题,否则,无法相对准确预测投资的收益和科学合理地进行投资控制。但工程建设自身的特性决定了工程的设计需要根据工程进展不断地进行优化和调整,业主需求可能会随工程建设进展出现变化,工程建设过程还会存在一些不能预见、不能确定的因素。消化这些因素必然会影响合同价格的调整,暂列金额正是为这类不可避免的价格调整而设立,以便达到合理确定和有效控制工程造价的目标。

另外,暂列金额列入合同价格不等于就属于承包人所有了,即使是总价包干合同,也不等于列入合同价格的所有金额就属于承包人,是否属于承包人应得金额取决于具体的合同约定,只有按照合同约定程序实际发生后,才能成为承包人的应得金额,纳入合同结算价款中。扣除实际发生金额后的暂列金额余额仍属于发包人所有。设立暂列金额并不能保证合同结算价格就不会再出现超过合同价格的情况,是否超出合同价格完全取决于工程量清单编制人暂列金额预测的准确性,以及工程建设过程是否出现了其他事先未预测到的事件。

2)暂估价。暂估价是指招标阶段直至签订合同协议时,招标人在招标文件中提供的用于支付必然发生但暂时不能确定价格的材料以及专业工程的金额。暂估价包括材料暂估单价、工程设备暂估单价和专业工程暂估价。暂估价类似于 FIDIC 合同条款中的 Prime Cost Items,在招标阶段预见肯定要发生,只是因为标准不明确或者需要由专业承包人完成,暂时无法确定价格。暂估价数量和拟用项目应当结合工程量清单中的"暂估价表"予以补充说明。

为方便合同管理,需要纳入分部分项工程项目清单综合单价中的暂估价应只是材料费、工程设备费,以方便投标人组价。

专业工程的暂估价一般应是综合暂估价,应当包括除规费和税金以外的管理费、利润等取费。总承包招标时,专业工程设计深度往往是不够的,一般需要交由专业设计人设计,国际上,出于提高可建造性考虑,一般由专业承包人负责设计,以发挥其专业技能和专业施工经验的优势。这类专业工程交由专业分包人完成是国际工程的良好实践,目前在我国工程建设领域也已经比较普遍。公开透明地合理确定这类暂估价的实际开支金额的最佳途径,就是通过施工总承包人与工程建设项目招标人共同组织的招标。

3)计日工。计日工是为解决现场发生的零星工作的计价而设立的,其为额外工作和变更的计价提供了一个方便快捷的途径。计日工适用的所谓零星工作一般是指合同约定之外的或者因变更而产生的、工程量清单中没有相应项目的额外工作,尤其是那些时间不允许事先商定价格的额外工作。计日工以完成零星工作所消耗的人工工时、材料数量、机械台班进行计量,并按照计日表中填报的适用项目的单价进行计价支付。

国际上常见的标准合同条款中,大多数都设立了计日工(Daywork)计价机制。但在我国以往的工程量清单计价实践中,由于计日工项目的单价水平一般要高于工程量清单项目的单价水平,因而经常被忽略。从理论上讲,由于计日工往往是用于一些突发性的额外工作,缺少计划性,承包人在调动施工生产资源方面难免不影响已经计划好的工作,生产资源的使用效率也有一定的降低,客观上造成超出常规的额外投入。另外,其他项目清单中计日工往往是一个暂定的数量,其无法纳入有效的竞争。所以合理的计日工单价水平一定是要高于工程量清单的价格水平的。为获得合理的计日工单价,发包人在其他项目清单中对计日工一定要给出暂定数量,并需要根据经验尽可能估算一个较接近实际的数量。

4)总承包服务费。总承包服务费是为了解决招标人在法律、法规允许的条件下进行专业工程发包,以及自行供应材料、设备,并需要总承包人对发包的专业工程提供协调和配合服务,对供应的材料、设备提供收、发和保管服务以及进行施工现场管理时发生,并向总承包人支付的费用。招标人应预计该项费用并按投标人的投标报价向投标人支付该项费用。

(2)为保证工程施工建设的顺利实施,投标人在编制招标工程量清单时应对施工过程中可能出现的各种不确定因素对工程造价的影响进行估算,列出一笔暂列金额。暂列金额可根据工程的复杂程度、设计深度、工程环境条件(包括地质、水文、气候条件等)进行估算,一般可按分部分项工程费的 10%～15% 作为参考。

(3)暂估价中的材料、工程设备暂估单价应根据工程造价信息或参照市场价格估算,列出明细表;专业工程暂估价应分不同专业,按有关计价规定估算,列出明细表。

(4)计日工应列出项目名称、计量单位和暂估数量。

(5)总承包服务费应列出服务项目及其内容等。

(6)出现上述第(1)条中未列的项目,应根据工程实际情况补充。如办理竣工结算时就需将索赔及现场签证列入其他项目中。

四、规费

规费是根据省级政府或省级有关权力部门规定必须缴纳的,应计入建筑安装工程造价的费用。根据住房和城乡建设部、财政部"关于印发《建筑安装工程费用项目组成》的通知"(建标[2013]44 号)的规定,规费主要包括社会保险费、住房公积金、工程排污费,其中社会保险费包括养老保险费、医疗保险费、失业保险费、工伤保险费和生育保险费;税金主要包括营业税、城市维护建设税、教育费附加和地方教育附加。规费作为政府和有关权力部门规定必须缴纳的费用,政府和有关权力部门可根据形势发展的需要,对规费项目进行调整,因此,清单编制人对《建筑安装工程费用项目组成》中未包括的规费项目,在编制规费项目清单时应根据省级政府或省级有关权力部门的规定列项。

规费项目清单应按照下列内容列项:

(1)社会保险:包括养老保险费、失业保险费、医疗保险费、工伤保险费、生育保险费。

(2)住房公积金。

(3)工程排污费。

相对于"08 计价规范","13 计价规范"对规费项目清单进行了以下调整:

(1)根据《中华人民共和国社会保险法》的规定,将"08 计价规范"使用的"社会保障费"更名为"社会保险费",将"工伤保险费、生育保险费"列入社会保险费。

(2)根据十一届全国人大常委会第 20 次会议将《中华人民共和国建筑法》第四十八条由"建筑施工企业必须为从事危险作业的职工办理意外伤害保险,支付保险费"修改为"建筑施工企业应当依法为职工参加工伤保险缴纳工伤保险费。鼓励企业为从事危险作业的职工办理意外伤害保险,支付保险费"。由于建筑法将意外伤害保险由强制改为鼓励,因此,"13 计价规范"中规费项目增加了工伤保险费,删除了意外伤害保险,将其列入企业管理费中列支。

(3)根据《财政部、国家发展改革委关于公布取消和停止征收 100 项行政事业性收费项目的通知》(财综[2008]78 号)的规定,工程定额测定费从 2009 年 1 月 1 日起取消,停止征收。因此,"13 计价规范"中规费项目取消了工程定额测定费。

五、税金

根据住房和城乡建设部、财政部"关于印发《建筑安装工程费用项目组成》的通知"(建标[2013]44 号)的规定,目前我国税法规定应计入建筑安装工程造价的税种包括营业税、城市建设维护税、教育费附加和地方教育附加。如国家税法发生变化,税务部门依据职权增加了税种,应对税金项目清单进行补充。

税金项目清单应按下列内容列项:

(1)营业税。

(2)城市维护建设税。

(3)教育费附加。

(4)地方教育附加。

根据《财政部关于统一地方教育政策有关内容的通知》(财综[2011]98 号)的有关规定,"13 计价规范"相对于"08 计价规范",在税金项目增列了地方教育附加项目。

第三节　工程量清单编制表格

一、招标工程量清单封面(封-1)

_____工程
招标工程量清单
招　标　人:_____ (单位盖章)
造价咨询人:_____ (单位盖章)
年　　月　　日

关键细节 1　《招标工程量清单封面》填写要点

招标工程量清单封面应填写招标工程项目的具体名称,招标人应盖单位公章,如委托工程造价咨询人编制,还应加盖工程造价咨询人所在单位公章。

二、招标工程量清单扉页(扉-1)

　　_____工程

招标工程量清单

招　标　人:_____　　造价咨询人:_____
　　　　　　（单位盖章）　　　　　　　　　　　（单位资质专用章）

法定代表人　　　　　　　　　　　法定代表人
或其授权人:_____　　或其授权人:_____
　　　　　　（签字或盖章）　　　　　　　　　　（签字或盖章）

编　制　人:_____　　复　核　人:_____
　　（造价人员签字盖专用章）　　　　　（造价工程师签字盖专用章）

编制时间:　　年　月　日　　　　　复核时间:　　年　月　日

扉-1

关键细节 2　《招标工程量清单扉页》填写要点

(1)本封面由招标人或招标人委托的工程造价咨询人编制招标工程量清单时填写。

(2)招标人自行编制工程量清单的,编制人员必须是在招标人单位注册的造价人员,由招标人盖单位公章,法定代表人或其授权人签字或盖章;当编制人是注册造价工程师时,由其签字盖执业专用章;当编制人是造价员时,由其在编制人栏签字盖专用章,并应由注册造价工程师复核,在复核人栏签字盖执业专用章。

(3)招标人委托工程造价咨询人编制工程量清单的,编制人员必须是在工程造价咨询人单位注册的造价人员。由工程造价咨询人盖单位资质专用章,法定代表人或其授权人签字或盖章;当编制人是注册造价工程师时,由其签字盖执业专用章;当编制人是造价员时,由其在编制人栏签字盖专用章,并应由注册造价工程师复核,在复核人栏签字盖执业专用章。

三、工程计价总说明(表-01)

总　说　明

工程名称：　　　　　　　　　　　　　　　　　　　　　　　　　　第　页共　页

表-01

关键细节 3 《工程计价总说明》填写要点

工程量清单中总说明应包括的内容：①工程概况：如建设地址、建设规模、工程特征、交通状况、环保要求等；②工程招标和专业工程发包范围；③工程量清单编制依据；④工程质量、材料、施工等的特殊要求；⑤其他需要说明的问题。

四、分部分项工程和单价措施项目清单与计价表(表-08)

分部分项工程和单价措施项目清单与计价表

工程名称：　　　　　　　　　　标段：　　　　　　　　　　　第　页共　页

序号	项目编码	项目名称	项目特征描述	计量单位	工程量	金　额/元		
						综合单价	合价	其中：暂估价
本页小计								
合　计								

注：为计取规费等使用，可在表中增设其中："定额人工费"。

表-08

关键细节 4　《分部分项工程和单价措施项目清单与计价表》填写要点

(1)本表依据"08 计价规范"中《分部分项工程量清单与计价表》和《措施项目清单与计价表(二)》合并而来。单价措施项目和分部分项工程项目清单编制与计价均使用本表。

(2)本表不只是编制招标工程量清单的表式,也是编制招标控制价、投标报价和竣工结算的最基本用表。

(3)编制工程量清单时使用本表,在"工程名称"栏应填写详细具体的工程称谓,对于房屋建筑而言,习惯上并无标段划分,可不填写"标段"栏,但相对于管道敷设、道路施工,则往往以标段划分,此时,应填写"标段"栏,其他各表涉及此类设置,道理相同。

(4)"项目编码"栏应根据相关国家工程量计算规范项目编码栏内规定的 9 位数字另加 3 位顺序码共 12 位阿拉伯数字填写。各位数字的含义为:一、二位为专业工程代码,房屋建筑与装饰工程为 01,仿古建筑为 02,通用安装工程为 03,市政工程为 04,园林绿化工程为 05,矿山工程为 06,构筑物工程为 07,城市轨道交通工程为 08,爆破工程为 09;三、四位为专业工程附录分类顺序码;五、六位为分部工程顺序码;七、八、九位为分项工程项目名称顺序码;十至十二位为清单项目名称顺序码。

在编制工程量清单时应注意对项目编码的设置不得有重码,特别是当同一标段(或合同段)的一份工程量清单中含有多个单项或单位工程且工程量清单是以单项或单位工程为编制对象时,应注意项目编码中的十至十二位的设置不得重码。例如一个标段(或合同段)的工程量清单中含有三个单项或单位工程,每一单项或单位工程中都有项目特征相同的现浇混凝土矩形梁,在工程量清单中又需反映三个不同单项或单位工程的现浇混凝土矩形梁工程量时,此时工程量清单应以单项或单位工程为编制对象,第一个单项或单位工程的现浇混凝土矩形梁的项目编码为 010503002001,第二个单项或单位工程的现浇混凝土矩形梁的项目编码为 010503002002,第三个单项或单位工程的现浇混凝土矩形梁的项目编码为 010503002003,并分别列出各单项或单位工程现浇混凝土矩形梁的工程量。

(5)"项目名称"栏应按相关工程国家工程量计算规范的规定,根据拟建工程实际填写。在实际填写过程中,"项目名称"有两种填写方法:一是完全保持相关工程国家工程量计算规范的项目名称不变;二是根据工程实际在工程量计算规范项目名称下另行确定详细名称。

(6)"项目特征"栏应按相关工程国家工程量计算规范的规定,根据拟建工程实际进行描述。在对分部分项工程项目清单的项目特征描述时,可按下列要点进行:

1)必须描述的内容:

①涉及正确计量的内容必须描述。如对于门窗若采用"樘"计量,则 1 樘门或窗有多大,直接关系到门窗的价格,对门窗洞口或框外围尺寸进行描述是十分必要的。

②涉及结构要求的内容必须描述。如混凝土构件的混凝土的强度等级,因混凝土强度等级不同,其价格也不同,必须描述。

③涉及材质要求的内容必须描述。如油漆的品种,是调和漆还是硝基清漆等;管材的材质,是钢管还是塑料管等;还需要对管材的规格、型号进行描述。

④涉及安装方式的内容必须描述。如管道工程中的管道的连接方式就必须描述。

2)可不描述的内容:

①对计量计价没有实质影响的内容可以不描述。如对现浇混凝土柱的高度、断面大小等的特征规定可以不描述，因为混凝土构件是按"m³"计量，对此的描述实质意义不大。

②应由投标人根据施工方案确定的可以不描述。

③应由投标人根据当地材料和施工要求确定的可以不描述。如对混凝土构件中的混凝土拌合料使用的石子种类及粒径、砂的种类的特征规定可以不描述。因为混凝土拌合料使用砾石还是碎石，使用粗砂还是中砂、细砂或特细砂，除构件本身有特殊要求需要指定外，主要取决于工程所在地砂、石子材料的供应情况。至于石子的粒径大小主要取决于钢筋配筋的密度。

④应由施工措施解决的可以不描述。如对现浇混凝土板、梁的标高的特征规定可以不描述。因为同样的板或梁，都可以将其归并在同一个清单项目中，但由于标高的不同，将会导致因楼层的变化对同一项目提出多个清单项目，不同的楼层其工效是不一样的，但这样的差异可以由投标人在报价中考虑，或在施工措施中去解决。

3）可不详细描述的内容：

①无法准确描述的可不详细描述。如土壤类别，由于我国幅员辽阔，南北东西差异较大，特别是对于南方来说，在同一地点，由于表层土与表层土以下的土壤，其类别是不相同的，要求清单编制人准确判定某类土壤的所占比例是困难的，在这种情况下，可考虑将土壤类别描述为合格，注明由投标人根据地勘资料自行确定土壤类别，决定报价。

②施工图纸、标准图集标注明确的，可不再详细描述。对这些项目可采取详见××图集或××图号的方式，对不能满足项目特征描述要求的部分，仍应用文字描述。由于施工图纸、标准图集是发承包双方都应遵守的技术文件，这样描述可以有效减少在施工过程中对项目理解的不一致。

③有一些项目可不详细描述，但清单编制人在项目特征描述中应注明由投标人自定。如土方工程中的"取土运距"、"弃土运距"等。首先要求清单编制人决定在多远取土或取、弃土运往多远是困难的；其次，由投标人根据在建工程施工情况统筹安排，自主决定取、弃土方的运距可以充分体现竞争的要求。

④如清单项目的项目特征与现行定额中某些项目的规定是一致的，也可采用见××定额项目的方式进行描述。

4）项目特征的描述方式。描述清单项目特征的方式大致可分为"问答式"和"简化式"两种。其中，"问答式"是指清单编写人按照工程计价软件上提供的规范，在要求描述的项目特征上采用答题的方式进行描述，如描述砖基础清单项目特征时，可采用"1. 砖品种、规格、强度等级：页岩标准砖 MU15,240mm×115mm×53mm；2. 砂浆强度等级：M10 水泥砂浆；3. 防潮层种类及厚度：20mm 厚 1∶2 水泥砂浆（防水粉 5％）。""简化式"是对需要描述的项目特征内容根据当地的用语习惯，采用口语化的方式直接表述，省略了规范上的描述要求，如同样在描述砖基础清单项目特征时，可采用"M10 水泥砂浆、MU15 页岩标准砖砌条形基础，20mm 厚 1∶2 水泥砂浆（防水粉 5％）防潮层。"

（7）"计量单位"应按相关工程国家工程量计算规范规定的计量单位填写。有些项目工程量计算规范中有两个或两个以上计量单位，应根据拟建工程项目的实际，选择最适宜表现该项目特征并方便计量的单位。如泥浆护壁成孔灌注桩项目，工程量计算规范以 m³、m 和根三个计量单位表示，此时就应根据工程项目的特点，选择其中一个即可。

(8)"工程量"应按相关工程国家工程量计算规范规定的工程量计算规则计算填写。

(9)由于各省、自治区、直辖市以及行业建设主管部门对规费计取基础的不同设置,为了计取规费等的使用,使用本表时可在表中增设"其中:定额人工费"。

五、总价措施项目清单与计价表(表-11)

总价措施项目清单与计价表

工程名称：　　　　　　　　　　　标段：　　　　　　　　　　第　页共　页

序号	项目编码	项目名称	计算基础	费率/(%)	金额/元	调整费率/(%)	调整后金额/元	备注
		安全文明施工费						
		夜间施工增加费						
		二次搬运费						
		冬雨季施工增加费						
		已完工程及设备保护费						
		合　计						

编制人(造价人员)：　　　　　　　复核人(造价工程师)：

注:1."计算基础"中安全文明施工费可为"定额基价"、"定额人工费"或"定额人工费＋定额机械费",其他项目可为"定额人工费"或"定额人工费＋定额机械费"。

　　2.按施工方案计算的措施费,若无"计算基础"和"费率"的数值,也可只填"金额"数值,但应在备注栏说明施工方案出处或计算方法。

表-11

⌂关键细节5 《总价措施项目清单与计价表》填写要点

(1)编制招标工程量清单时,表中的项目可根据工程实际情况进行增减。

(2)编制招标控制价时,计费基础、费率应按省级或行业建设主管部门的规定计取。

(3)编制投标报价时,除"安全文明施工费"必须按"13计价规范"的强制性规定,按省级、行业建设主管部门的规定计取外,其他措施项目均可根据投标施工组织设计自主报价。

六、其他项目计价表

1. 其他项目清单与计价汇总表(表-12)

其他项目清单与计价汇总表

工程名称:　　　　　　　　　　标段:　　　　　　　　　　第 页共 页

序号	项目名称	金额/元	结算金额/元	备注
1	暂列金额			明细详见表-12-1
2	暂估价			
2.1	材料(工程设备)暂估价/结算价	—		明细详见表-12-2
2.2	专业工程暂估价/结算价			明细详见表-12-3
3	计日工			明细详见表-12-4
4	总承包服务费			明细详见表-12-5
5	索赔与现场签证	—		明细详见表-12-6
	合　计			—

注:材料(工程设备)暂估单价计入清单项目综合单价,此处不汇总。

表-12

关键细节 6　《其他项目清单与计价汇总表》填写要点

编制招标工程量清单,应汇总"暂列金额"和"专业工程暂估价",以提供给投标人报价。

2. 暂列金额明细表(表-12-1)

暂列金额明细表

工程名称：　　　　　　　　　　　标段：　　　　　　　　　　第 页共 页

序号	项 目 名 称	计量单位	暂定金额/元	备 注
1				
2				
3				
4				
5				
6				
7				
8				
9				
10				
11				
合　计				—

注：此表由招标人填写，如不能详列，也可只列暂定金额总额，投标人应将上述暂列金额计入投标总价中。

表-12-1

关键细节 7 《暂列金额明细表》填写要点

暂列金额在实际履约过程中可能发生，也可能不发生。本表要求招标人能将暂列金额与拟用项目列出明细，但如确实不能详列也可只列暂定金额总额，投标人应将上述暂列金额计入投标总价中。

3. 材料(工程设备)暂估单价及调整表(表-12-2)

材料(工程设备)暂估单价及调整表

工程名称：　　　　　　　　　　　标段：　　　　　　　　　　第 页共 页

序号	材料(工程设备)名称、规格、型号	计量单位	数量		暂估/元		确认/元		差额/元		备注
			暂估	确认	单价	合价	单价	合价	单价	合价	
合　计											

注：此表由招标人填写"暂估单价"，并在备注栏说明暂估单价的材料、工程设备拟用在哪些清单项目上，投标人应将上述材料、工程设备暂估单价计入工程量清单综合单价报价中。

表-12-2

关键细节 8 《材料(工程设备)暂估单价及调整表》填写要点

暂估价是在招标阶段预见肯定要发生,只是因为标准不明确或者需要由专业承包人完成,暂时无法确定材料、工程设备的具体价格而采用的一种临时性计价方式。暂估价的材料、工程设备数量应在表内填写,拟用项目应在本表备注栏给予补充说明。

"13 计价规范"要求招标人针对每一类暂估价给出相应的拟用项目,即按照材料、工程设备的名称分别给出,这样的材料、工程设备暂估价能够纳入到清单项目的综合单价中。

4. 专业工程暂估价及结算价表(表-12-3)

专业工程暂估价及结算价表

工程名称:　　　　　　　　　　标段:　　　　　　　　　第　页共　页

序号	工程名称	工程内容	暂估金额/元	结算金额/元	差额±/元	备注
	合　计					

注:此表"暂估金额"由招标人填写,投标人应将"暂估金额"计入投标总价中。结算时按合同约定结算金额填写。

表-12-3

关键细节 9 《专业工程暂估价及结算价表》填写要点

专业工程暂估价应在表内填写工程名称、工程内容、暂估金额,投标人应将上述金额计入投标总价中。专业工程暂估价项目及其表中列明的专业工程暂估价,是指分包人实施专业工程的含税金后的完整价,除了合同约定的发包人应承担的总包管理、协调、配合和服务责任所对应的总承包服务费以外,承包人为履行其总包管理、配合、协调和服务所需产生的费用应该包括在投标报价中。

5. 计日工表(表-12-4)

计日工表

工程名称：　　　　　　　　　　标段：　　　　　　　　　　第　页 共　页

编号	项目名称	单位	暂定数量	实际数量	综合单价 /元	合价/元	
						暂定	实际
一	人工						
1							
2							
3							
4							
	人工小计						
二	材料						
1							
2							
3							
4							
5							
	材料小计						
三	施工机械						
1							
2							
3							
4							
	施工机械小计						
四、企业管理费和利润							
	总　计						

注：此表项目名称、暂定数量由招标人填写，编制招标控制价时，单价由招标人按有关规定确定；投标时，单价由投标人自主确定，按暂定数量计算合价计入投标总价中；结算时，按发承包双方确定的实际数量计算合价。

表-12-4

关键细节 10 《计日工表》填写要点

编制工程量清单时，"项目名称"、"单位"、"暂定数量"由招标人填写。

6. 总承包服务费计价表(表-12-5)

总承包服务费计价表

工程名称：　　　　　　　　　　　　标段：　　　　　　　　　　第　页共　页

序号	项目名称	项目价值/元	服务内容	计算基础	费率/(%)	金额/元
1	发包人发包专业工程					
2	发包人提供材料					
	合　计	—	—		—	

注:此表项目名称、服务内容由招标人填写,编制招标控制价时,费率及金额由招标人按有关计价规定确定;投标时,费率及金额由投标人自主报价,计入投标总价中。

表-12-5

⌂ 关键细节 11 《总承包服务费计价表》填写要点

编制招标工程量清单时,招标人应将拟定进行专业分包的专业工程、自行采购的材料设备等决定清楚,填写项目名称、服务内容,以便投标人决定报价。

七、规费、税金项目计价表(表-13)

规费、税金项目计价表

工程名称：　　　　　　　　　　　　标段：　　　　　　　　　　第　页共　页

序号	项目名称	计算基础	计算基数	计算费率/(%)	金额/元
1	规费	定额人工费			
1.1	社会保险费	定额人工费			
(1)	养老保险费	定额人工费			
(2)	失业保险费	定额人工费			
(3)	医疗保险费	定额人工费			
(4)	工伤保险费	定额人工费			
(5)	生育保险费	定额人工费			
1.2	住房公积金	定额人工费			
1.3	工程排污费	按工程所在地环境保护部门收取标准,按实计入			
2	税金	分部分项工程费+措施项目费+其他项目费+规费一按规定不计税的工程设备金额			
	合　计				

编制人(造价人员)：　　　　　　　　　　　　复核人(造价工程师)：

表-13

关键细节 12 《规费、税金项目计价表》填写要点

本表按住房和城乡建设部、财政部印发的《建筑安装工程费用项目组成》(建标[2013]44号)列举的规费项目列项,在施工实践中,有的规费项目,如工程排污费,并非每个工程所在地都要征收,实践中可作为按实计算的费用处理。

八、主要材料、工程设备一览表

1. 发包人提供材料和工程设备一览表(表-20)

发包人提供材料和工程设备一览表

工程名称:　　　　　　　　　　　　标段:　　　　　　　　　　　第　页　共　页

序号	材料(工程设备)名称、规格、型号	单位	数量	单价/元	交货方式	送达地点	备注

注:此表由招标人填写,供投标人在投标报价、确定总承包服务费时参考。

表-20

2. 承包人提供主要材料和工程设备一览表(适用于造价信息差额调整法)(表-21)

承包人提供主要材料和工程设备一览表

(适用于造价信息差额调整法)

工程名称:　　　　　　　　　　　　标段:　　　　　　　　　　　第　页　共　页

序号	名称、规格、型号	单位	数量	风险系数/(%)	基准单价/元	投标单价/元	发承包人确认单价/元	备注

注:1. 此表由招标人填写除"投标单价"栏的内容,投标人在投标时自主确定投标单价。

　　2. 招标人应优先采用工程造价管理机构发布的单价作为基准单价,未发布的,通过市场调查确定其基准单价。

表-21

3. 承包人提供主要材料和工程设备一览表(适用于价格指数差额调整法)(表-22)

承包人提供主要材料和工程设备一览表

（适用于价格指数差额调整法）

工程名称：　　　　　　　　　　　　标段：　　　　　　　　　　　第　页共　页

序号	名称、规格、型号	变值权重 B	基本价格指数 F_0	现行价格指数 F_t	备注
	定值权重 A		—	—	
	合　计	1	—	—	

注：1. "名称、规格、型号"、"基本价格指数"栏由招标人填写,基本价格指数应首先采用工程造价管理机构发布的价格指数,没有时,可采用发布的价格代替。如人工、机械费也采用本法调整,由招标人在"名称"栏填写。

　　2. "变值权重"栏由投标人根据该项人工、机械费和材料、工程设备价值在投标总报价中所占比例填写,1减去其比例为定值权重。

　　3. "现行价格指数"按约定付款证书相关周期最后一天的前 42 天的各项价格指数填写,该指数应首先采用工程造价管理机构发布的价格指数,没有时,可采用发布的价格代替。

表-22

第四节　工程量清单编制实例

**　某办公楼通风空调安装　工程**

招标工程量清单

招　标　人：　　×××　　

（单位盖章）

造价咨询人：　　×××　　

（单位盖章）

2013 年××月××日

招标工程量清单扉页

某办公楼通风空调安装 工程

招标工程量清单

招　标　人：　　×××　　　　　　造价咨询人：　　×××　　　
　　　　　　　（单位盖章）　　　　　　　　　　　（单位资质专用章）

法定代表人　　　　　　　　　　　法定代表人
或其授权人：　　×××　　　　　　或其授权人：　　×××　　　
　　　　　　　（签字或盖章）　　　　　　　　　　（签字或盖章）

编　制　人：　　×××　　　　　　复　核　人：　　×××　　　
　　（造价人员签字盖专用章）　　　　　（造价工程师签字盖专用章）

编制时间:2013年××月××日　　　复核时间:2013年××月××日

扉-1

总说明

工程名称:某办公楼通风空调安装工程　　　　　　　　　第　页共　页

1. 工程批准文号。
2. 建设规模。
3. 计划工期。
4. 资金来源。
5. 施工现场特点。
6. 主要技术特征和参数。
7. 工程量清单编制依据。
8. 其他。

表-01

分部分项工程和单价措施项目清单与计价表

工程名称:某办公楼通风空调安装工程　　　　　标段:　　　　　　　　

序号	项目编码	项目名称	项目特征描述	计量单位	工程量	综合单价	合价	其中:暂估价
						金额/元		
	030701 通风及空调设备及部件制作安装							
1	030701003001	空调器	恒温恒湿机,质量 350kg,型 号 YSL-DHS-225,外形尺寸 1200mm× 1100mm×1900mm,橡胶隔振垫($\delta20$),落地安装	台	1			
2	030701006001	密闭门	钢密闭门,型号 T704-71,外形尺寸 1200mm×2000mm	个	4			
	030702 通风管道制作安装							
3	030702001001	碳钢通风管道	矩形镀锌薄钢板通风管道,尺寸 200mm×200mm,板材厚度 $\delta0.75$,法兰咬口连接	m²	123.87			
4	030702001002	碳钢通风管道	矩形镀锌薄钢板通风管道,尺寸 400mm×600mm,板材厚度 $\delta1.0$,法兰咬口连接	m²	87.03			
5	030702001003	碳钢通风管道	矩形镀锌薄钢板通风管道,尺寸 1200mm×800mm,板材厚度 $\delta1.0$,法兰咬口连接	m²	206.95			
6	030702001004	碳钢通风管道	矩形镀锌薄钢板通风管道,尺寸 1500mm×1200mm,板材厚度 $\delta1.2$,法兰咬口连接	m²	328.36			
7	030702009001	弯头导流叶片	单片式镀锌薄钢板导流叶片,规格 0.35m²,$\delta0.75$	m²	3.15			
	030703 通风管道部件制作安装							
8	030703019001	柔性接口	帆布软管软接口,规格 1000mm × 300mm,$L=240$mm	m²	1.58			

续表

序号	项目编码	项目名称	项目特征描述	计量单位	工程量	金额/元		
						综合单价	合价	其中：暂估价
9	030703001001	碳钢阀门	对开多叶调节阀,规格1000mm×300mm,L=210mm	个	2			
10	030703003001	铝碟阀	保温手柄铝碟阀,规格320mm×200mm	个	1			
11	030703003002	铝碟阀	保温手柄铝碟阀,规格320mm×320mm	个	2			
12	030703003003	铝碟阀	保温手柄铝碟阀,规格400mm×400mm	个	3			
13	030703011001	铝及铝合金风口、散流器	铝合金方形散流器,规格450mm×450mm	个	2			
14	030703020001	消声器	片式消声器,型号ZP-200(320mm×320mm)	个	1			
		030704 通风工程检测、调试						
15	030704001001	通风工程检测、调试	通风系统	系统	1			
16	030704002001	风管漏光试验、漏风试验	矩形风管漏光试验、漏风试验	m²	746.21			
		031301 专业措施项目						
17	031301017001	脚手架搭拆	综合脚手架,风管的安装	m²	357.39			
		合　计						

表-08

总价措施项目清单与计价表

工程名称:某办公楼通风空调安装工程　　　　标段:　　　　　　　第　页共　页

序号	项目编码	项目名称	计算基础	费率/%	金额/元	调整费率/%	调整后金额/元	备注
1	031302001001	安全文明施工费						
2	031302002001	夜间施工增加费						
3	031302004001	二次搬运费						
4	031302005001	冬雨季施工增加费						
5	031302006001	已完工程及设备保护费						
		合　计						

编制人(造价人员):　　　　　　　　　　　复核人(造价工程师):

表-11

其他项目清单与计价汇总表

工程名称:某办公楼通风空调安装工程　　　　　　标段:　　　　　　　　　第 页共 页

序号	项目名称	金额/元	结算金额/元	备注
1	暂列金额			明细详见表-12-1
2	暂估价			
2.1	材料(工程设备)暂估价/结算价	—		明细详见表-12-2
2.2	专业工程暂估价/结算价			明细详见表-12-3
3	计日工			明细详见表-12-4
4	总承包服务费			明细详见表-12-5
5	索赔与现场签证	—		明细详见表-12-6
	合　计			—

表-12

暂列金额明细表

工程名称:某办公楼通风空调安装工程　　　　　　标段:　　　　　　　　　第 页共 页

序号	项目名称	计量单位	暂定金额/元	备注
1	政策性调整和材料价格风险	项	20000.00	
2	其他	项	3000.00	
3				
	合计		3000.00	—

表-12-1

材料(工程设备)暂估单价及调整表

工程名称:某办公楼通风空调安装工程　　　　　　标段:　　　　　　　　　第 页共 页

序号	材料(工程设备)名称、规格、型号	计量单位	数量		暂估/元		确认/元		差额/元		备注
			暂估	确认	单价	合价	单价	合价	单价	合价	
1	空调器	台	1		8000.00	8000.00					拟用于空调器安装项目
	合　计					8000.00					

表-12-2

计日工表

工程名称:某办公楼通风空调安装工程　　　　　　标段:　　　　　　　　　第　页　共　页

编号	项目名称	单位	暂定数量	实际数量	综合单价/元	合价/元	
						暂定	实际
一	人工						
1	通风工		35				
2	其他技工		50				
3							
4							
	人工小计						
二	材料						
1	氧气	m³	20				
2	乙炔	kg	35				
3							
	材料小计						
三	施工机械						
1	汽车起重机 8t	台班	30				
2	载重汽车 8t	台班	40				
3							
	施工机械小计						
四、企业管理费和利润							
	总计						

表-12-4

总承包服务费计价表

工程名称:某办公楼通风空调安装工程　　　　　　标段:　　　　　　　　　第　页　共　页

序号	项目名称	项目价值/元	服务内容	计算基础	费率/(%)	金额/元
1	发包人提供材料	16000.00	对发包人供应的材料进行验收保管及使用发放			
	合计	—		—		—

表-12-5

规费、税金项目计价表

工程名称:某办公楼通风空调安装工程　　　　　　标段:　　　　　　　　第　页 共　页

序号	项目名称	计算基础	计算基数	计算费率/(%)	金额/元
1	规费	定额人工费			
1.1	社会保险费	定额人工费			
(1)	养老保险费	定额人工费			
(2)	失业保险费	定额人工费			
(3)	医疗保险费	定额人工费			
(4)	工伤保险费	定额人工费			
(5)	生育保险费	定额人工费			
1.2	住房公积金	定额人工费			
1.3	工程排污费	按工程所在地环境保护部门收取标准,按实计入			
2	税金	分部分项工程费＋措施项目费＋其他项目费＋规费－按规定不计税的工程设备金额			
合计					

编制人(造价人员):　　　　　　　复核人(造价工程师):

表-13

发包人提供材料和工程设备一览表

工程名称:某办公楼通风空调安装工程　　　　　　标段:　　　　　　　　第　页 共　页

序号	材料(工程设备)名称、规格、型号	单位	数量	单价/元	交货方式	送达地点	备注
1	空调器	台	2	8000.00		工地仓库	

表-20

承包人提供主要材料和工程设备一览表
（适用于造价信息差额调整法）

工程名称：某办公楼通风空调安装工程　　　　　标段：　　　　　　　第　页共　页

序号	名称、规格、型号	单位	数量	风险系数/(%)	基准单价/元	投标单价/元	发承包人确认单价/元	备注
1	镀锌薄钢板 $\delta 0.75$	t	5	≤5	6500			
2	镀锌薄钢板 $\delta 1.0$	t	12	≤5	6400			
3	镀锌薄钢板 $\delta 1.2$	t	6	≤5	6000			

表-21

第八章　通风空调工程量清单计价编制

第一节　工程量清单计价相关规定

一、计价方式

(1)使用国有资金投资的建设工程发承包,必须采用工程量清单计价。国有投资的资金包括国家融资资金、国有资金为主的投资资金。

1)国有资金投资的工程建设项目包括:

①使用各级财政预算资金的项目。

②使用纳入财政管理的各种政府性专项建设资金的项目。

③使用国有企事业单位自有资金,并且国有资产投资者实际拥有控制权的项目。

2)国家融资资金投资的工程建设项目包括:

①使用国家发行债券所筹资金的项目。

②使用国家对外借款或者担保所筹资金的项目。

③使用国家政策性贷款的项目。

④国家授权投资主体融资的项目。

⑤国家特许的融资项目。

3)国有资金为主的工程建设项目是指国有资金占投资总额50%以上,或虽不足50%但国有投资者实质上拥有控股权的工程建设项目。

(2)非国有资金投资的建设工程,"13计价规范"鼓励采用工程量清单计价方式,但是否采用,由项目业主自主确定。

(3)不采用工程量清单计价的建设工程,应执行"13计价规范"中除工程量清单等专门性规定外的其他规定。

(4)实行工程量清单计价应采用综合单价法,不论分部分项工程项目、措施项目、其他项目,还是以单价形式或以总价形式表现的项目,其综合单价的组成内容均包括完成该项目所需的、除规费和税金以外的所有费用。

(5)根据《中华人民共和国安全生产法》、《中华人民共和国建筑法》、《建设工程安全生产管理条例》、《安全生产许可证条例》等法律、法规的规定,原建设部办公厅印发了《建筑工程安全防护、文明施工措施费及使用管理规定》(建办[2005]89号),将安全文明施工费纳入国家强制性标准管理范围,其费用标准不予竞争,并规定"投标方安全防护、文明施工措施的报价,不得低于依据工程所在地工程造价管理机构测定费率计算所需费用总额的90%"。2012年2月14日,财政部、国家安全生产监督管理总局印发《企业安全生产费用提取和使用管理办法》(财企[2012]16号)规定:"建设工程施工企业提取的安全费用列入工程造价,在竞标时,不得删减,列入标外管理"。

"13 计价规范"规定措施项目清单中的安全文明施工费必须按国家或省级、行业建设主管部门的规定费用标准计算,招标人不得要求投标人对该项费用进行优惠,投标人也不得将该项费用参与市场竞争。此处的安全文明施工费包括《建筑安装工程费用项目组成》(建标[2013]44 号)中措施费的文明施工费、环境保护费、临时设施费、安全施工费。

(6)根据《建筑安装工程费用项目组成》(建标[2013]44 号)的规定,规费是政府和有关权力部门规定必须缴纳的费用;税金是国家按照税法预先规定的标准,强制地、无偿地要求纳税人缴纳的费用。它们都是工程造价的组成部分,但是其费用内容和计取标准都不是发、承包人能自主确定的,更不是由市场竞争决定的。因而,"13 计价规范"规定:"规费和税金必须按国家或省级、行业建设主管部门的规定计算,不得作为竞争性费用。"

二、发包人提供材料和机械设备

(1)《建设工程质量管理条例》第 14 条规定:"按照合同约定,由建设单位采购建筑材料、建筑构配件和设备的,建设单位应当保证建筑材料、建筑构配件和设备符合设计文件和合同要求"。《中华人民共和国合同法》第 283 条规定:"发包人未按照约定的时间和要求提供原材料、设备、场地、资金、技术资料的,承包人可以顺延工程日期,并有权要求赔偿停工、窝工等损失"。"13 计价规范"根据上述法律条文对发包人提供材料和机械设备的情况进行了以下约定:

(1)发包人提供的材料和工程设备(以下简称甲供材料)应在招标文件中按照规定填写《发包人提供材料和工程设备一览表》,写明甲供材料的名称、规格、数量、单价、交货方式、交货地点等。承包人投标时,甲供材料价格应计入相应项目的综合单价中,签约后,发包人应按合同约定扣除甲供材料款,不予支付。

(2)承包人应根据合同工程进度计划的安排,向发包人提交甲供材料交货的日期计划,发包人应按计划提供。

(3)发包人提供的甲供材料如规格、数量或质量不符合合同要求,或由于发包人原因发生交货日期延误、交货地点及交货方式变更等情况,发包人应承担由此增加的费用和(或)工期延误,并应向承包人支付合理利润。

(4)发承包双方对甲供材料的数量发生争议不能达成一致的,应按照相关工程的计价定额同类项目规定的材料消耗量计算。

(5)若发包人要求承包人采购已在招标文件中确定为甲供材料的,材料价格应由发承包双方根据市场调查确定,并应另行签订补充协议。

三、承包人提供材料和工程设备

《建设工程质量管理条例》第 29 条规定:"施工单位必须按照工程设计要求、施工技术标准和合同约定,对建筑材料、建筑构配件、设备和商品混凝土进行检验,检验应当有书面记录和专人签字;未经检验或者检验不合格的,不得使用"。"13 计价规范"根据此法律条文对承包人提供材料和机械设备的情况进行了以下约定:

(1)除合同约定的发包人提供的甲供材料外,合同工程所需的材料和工程设备应由承包人提供,承包人提供的材料和工程设备均应由承包人负责采购、运输和保管。

(2)承包人应按合同约定将采购材料和工程设备的供货人及品种、规格、数量和供货时间等提交发包人确认,并负责提供材料和工程设备的质量证明文件,满足合同约定的质量标准。

(3)对承包人提供的材料和工程设备经检测不符合合同约定的质量标准,发包人应立即要求承包人更换,由此增加的费用和(或)工期延误应由承包人承担。对发包人要求检测承包人已具有合格证明的材料、工程设备,但经检测证明该项材料、工程设备符合合同约定的质量标准,发包人应承担由此增加的费用和(或)工期延误,并向承包人支付合理利润。

四、计价风险

(1)建设工程发承包,必须在招标文件、合同中明确计价中的风险内容及其范围,不得采用无限风险、所有风险或类似语句规定计价中的风险内容及范围。

风险是一种客观存在的、会带来损失的、不确定的状态。它具有客观性、损失性、不确定性的特点,并且风险始终是与损失相联系的。工程施工发包是一种期货交易行为,工程建设本身又具有单件性和建设周期长的特点。在工程施工过程中,影响工程施工及工程造价的风险因素很多,但并非所有的风险都是承包人能预测、能控制和应承担其造成损失的。

工程施工招标发包是工程建设交易方式之一,一个成熟的建设市场应是一个体现交易公平性的市场。在工程建设施工发包中实行风险共担和合理分摊原则是实现建设市场交易公平性的具体体现,是维护建设市场正常秩序的措施之一。其具体体现则是应在招标文件或合同中对发、承包双方各自应承担的风险内容,以及其风险范围或幅度进行界定和明确,而不能要求承包人承担所有风险或无限度风险。

根据我国工程建设特点,投标人应完全承担的风险是技术风险和管理风险,如管理费和利润;应有限度承担的是市场风险,如材料价格、施工机械使用费等的风险;应完全不承担的是法律、法规、规章和政策变化的风险。

(2)由于下列因素出现,影响合同价款调整的,应由发包人承担:

1)由于国家法律、法规、规章或有关政策出台导致工程税金、规费等发生变化的。

2)根据我国目前工程建设的实际情况,各省、自治区、直辖市建设行政主管部门均根据当地人力资源和社会保障行政主管部门的有关规定发布人工成本信息或人工费调整,对此关系职工切身利益的人工费进行调整的,但承包人对人工费或人工单价的报价高于发布的除外。

3)按照《中华人民共和国合同法》第63条规定:"执行政府定价或者政府指导价的,在合同约定的交付期限内价格调整时,按照交付的价格计价。逾期交付标的物的,遇价格上涨时,按照原价格执行;价格下降时,按照新价格执行;逾期提取标的物或者逾期付款的,遇价格上涨时,按照新价格执行;价格下降时,按照原价格执行"。因此,对政府定价或政府指导价管理的原材料价格按照相关文件规定进行合同价款调整。

因承包人原因导致工期延误的,应按本书第九章第三节中"四、建设工程合同价款调整"中"法律法规变化"和"物价变化"中的有关规定进行处理。

(3)对于主要由市场价格波动导致的价格风险,如工程造价中的建筑材料、燃料等价格风险,应由发承包双方合理分摊,并按规定填写《承包人提供主要材料和工程设备一览表》作为合同附件;当合同中没有约定,发承包双方发生争议时,应按"13计价规范"的相关规定调整合同价款。

"13计价规范"中提出承包人所承担的材料价格的风险宜控制在5%以内,施工机械使用费的风险可控制在10%以内,超过者予以调整。

(4)由于承包人使用机械设备、施工技术以及组织管理水平等自身原因造成施工费用增加的,应由承包人全部承担。

(5)当不可抗力发生,影响合同价款时,应按本书第九章第三节中"四、建设工程合同价款调整"中"不可抗力"的相关规定处理。

第二节　招标控制价编制

一、一般规定

招标控制价是招标人根据国家或省级、行业建设主管部门颁发的有关计价依据和办法,按设计施工图纸计算的,对招标工程限定的最高工程造价。国有资金投资的工程建设项目必须实行工程量清单招标,并必须编制招标控制价。

1. 招标控制价的作用

(1)我国对国有资金投资的项目投资控制实行的是投资概算审批制度,国有资金投资的工程原则上不能超过批准的投资概算。因此,在工程招标发包时,当编制的招标控制价超过批准的概算,招标人应当将其报原概算审批部门重新审核。

(2)国有资金投资的工程进行招标,根据《中华人民共和国招标投标法》的规定,招标人可以设标底。当招标人不设标底时,为有利于客观、合理的评审投标报价和避免哄抬标价,造成国有资产流失,招标人必须编制招标控制价。

(3)国有资金投资的工程,招标人编制并公布的招标控制价相当于招标人的采购预算,同时要求其不能超过批准的概算,因此,招标控制价是招标人在工程招标时能接受投标人报价的最高限价。

2. 招标控制价的编制人员

招标控制价应由具有编制能力的招标人编制,当招标人不具有编制招标控制价的能力时,可委托具有相应资质的工程造价咨询人编制。工程造价咨询人接受招标人委托编制招标控制价,不得再就同一工程接受投标人委托编制投标报价。

所谓具有相应工程造价咨询资质的工程造价咨询人是指根据《工程造价咨询企业管理办法》(建设部令第149号)的规定,依法取得工程造价咨询企业资质,并在其资质许可的范围内接受招标人的委托,编制招标控制价的工程造价咨询企业。即取得甲级工程造价咨询资质的咨询人可承担各类建设项目的招标控制价编制;取得乙级(包括乙级暂定)工程造价咨询资质的咨询人,则只能承担5000万元以下的招标控制价的编制。

3. 其他规定

(1)招标控制价的作用决定了招标控制价不同于标底,无须保密。为体现招标的公平、公正,防止招标人有意抬高或压低工程造价,招标人应在招标文件中如实公布招标控制价,不得对所编制的招标控制价进行上浮或下调。招标人在招标文件中公布招标控制价时,应公布招标控制价各组成部分的详细内容,不得只公布招标控制价总价。

(2)招标人应将招标控制价及有关资料报送工程所在地或有该工程管辖权的行业管理部门工程造价管理机构备查。

二、招标控制价编制方法

(1)综合单价中应包括招标文件中划分的应由投标人承担的风险范围及其费用。招标文件中没有明确的,若是工程造价咨询人编制,应提请招标人明确;若是招标人编制,应予以明确。

(2)分部分项工程和措施项目中的单价项目,应根据拟定的招标文件和招标工程量清单项目中的特征描述及有关要求确定综合单价计算。招标文件中提供了暂估单价的材料,按暂估单价计入综合单价。

(3)措施项目中的总价项目应根据拟定的招标文件和常规施工方案采用综合单价计价。措施项目中的安全文明施工费必须按国家或省级、行业建设主管部门的规定计算,不得作为竞争性费用。

(4)其他项目费应按下列规定计价:

1)暂列金额。暂列金额应按招标工程量清单中列出的金额填写。

2)暂估价。暂估价包括材料暂估单价、工程设备暂估单价和专业工程暂估价。暂估价中的材料、工程设备单价应根据招标工程量清单列出的单价计入综合单价。

3)计日工。计日工包括计日工人工、材料和施工机械。在编制招标控制价时,对计日工中的人工单价和施工机械台班单价应按省级、行业建设主管部门或其授权的工程造价管理机构公布的单价计算;材料应按工程造价管理机构发布的工程造价信息中的材料单价计算,工程造价信息未发布材料单价的材料,其价格应按市场调查确定的单价计算。

4)总承包服务费。招标人编制招标控制价时,总承包服务费应根据招标文件中列出的内容和向总承包人提出的要求,按照省级或行业建设主管部门的规定或参照下列标准计算:

①招标人仅要求对分包的专业工程进行总承包管理和协调时,按分包的专业工程估算造价的 1.5% 计算。

②招标人要求对分包的专业工程进行总承包管理和协调,并同时要求提供配合服务时,根据招标文件中列出的配合服务内容和提出的要求,按分包的专业工程估算造价的 3%~5% 计算。

③招标人自行供应材料的,按招标人供应材料价值的 1% 计算。

(5)招标控制价的规费和税金必须按国家或省级、行业建设主管部门的规定计算。

三、招标控制价编制表格

1. 招标控制价封面(封-2)

_____工程

招标控制价

招 标 人:_____

(单位盖章)

造价咨询人:_____

(单位盖章)

年　　　月　　　日

封-2

关键细节 1 《招标控制价封面》填写要点

　　招标控制价封面应填写招标工程项目的具体名称,招标人应盖单位公章,如委托工程造价咨询人编制,还应加盖工程造价咨询人所在单位公章。

2. 招标控制价扉页(扉-2)

    _____ 工程

招标控制价

招标控制价(小写):_____

       (大写):_____

招 标 人:_____   造价咨询人:_____

       (单位盖章)   (单位资质专用章)

法定代表人   法定代表人

或其授权人:_____   或其授权人:_____

       (签字或盖章)   (签字或盖章)

编 制 人:_____   复 核 人:_____

  (造价人员签字盖专用章)   (造价工程师签字盖专用章)

编制时间: 年 月 日   复核时间: 年 月 日

扉-2

🏠**关键细节 2** 《招标控制价扉页》填写要点

(1)本扉页由招标人或招标人委托的工程造价咨询人编制招标控制价时填写。

(2)招标人自行编制招标控制价的,编制人员必须是在招标人单位注册的造价人员,由招标人盖单位公章,法定代表人或其授权人签字或盖章;当编制人是注册造价工程师时,由其签字盖执业专用章;当编制人是造价员时,由其在编制人栏签字盖专用章,并应由注册造价工程师复核,在复核人栏签字盖执业专用章。

(3)招标人委托工程造价咨询人编制招标控制价的,编制人员必须是在工程造价咨询人单位注册的造价人员。由工程造价咨询人盖单位资质专用章,法定代表人或其授权人签字或盖章;当编制人是注册造价工程师时,由其签字盖执业专用章;当编制人是造价员时,由其在编制人栏签字盖专用章,并应由注册造价工程师复核,在复核人栏签字盖执业专用章。

3. 工程计价总说明(表-01)

招标控制价总说明表格形式见第七章第三节中表-01。招标控制价中总说明应包括的内容有:①采用的计价依据;②采用的施工组织设计;③采用的材料价格来源;④综合单价中风险因素、风险范围(幅度);⑤其他等。

4. 工程计价汇总表

(1)建设项目招标控制价/投标报价汇总表(表-02)

建设项目招标控制价/投标报价汇总表

工程名称:　　　　　　　　　　　　　　　　　　　　　　　　　　第　页共　页

序号	单项工程名称	金额/元	其中:/元		
			暂估价	安全文明施工费	规费
	合　计				

注:本表适用于建设项目招标控制价或投标报价的汇总。

表-02

关键细节 3　《建设项目招标控制价/投标报价汇总表》填写要点

由于编制招标控制价和投标价包含的内容相同,只是对价格的处理不同,因此,招标控制价和投标报价汇总表使用同一表格。实践中,对招标控制价或投标报价可分别印制本表格。

(2)单项工程招标控制价/投标报价汇总表(表-03)

单项工程招标控制价/投标报价汇总表

工程名称:　　　　　　　　　　　　　　　　　　　　　　　　　　第　页共　页

序号	单位工程名称	金额/元	其　中		
			暂估价/元	安全文明施工费/元	规费/元
	合　　计				

注:本表适用于单项工程招标控制价或投标报价的汇总。暂估价包括分部分项工程中的暂估价和专业工程暂估价。

表-03

（3）单位工程招标控制价/投标报价汇总表（表-04）

单位工程招标控制价/投标报价汇总表

工程名称：　　　　　　　　　　　标段：　　　　　　　　　　第　页共　页

序号	汇 总 内 容	金额/元	其中:暂估价/元
1	分部分项工程		
1.1			
1.2			
1.3			
1.4			
1.5			
2	措施项目		—
2.1	其中:安全文明施工费		—
3	其他项目		—
3.1	其中:暂列金额		—
3.2	其中:专业工程暂估价		—
3.3	其中:计日工		—
3.4	其中:总承包服务费		—
4	规费		—
5	税金		—
招标控制价合计＝1＋2＋3＋4＋5			

注:本表适用于单位工程招标控制价或投标报价的汇总,如无单位工程划分,单项工程也使用本表汇总。

表-04

5. 分部分项工程和措施项目计价表

（1）分部分项工程和单价措施项目清单与计价表（表-08）。《分部分项工程和单价措施项目清单与计价表》的表格形式见第七章第三节中表-08。

🏠 **关键细节 4**　《分部分项工程和单价措施项目清单与计价表》填写要点

编制招标控制价时,使用表-08"综合单价"、"合计"以及"其中:暂估价"按"13 计价规范"的规定填写。

（2）综合单价分析表（表-09）。

综合单价分析表

工程名称：　　　　　　　　　　标段：　　　　　　　　　　　　第　页共　页

项目编码		项目名称		计量单位		工程量	
清单综合单价组成明细							

定额 编号	定额项目 名称	定额 单位	数量	单　价				合　价			
				人工费	材料费	机械费	管理费 和利润	人工费	材料费	机械费	管理 费和 利润
人工单价				小　计							
		元/工日		未计价材料费							
清单项目综合单价											

材料费明细	主要材料名称、规格、型号	单位	数量	单价 /元	合价 /元	暂估 单价 /元	暂估 合价 /元
	其他材料费			—		—	
	材料费小计			—		—	

注：1. 如不使用省级或行业建设主管部门发布的计价依据，可不填定额编号、名称等。

2. 招标文件提供了暂估单价的材料，按暂估的单价填入表内"暂估单价"栏及"暂估合价"栏。

表-09

🏠关键细节5　《综合单价分析表》填写要点

工程量清单综合单价分析表是评标委员会评审和判别综合单价组成和价格完整性、合理性的主要基础，对因工程变更、工程量偏差等原因调整综合单价也是必不可少的基础价格数据来源。采用经评审的最低投标价法评标时，本表的重要性更为突出。编制招标控制价，使用本表应填写使用的省级或行业建设主管部门发布的计价定额名称。

(3)总价措施项目清单与计价表(表-11)。《总价措施项目清单与计价表》表格形式参见第七章第三节中表-11。编制招标控制价时，计费基础、费率应按省级或行业建设主管部门的规定计取。

6. 其他项目计价表

(1)其他项目清单与计价汇总表(表-12)。《其他项目清单与计价汇总表》表格形式参见第七章第三节中表-12。编制招标控制价，应按有关计价规定估算"计日工"和"总承包服务费"。如招标工程量清单中未列"暂列金额"，应按有关规定编列。

(2)暂列金额明细表(表-12-1)。《暂列金额明细表》表格形式参见第七章第三节中表-12-1。

(3)材料(工程设备)暂估单价及调整表(表-12-2)。《材料(工程设备)暂估单价及调整表》表格形式参见第七章第三节中表-12-2。

(4)专业工程暂估价及结算价表(表-12-3)。《专业工程暂估价及结算价表》表格形式参见第七章第三节中表-12-3。

(5)计日工表(表-12-4)。《计日工表》表格形式参见第七章第三节中表-12-3。编制招标控制价时,人工、材料、机械台班单价由招标人按有关计价规定填写并计算合价。

(6)总承包服务费计价表(表-12-5)。《总承包服务费计价表》表格形式参见第七章第三节中表-12-5。编制招标控制价时,招标人按有关计价规定计价。

7. 规费、税金项目计价表(表-13)

《规费、税金项目计价表》表格形式参见第七章第三节中表-13。

8. 主要材料、工程设备一览表

(1)发包人提供材料和工程设备一览表(表-20)。《发包人提供材料和工程设备一览表》表格形式参见第七章第三节中表-20。

(2)承包人提供主要材料和工程设备一览表(适用于造价信息差额调整法)(表-21)。《承包人提供主要材料和工程设备一览表(适用于造价信息差额调整法)》表格形式参见第七章第三节中表-21。

(3)承包人提供主要材料和工程设备一览表(适用于价格指数差额调整法)(表-22)。《承包人提供主要材料和工程设备一览表(适用于价格指数差额调整法)》表格形式参见第七章第三节中表-22。

四、招标控制价编制实例

现以本书第七章第四节所示某办公楼通风空调安装工程招标工程量清单为例,简单介绍招标控制价编制方法如下。

_____某办公楼通风空调安装_____ 工程

招标控制价

招　标　人：_____×××_____
（单位盖章）

造价咨询人：_____×××_____
（单位盖章）

××年××月××日

某办公楼通风空调安装　　工程

招标控制价

招标控制价(小写)：　　　　　　222157.63

　　　　(大写)：　　贰拾贰万贰仟壹佰伍拾柒元陆角叁分

招　标　人：＿＿＿＿×××＿＿＿＿　　　　造价咨询人：＿＿＿×××＿＿＿

　　　　　　（单位盖章）　　　　　　　　　　　　　　（单位资质专用章）

法定代表人　　　　　　　　　　　　　法定代表人

或其授权人：＿＿＿×××＿＿＿　　　或其授权人：＿＿＿×××＿＿＿

　　　　（签字或盖章）　　　　　　　　　　　　（签字或盖章）

编　制　人：＿＿＿×××＿＿＿　　　复　核　人：＿＿×××＿＿＿

　　（造价人员签字盖专用章）　　　　　　（造价工程师签字盖专用章）

编　制　时　间：××年××月××日　　　复　核　时　间：××年××月××日

扉-2

总说明

工程名称：某办公楼通风空调安装工程　　　　　　　　　　　　　　第　页共　页

(1)采用的计价依据：

(2)采用的施工组织设计：

(3)综合单价中包含的风险因素,风险范围(幅度)：

(4)措施项目的依据：

(5)其他有关内容的说明：

表-01

建设项目招标控制价汇总表

工程名称:某办公楼通风空调安装工程 　　　　　　　　　　　第 页共 页

序号	单项工程名称	金额/元	其中:/元		
			暂估价	安全文明施工费	规费
1	某办公楼通风空调安装	222157.63	8000.00	8855.75	10095.56
	合计	222157.63	8000.00	8855.75	10095.56

表-02

单项工程招标控制价汇总表

工程名称:某办公楼通风空调安装工程 　　　　　　　　　　　第 页共 页

序号	单位工程名称	金额/元	其中:/元		
			暂估价	安全文明施工费	规费
1	某办公楼通风空调安装	222157.63	8000.00	8855.75	10095.56
	合计	222157.63	8000.00	8855.75	10095.56

表-03

单位工程招标控制价汇总表

工程名称:某办公楼通风空调安装工程 　　　　标段: 　　　　　　第 页共 页

序号	汇总内容	金额/元	其中:暂估价/元
1	分部分项工程	131456.82	
030701	通风及空调设备及部件制作安装	12679.79	8000.00
030702	通风管道制作安装	103207.81	
030703	通风管道部件制作安装	2526.00	
030704	通风工程检测、调试	13043.22	
2	措施项目	23154.08	
2.1	其中:安全文明施工费	8855.75	
3	其他项目	49810.00	
3.1	其中:暂列金额	23000.00	
3.2	其中:专业工程暂估价		
3.3	其中:计日工	26010.00	
3.4	其中:总承包服务费	800.00	
4	规费	10095.56	
5	税金	7641.16	
	招标控制价合计＝1＋2＋3＋4＋5	222157.63	8000.00

表-04

分部分项工程和单价措施项目清单与计价表

工程名称:某办公楼通风空调安装工程　　　　　　标段:　　　　　　　　　第　页共　页

序号	项目编码	项目名称	项目特征描述	计量单位	工程量	金额/元		
						综合单价	合价	其中:暂估价
		030701 通风及空调设备及部件制作安装						
1	030701003001	空调器	恒温恒湿机,质量350kg,型号 YSL-DHS-225,外形尺寸 1200mm×1100mm×1900mm,橡胶隔振垫(δ20),落地安装	台	1	9838.19	9838.19	8000.00
2	030701006001	密闭门	钢密闭门,型号 T704-71,外形尺寸 1200mm×2000mm	个	4	710.40	2841.60	
		030702 通风管道制作安装						
3	030702001001	碳钢通风管道	矩形镀锌薄钢板通风管道,尺寸 200mm×200mm,板材厚度δ0.75,法兰咬口连接	m²	123.87	128.44	15909.86	
4	030702001002	碳钢通风管道	矩形镀锌薄钢板通风管道,尺寸 400mm×600mm,板材厚度δ1.0,法兰咬口连接	m²	87.03	114.23	9941.44	
5	030702001003	碳钢通风管道	矩形镀锌薄钢板通风管道,尺寸 1200mm×800mm,板材厚度δ1.0,法兰咬口连接	m²	206.95	165.88	34328.87	
6	030702001004	碳钢通风管道	矩形镀锌薄钢板通风管道,尺寸 1500mm×1200mm,板材厚度δ1.2,法兰咬口连接	m²	328.36	130.22	42759.04	
7	030702009001	弯头导流叶片	单片式镀锌薄钢板导流叶片,规格 0.35m²,δ0.75	m²	3.15	85.27	268.60	
		030703 通风管道部件制作安装						
8	030703019001	柔性接口	帆布软管软接口,规格1000mm×300mm,L=240mm	m²	1.58	128.63	203.24	

续表

序号	项目编码	项目名称	项目特征描述	计量单位	工程量	金额/元		
						综合单价	合价	其中:暂估价
9	030703001001	碳钢阀门	对开多叶调节阀,规格1000mm×300mm,L=210mm	个	2	97.68	195.36	
10	030703003001	铝碟阀	保温手柄铝碟阀,规格320mm×200mm	个	1	70.21	70.21	
11	030703003002	铝碟阀	保温手柄铝碟阀,规格320mm×320mm	个	2	78.34	156.68	
12	030703003003	铝碟阀	保温手柄铝碟阀,规格400mm×400mm	个	3	100.22	300.66	
13	030703011001	铝及铝合金风口、散流器	铝合金方形散流器,规格450mm×450mm	个	2	367.26	734.52	
14	030703020001	消声器	片式消声器,型号ZP-200(320mm×320mm)	个	1	865.33	865.33	
		030704 通风工程检测、调试						
15	030704001001	通风工程检测、调试	通风系统	系统	1	8670.43	8670.43	
16	030704002001	风管漏光试验、漏风试验	矩形风管漏光试验、漏风试验	m²	746.21	5.86	4372.79	
		031301 专业措施项目						
17	031301017001	脚手架搭拆	综合脚手架,风管的安装	m²	357.39	28.64	10235.65	
	合　　计						141692.47	8000.00

表-08

总价措施项目清单与计价表

工程名称:某办公楼通风空调安装工程　　　　标段:　　　　　　　　　　第　页共　页

序号	项目编码	项目名称	计算基础	费率/(%)	金额/元	调整费率/(%)	调整后金额/元	备注
1	031302001001	安全文明施工	定额人工费	25	8855.75			
2	031302002001	夜间施工增加	定额人工费	2	7084.46			
3	031302004001	二次搬运费	定额人工费	1	354.23			
5	031302006001	已完工程及设备保护费			3000.00			
	合计				12918.44			

编制人(造价人员):×××　　　　　　　　　　复核人(造价工程师):×××

表-11

其他项目清单与计价汇总表

工程名称:某办公楼通风空调安装工程　　　　标段:　　　　　　　　第　页　共　页

序号	项目名称	金额/元	结算金额/元	备注
1	暂列金额	23000.00		明细详见表-12-1
2	暂估价			
2.1	材料(工程设备)暂估价/结算价	—		明细详见表-12-2
2.2	专业工程暂估价/结算价			
3	计日工	26010.00		明细详见表-12-4
4	总承包服务费	800.00		
5				
	合计	49810.00		

表-12

暂列金额明细表

工程名称:某办公楼通风空调安装工程　　　　标段:　　　　　　　　第　页　共　页

序号	项目名称	计量单位	暂定金额/元	备注
1	政策性调整和材料价格风险	项	20000.00	
2	其他	项	3000.00	
3				
	合　计		23000.00	—

表-12-1

材料(工程设备)暂估单价及调整表

工程名称:某办公楼通风空调安装工程　　　　标段:　　　　　　　　第　页　共　页

序号	材料(工程设备)名称、规格、型号	计量单位	数量 暂估	数量 确认	暂估/元 单价	暂估/元 合价	确认/元 单价	确认/元 合价	差额/元 单价	差额/元 合价	备注
1	空调器	台	1		8000.00	8000.00					拟用于空调器安装项目
	合　计					8000.00					

表-12-2

计日工表

工程名称:某办公楼通风空调安装工程　　　　　标段:　　　　　　　　　第　页共　页

编号	项目名称	单位	暂定数量	实际数量	综合单价/元	合价/元	
						暂定	实际
一	人工						
1	通风工		35		100.00	3500.00	
2	其他技工		50		90.00	4500.00	
3							
	人工小计					8000.00	
二	材料						
1	氧气	m³	20		80.00	1600.00	
2	乙炔	kg	35		46.00	1610.00	
3							
	材料小计					3210.00	
三	施工机械						
1	汽车起重机 8t	台班	30		200.00	6000.00	
2	载重汽车 8t	台班	40		180.00	7200.00	
3							
	施工机械小计					13200.00	
四、企业管理费和利润按人工费 20%计						1600.00	
	总计					26010.00	

表-12-4

总承包服务费计价表

工程名称:某办公楼通风空调安装工程　　　　　标段:　　　　　　　　　第　页共　页

序号	项目名称	项目价值/元	服务内容	计算基础	费率/(%)	金额/元
1	发包人提供材料	8000.00	对发包人供应的材料进行验收保管及使用发放	项目价值	1	800.00
	合计	—	—		—	80000.00

表-12-5

规费、税金项目计价表

工程名称:某办公楼通风空调安装工程　　　　　标段:　　　　　　　　第　页　共　页

序号	项目名称	计算基础	计算基数	计算费率/(%)	金额/元
1	规费	定额人工费			10095.56
1.1	社会保险费	定额人工费	(1)+(2)+(3)+ (4)+(5)		7970.18
(1)	养老保险费	定额人工费		14	4959.22
(2)	失业保险费	定额人工费		2	708.46
(3)	医疗保险费	定额人工费		6	2125.38
(4)	工伤保险费	定额人工费		0.25	88.56
(5)	生育保险费	定额人工费		0.25	88.56
1.2	住房公积金	定额人工费		6	2125.38
1.3	工程排污费	按工程所在地环境保护部 门收取标准,按实计入			
2	税金	分部分项工程费+措施项目 费+其他项目费+规费一按规 定不计税的工程设备金额		3.41	7641.16
	合　　计				17736.72

编制人:×××　　　　　　　　　复核人(造价工程师):×××

表-13

第三节　投标报价编制

一、一般规定

(1)投标报价应由投标人或受其委托具有相应资质的工程造价咨询人编制。

(2)投标报价中除"13 计价规范"中规定的规费、税金及措施项目清单中的安全文明施工费应按国家或省级、行业建设主管部门的规定计价,不得作为竞争性费用外,其他项目的投标报价由投标人自主决定。

(3)投标人的投标报价不得低于工程成本。《中华人民共和国反不正当竞争法》第十一条规定:"经营者不得以排挤竞争对手为目的,以低于成本的价格销售商品。"《中华人民共和国招标投标法》第四十一规定:"中标人的投标应当符合下列条件……(二)能够满足招标文件的实质性要求,并且经评审的投标价格最低;但是投标价格低于成本的除外。"《评标委员会和评标方法暂行规定》(国家计委等七部委第 12 号令)第二十一条规定:"在评标过程中,评标委员会发现投标人的报价明显低于其他投标报价或者在设有标底时明显低于标底的,使得其投标报价可能低于其个别成本的,应当要求该投标人做出书面说明并提供相关证明材料。投标人不能合理说明或者不能提供相关证明材料的,由评标委员会认定该投标人以低于成本报价竞标,其投标应作废标处理。"

(4)实行工程量清单招标,招标人在招标文件中提供工程量清单,其目的是使各投标人在投标报价中具有共同的竞争平台。因此,要求投标人必须按招标工程量清单填报价格,工程量清单的项目编码、项目名称、项目特征、计量单位、工程数量必须与招标人招标文件中提供的招标工程量清单一致。

(5)根据《中华人民共和国政府采购法》第三十六条规定:"在招标采购中,出现下列情形之一的,应予废标……(三)投标人的报价均超过了采购预算,采购人不能支付的"。《中华人民共和国招标投标法实施条例》第五十一条规定:"有下列情形之一者,评标委员会应当否决其投标:……(五)投标报价低于成本或者高于招标文件设定的最高投标限价"。对于国有资金投资的工程,其招标控制价相当于政府采购中的采购预算,且其定义就是最高投标限价,因此,投标人的投标报价不能高于招标控制价;否则应予废标。

二、投标报价编制方法

(1)综合单价中应考虑招标文件中要求投标人承担的风险内容及其范围(幅度)产生的风险费用,招标文件中没有明确的,应提请招标人明确。在施工过程中,当出现的风险内容及其范围(幅度)在合同约定的范围内时,合同价款不作调整。

(2)分部分项工程和措施项目中的单价项目,应根据招标文件和招标工程量清单项目中的特征描述确定综合单价。招标工程量清单的项目特征描述是确定分部分项工程和措施项目中的单价的重要依据之一,投标人投标报价时,应依据招标工程量清单项目的特征描述确定清单项目的综合单价。招标投标过程中,当出现招标工程量清单项目特征描述与设计图纸不符时,投标人应以招标工程量清单的项目特征描述为准,确定投标报价的综合单价。当施工中施工图纸或设计变更与招标工程量清单的项目特征描述不一致时,发、承包双方应按实际施工的项目特征,依据合同约定重新确定综合单价。

招标文件中提供了暂估单价的材料,应按暂估的单价计入综合单价;综合单价中应考虑招标文件中要求投标人承担的风险内容及其范围(幅度)产生的风险费用。在施工过程中,当出现的风险内容及其范围(幅度)在合同约定的范围内时,工程价款不做调整。

(3)投标人可根据工程实际情况并结合施工组织设计,对招标人所列的措施项目进行增补。由于各投标人拥有的施工装备、技术水平和采用的施工方法有所差异,招标人提出的措施项目清单是根据一般情况确定的,没有考虑不同投标人的"个性",投标人投标时,应根据自身编制的投标施工组织设计或施工方案确定措施项目,对招标人提供的措施项目进行调整。投标人根据投标施工组织设计或施工方案调整和确定的措施项目应通过评标委员会的评审。

措施项目中的总价项目应采用综合单价计价。其中,安全文明施工费应按国家或省级、行业建设主管部门的规定确定,且不得作为竞争性费用。

(4)其他项目应按下列规定报价:

1)暂列金额应按招标工程量清单中列出的金额填写,不得变动;

2)材料、工程设备暂估价应按招标工程量清单中列出的单价计入综合单价,不得变动和更改。

3)专业工程暂估价应按招标工程量清单中列出的金额填写,不得变动和更改。

4)计日工应按招标工程量清单中列出的项目和数量,自主确定综合单价并计算计日工金额。

5)总承包服务费应依据招标工程量清单中列出的专业工程暂估价内容和供应材料、设备情况,按照招标人提出协调、配合与服务要求和施工现场管理需要自主确定。

(5)规费和税金应按国家或省级、行业建设主管部门的规定计算,不得作为竞争性费用。规费和税金的计取标准是依据有关法律、法规和政策规定制定的,具有强制性。投标人是法律、法规和政策的执行者,不能改变,更不能制定,而必须按照法律、法规和政策的有关规定执行。

(6)招标工程量清单与计价表中列明的所有需要填写单价和合价的项目,投标人均应填写且只允许有一个报价。未填写单价和合价的项目,可视为此项费用已包含在已标价工程量清单中其他项目的单价和合价之中。当竣工结算时,此项目不得重新组价予以调整。

(7)实行工程量清单招标,投标人的投标总价应当与组成已标价工程量清单的分部分项工程费、措施项目费、其他项目费和规费、税金的合计金额相一致,即投标人在投标报价时,不能进行投标总价优惠(或降价、让利),投标人对招标人的任何优惠(或降价、让利)均应反映在相应清单项目的综合单价中。

三、投标报价编制表格

1. 投标总价封面(封-3)

_____工程

投标总价

投 标 人:_____
（单位盖章）

年 月 日

关键细节 6 《投标总价封面》填写要点

投标总价封面应填写投标工程项目的具体名称,投标人应盖单位公章。

2. 投标总价扉页(扉-3)

投 标 总 价

招 标 人:＿＿＿＿＿＿＿＿＿＿＿＿＿＿＿＿＿

工程名称:＿＿＿＿＿＿＿＿＿＿＿＿＿＿＿＿＿

投标总价(小写):＿＿＿＿＿＿＿＿＿＿＿＿＿＿＿

　　　　(大写):＿＿＿＿＿＿＿＿＿＿＿＿＿＿＿

投 标 人:＿＿＿＿＿＿＿＿＿＿＿＿＿＿＿＿＿

　　　　　　　　（单位盖章）

法定代表人

或其授权人:＿＿＿＿＿＿＿＿＿＿＿＿＿＿＿＿＿

　　　　　　　　（签字或盖章）

编 制 人:＿＿＿＿＿＿＿＿＿＿＿＿＿＿＿＿＿

　　　　　　　（造价人员签字盖专用章）

时　　　间:　　年　　月　　日

扉-3

关键细节 7 《投标总价扉页》填写要点

(1)本扉页由投标人编制投标报价时填写。

(2)投标人编制投标报价时,编制人员必须是在投标人单位注册的造价人员。由投标人盖单位公章,法定代表人或其授权人签字或盖章;编制的造价人员(造价工程师或造价员)签字盖执业专用章。

3. 工程计价总说明(表-01)

投标报价总说明表格形式见第七章第三节中表-01。投标报价总说明应包括的内容:①采用的计价依据;②采用的施工组织设计;③综合单价中包含的风险因素,风险范围(幅度);④措施项目的依据;⑤其他有关内容的说明等。

4. 工程计价汇总表

(1)建设项目招标控制价/投标报价汇总表(表-02)。《建设项目招标控制价/投标报价汇总表》表格形式参见本章第二节中表-02。

关键细节 8 《建设项目招标控制价/投标报价汇总表》填写要点

使用本表格编制投标报价时,汇总表中的投标总价与投标中标函中投标报价金额应当一致。如不一致时,以投标中标函中填写的大写金额为准。

(2)单项工程招标控制价/投标报价汇总表(表-03)。《单项工程招标控制价/投标报价汇总表》表格形式参见本章第二节中表-03。

(3)单位工程招标控制价/投标报价汇总表(表-04)。《单位工程招标控制价/投标报价汇总表》表格形式参见本章第二节中表-04。

5. 分部分项工程和措施项目计价表

(1)分部分项工程和单价措施项目清单与计价表(表-08)。《分部分项工程和单价措施项目清单与计价表》的表格形式见第七章第三节中表-08。

关键细节 9 《分部分项工程和单价措施项目清单与计价表》填写要点

编制投标报价时,投标人对表中的"项目编码"、"项目名称"、"项目特征"、"计量单位"、"工程量"均不应做改动。"综合单价"、"合价"自主决定填写,对其中的"暂估价"栏,投标人应将招标文件中提供了暂估材料单价的暂估价计入综合单价,并应计算出暂估单价的材料在"综合单价"及其"合价"中的具体数额,因此,为更详细反应暂估价情况,也可在表中增设一栏"综合单价"其中的"暂估价"。

(2)综合单价分析表(表-09)。《综合单价分析表》表格形式参见本章第二节中表-09。

关键细节 10 《综合单价分析表》填写要点

1)本表集中反映了构成每一个清单项目综合单价的各个价格要素的价格及主要的"工、料、机"消耗量。投标人在投标报价时,需要对每一个清单项目进行组价,为了使组价工作具有可追溯性(回复评标质疑时尤其需要),需要表明每一个数据的来源。

2)本表一般随投标文件一同提交,作为竞标价的工程量清单的组成部分,以便中标后,作为合同文件的附属文件。投标人须知中需要就分析表提交的方式作出规定,该规定需要考虑是否有必要对分析表的合同地位给予定义。

3)编制投标报价,使用本表可填写使用的企业定额名称,也可填写省级或行业建设主管部门发布的计价定额,如不使用则不填写。

(3)总价措施项目清单与计价表(表-11)。《总价措施项目清单与计价表》表格形式参见第七章第三节中表-11。编制投标报价时,除"安全文明施工费"必须按"13 计价规范"的强制性规定,按省级、行业建设主管部门的规定计取外,其他措施项目均可根据投标施工组织设计自主报价。

6. 其他项目计价表

(1)其他项目清单与计价汇总表(表-12)。《其他项目清单与计价汇总表》表格形式参见第七章第三节中表-12。编制投标报价,应按招标文件工程量清单提供的"暂列金额"和"专业工程暂估价"填写金额,不得变动。"计日工"、"总承包服务费"自主确定报价。

(2)暂列金额明细表(表-12-1)。《暂列金额明细表》表格形式参见第七章第三节中表-12-1。

(3)材料(工程设备)暂估单价及调整表(表-12-2)。《材料(工程设备)暂估单价及调整表》表格形式参见第七章第三节中表-12-2。

(4)专业工程暂估价及结算价表(表-12-3)。《专业工程暂估价及结算价表》表格形式参见第七章第三节中表-12-3。

(5)计日工表(表-12-4)。《计日工表》表格形式参见第七章第三节中表-12-4。编制投标报价时,人工、材料、机械台班单价由投标人自主确定,按已给暂估数量计算合价计入投标总价中。

(6)总承包服务费计价表(表-12-5)。《总承包服务费计价表》表格形式参见第七章第三节中表-12-5。编制投标报价时,由投标人根据工程量清单中的总承包服务内容,自主决定报价。

7. 规费、税金项目计价表(表-13)

《规费、税金项目计价表》表格形式参见第七章第三节中表-13。

8. 总价项目进度款支付分解表(表-16)

总价项目进度款支付分解表

工程名称:　　　　　　　　　　标段:　　　　　　　　　　　　单位:元

序号	项目名称	总价金额	首次支付	二次支付	三次支付	四次支付	五次支付	
	安全文明施工费							
	夜间施工增加费							
	二次搬运费							
	社会保险费							
	住房公积金							
	合　计							

编制人(造价人员):　　　　　　　　　　　　　　复核人(造价工程师):

注:1. 本表应由承包人在投标报价时根据发包人在招标文件明确进度款支付周期与报价填写,签订合同时,发承包双方可就支付分解协商调整后作为合同附件。

　　2. 单价合同使用本表,"支付"栏时间应与单价项目进度款支付周期相同。

　　3. 总价合同使用本表,"支付"栏时间应与约定的工程计量周期相同。

表-16

9. 主要材料、工程设备一览表

（1）发包人提供材料和工程设备一览表（表-20）。《发包人提供材料和工程设备一览表》表格形式参见第七章第三节中表-20。

（2）承包人提供主要材料和工程设备一览表（适用于造价信息差额调整法）（表-21）。《承包人提供主要材料和工程设备一览表（适用于造价信息差额调整法）》表格形式参见第七章第三节中表-21。

（3）承包人提供主要材料和工程设备一览表（适用于价格指数差额调整法）（表-22）。《承包人提供主要材料和工程设备一览表（适用于价格指数差额调整法）》表格形式参见第七章第三节中表-22。

四、投标报价编制实例

现以本书第七章第四节所示某办公楼通风空调安装工程招标工程量清单为例，简单介绍投标报价编制方法如下。

<u>　　某办公楼通风空调安装　</u>　工程

投　标　总　价

投　标　人：<u>　×××　</u>
　　　　　　　　（单位盖章）

×× 年 ×× 月 ×× 日

投 标 总 价

招 标 人：_____×××_____

工程名称：_____某办公楼通风空调安装_____

投标总价(小写)：_____214444.27_____

(大写)：_____贰拾壹万肆仟肆佰肆拾肆元贰角柒分_____

投 标 人：_____×××_____

(单位盖章)

法定代表人
或其授权人：_____×××_____

(签字或盖章)

编 制 人：_____×××_____

(造价人员签字盖专用章)

时 间：××年××月××日

总　说　明

工程名称:某办公楼通风空调安装工程　　　　　　　　　　　　第　页共　页

1. 编制依据:
(1)建设方提供的工程施工图、《某办公楼通风空调安装工程投标邀请书》、《投标须知》、《某办公楼通风空调安装工程招标答疑》等一系列招标文件。
(2)××市建设工程造价管理站××××年第×期发布的材料价格,并参照市场价格。
2. 报价需要说明的问题:
(1)该工程因无特殊要求,故采用一般施工方法。
(2)因考虑到市场材料价格近期波动不大,故主要材料价格在××市建设工程造价管理站××××年第×期发布的材料价格基础上下浮 3%。
(3)综合公司经济现状及竞争力,公司所报费率如下:(略)
(4)税金按 3.41%计取

表-01

建设项目投标报价汇总表

工程名称:某办公楼通风空调安装工程　　　　　　　　　　　　第　页共　页

序号	单项工程名称	金额/元	其中:/元		
			暂估价	安全文明施工费	规费
1	某办公楼通风空调安装工程	214444.27	8000.00	8635.42	9844.37
合　　计		2144444.27	8000.00	8635.41	9844.37

表-02

单项工程投标报价汇总表

工程名称:某办公楼通风空调安装工程　　　　　　　　　　　　第　页共　页

序号	单位工程名称	金额/元	其中:/元		
			暂估价	安全文明施工费	规费
1	某办公楼通风空调安装工程	214444.27	8000.00	8635.42	9844.37
合　　计		214444.27	8000.00	8635.42	9844.37

表-03

单位工程投标报价汇总表

工程名称:某办公楼通风空调安装工程　　　　标段:　　　　　　　第　页 共　页

序号	汇总内容	金额/元	其中:暂估价/元
1	分部分项工程	128427.74	
030701	通风及空调设备及部件制作安装	12452.06	8000.00
030702	通风管道制作安装	101171.76	
030703	通风管道部件制作安装	2517.22	
030704	通风工程检测、调试	12286.70	
2	措施项目	21668.75	
2.1	其中:安全文明施工费	8635.42	
3	其他项目	47432.00	
3.1	其中:暂列金额	23000.00	
3.2	其中:专业工程暂估价		
3.3	其中:计日工	23632.00	
3.4	其中:总承包服务费	800.00	
4	规费	9844.37	
5	税金	7071.41	
	招标控制价合计=1+2+3+4+5	214444.27	8000.00

表-04

分部分项工程和单价措施项目清单与计价表

工程名称:某办公楼通风空调安装工程　　　　标段:　　　　　　　第　页 共　页

序号	项目编码	项目名称	项目特征描述	计量单位	工程量	金额/元		
						综合单价	合价	其中:暂估价
		030701 通风及空调设备及部件制作安装						
1	030701003001	空调器	恒温恒温机,质量350kg,型号 YSL-DHS-225,外形尺寸 1200mm×1100mm×1900mm,橡胶隔振垫(δ20),落地安装	台	1	9618.54	9618.54	8000.00
2	030701006001	密闭门	钢密闭门,型号 T704-71,外形尺寸 1200mm×2000mm	个	4	708.38	2833.52	

续表

序号	项目编码	项目名称	项目特征描述	计量单位	工程量	金额/元		其中：暂估价
						综合单价	合价	
		030702 通风管道制作安装						
3	030702001001	碳钢通风管道	矩形镀锌薄钢板通风管道，尺寸 200mm×200mm，板材厚度 δ0.75，法兰咬口连接	m²	123.87	120.34	14906.52	
4	030702001002	碳钢通风管道	矩形镀锌薄钢板通风管道，尺寸 400mm×600mm，板材厚度 δ1.0，法兰咬口连接	m²	87.03	113.12	9844.83	
5	030702001003	碳钢通风管道	矩形镀锌薄钢板通风管道，尺寸 1200mm×800mm，板材厚度 δ1.0，法兰咬口连接	m²	206.95	164.33	34008.09	
6	030702001004	碳钢通风管道	矩形镀锌薄钢板通风管道，尺寸 1500mm×1200mm，板材厚度 δ1.2，法兰咬口连接	m²	328.36	128.35	42145.01	
7	030702009001	弯头导流叶片	单片式镀锌薄钢板导流叶片，规格 0.35m²，δ0.75	m²	3.15	84.86	267.31	
		030703 通风管道部件制作安装						
8	030703019001	柔性接口	帆布软管软接口，规格 1000mm×300mm，L=240mm	m²	1.58	127.88	202.05	
9	030703001001	碳钢阀门	对开多叶调节阀，规格 1000mm×300mm，L=210mm	个	2	96.85	193.70	
10	030703003001	铝碟阀	保温手柄铝碟阀，规格 320mm×200mm	个	1	67.45	67.45	
11	030703003002	铝碟阀	保温手柄铝碟阀，规格 320mm×320mm	个	2	77.25	154.50	

续表

序号	项目编码	项目名称	项目特征描述	计量单位	工程量	金额/元		
						综合单价	合价	其中：暂估价
12	030703003003	铝碟阀	保温手柄铝碟阀，规格400mm×400mm	个	3	98.67	296.01	
13	030703011001	铝及铝合金风口、散流器	铝合金方形散流器，规格450mm×450mm	个	2	365.43	730.86	
14	030703020001	消声器	片式消声器，型号 ZP-200(320mm×320mm)	个	1	872.65	872.65	
	030704 通风工程检测、调试							
15	030704001001	通风工程检测、调试	通风系统	系统	1	8436.26	8436.26	
16	030704002001	风管漏光试验、漏风试验	矩形风管漏光试验、漏风试验	m²	746.21	5.16	3850.44	
	031301 专业措施项目							
17	031301017001	脚手架搭拆	综合脚手架，风管的安装	m²	357.39	27.25	9738.88	
	合　计						138166.62	8000.00

表-08

总价措施项目清单与计价表

工程名称:某办公楼通风空调安装工程　　　　标段：　　　　　　　　第　页共　页

序号	项目编码	项目名称	计算基础	费率/(%)	金额/元	调整费率/(%)	调整后金额/元	备注
1	031302001001	安全文明施工	定额人工费	25	8635.42			
2	031302002001	夜间施工增加	定额人工费	1.5	518.12			
3	031302004001	二次搬运费	定额人工费	0.8	276.33			
5	031302006001	已完工程及设备保护费			2500.00			
	合　计				11929.87			

编制人(造价人员):×××　　　　　复核人(造价工程师):×××

表-11

其他项目清单与计价汇总表

工程名称:某办公楼通风空调安装工程　　　　　　标段:　　　　　　　　第　页共　页

序号	项目名称	金额/元	结算金额/元	备注
1	暂列金额	23000.00		明细详见表-12-1
2	暂估价			
2.1	材料(工程设备)暂估价/结算价	—		明细详见表-12-2
2.2	专业工程暂估价/结算价			
3	计日工	23632.00		明细详见表-12-4
4	总承包服务费	800.00		
5				
	合　计	47432.00		

表-12

暂列金额明细表

工程名称:某办公楼通风空调安装工程　　　　　　标段:　　　　　　　　第　页共　页

序号	项目名称	计量单位	暂定金额/元	备注
1	政策性调整和材料价格风险	项	20000.00	
2	其他	项	3000.00	
3				
	合　计		23000.00	—

表-12-1

材料(工程设备)暂估单价及调整表

工程名称:某办公楼通风空调安装工程　　　　　　标段:　　　　　　　　第　页共　页

序号	材料(工程设备)名称、规格、型号	计量单位	数量		暂估/元		确认/元		差额/元		备注
			暂估	确认	单价	合价	单价	合价	单价	合价	
1	空调器	台	1		8000.00	8000.00					拟用于空调器安装项目
	合　计					8000.00					

表-12-2

计日工表

工程名称:某办公楼通风空调安装工程　　　　标段:　　　　　　　　第 页共 页

编号	项目名称	单位	暂定数量	实际数量	综合单价/元	合价/元 暂定	合价/元 实际
一	人工						
1	通风工		35		90.00	3150.00	
2	其他技工		50		85.00	4250.00	
3							
4							
	人工小计					7400.00	
二	材料						
1	氧气	m³	20		78.00	1560.00	
2	乙炔	kg	35		44.00	1540.00	
3							
	材料小计					3100.00	
三	施工机械						
1	汽车起重机 8t	台班	30		180.00	5400.00	
2	载重汽车 8t	台班	40		160.00	6400.00	
3							
	施工机械小计					11800.00	
四、企业管理费和利润按人工费 18%计						1332.00	
	总　计					23632.00	

表-12-4

总承包服务费计价表

工程名称:某办公楼通风空调安装工程　　　　标段:　　　　　　　　第 页共 页

序号	项目名称	项目价值/元	服务内容	计算基础	费率/(%)	金额/元
1	发包人提供材料	80000.00	对发包人供应的材料进行验收保管及使用发放	项目价值	1	800.00
	合　计	—	—	—	—	800.00

表-12-5

规费、税金项目计价表

工程名称:某办公楼通风空调安装工程　　　　标段:　　　　　　　　第 页共 页

序号	项目名称	计算基础	计算基数	计算费率/(%)	金额/元
1	规费	定额人工费			9844.37
1.1	社会保险费	定额人工费	(1)+(2)+(3)+(4)+(5)		7771.87
(1)	养老保险费	定额人工费		14	4835.83
(2)	失业保险费	定额人工费		2	690.83
(3)	医疗保险费	定额人工费		6	2072.51
(4)	工伤保险费	定额人工费		0.25	86.35
(5)	生育保险费	定额人工费		0.25	86.35
1.2	住房公积金	定额人工费		6	2072.50
1.3	工程排污费	按工程所在地环境保护部门收取标准,按实计入			
2	税金	分部分项工程费+措施项目费+其他项目费+规费一按规定不计税的工程设备金额		3.41	7071.41
	合　计				16915.78

编制人:×××　　　　复核人(造价工程师):×××

表-13

发包人提供材料和工程设备一览表

工程名称:某办公楼通风空调安装工程　　　　标段:　　　　　　　　第 页共 页

序号	材料(工程设备)名称、规格、型号	单位	数量	单价/元	交货方式	送达地点	备注
1	空调器	台	2	8000.00		工地仓库	

表-20

承包人提供主要材料和工程设备一览表
(适用于造价信息差额调整法)

工程名称:某办公楼通风空调安装工程　　　　标段:　　　　　　　　第 页共 页

序号	名称、规格、型号	单位	数量	风险系数/(%)	基准单价/元	投标单价/元	发承包人确认单价/元	备注
1	镀锌薄钢板 δ0.75	t	5	≤5	6500	6450		
2	镀锌薄钢板 δ1.0	t	12	≤5	6400	6400		
3	镀锌薄钢板 δ1.2	t	6	≤5	6000	6200		

表-21

第四节　竣工结算编制

一、一般规定

（1）工程完工后，发、承包双方必须在合同约定时间内办理工程竣工结算。合同中没有约定或约定不清的，按"13 计价规范"中有关规定处理。

（2）工程竣工结算应由承包人或受其委托具有相应资质的工程造价咨询人编制，并应由发包人或受其委托具有相应资质的工程造价咨询人核对。实行总承包的工程，由总承包人对竣工结算的编制负总责。

（3）当发承包双方或一方对工程造价咨询人出具的竣工结算文件有异议时，可向工程造价管理机构投诉，申请对其进行执业质量鉴定。

（4）工程造价管理机构对投诉的竣工结算文件进行质量鉴定，宜按"13 计价规范"的相关规定进行。

（5）根据《中华人民共和国建筑法》第六十一条规定："交付竣工验收的建筑工程，必须符合规定的建筑工程质量标准，有完整的工程技术经济资料和经签署的工程保修书，并具备国家规定的其他竣工条件"，由于竣工结算是反映工程造价计价规定执行情况的最终文件，竣工结算办理完毕，发包人应将竣工结算文件报送工程所在地或有该工程管辖权的行业管理部门的工程造价管理机构备案。竣工结算文件应作为工程竣工验收备案、交付使用的必备文件。

二、竣工结算编制方法

（1）分部分项工程和措施项目中的单价项目应依据发承包双方确认的工程量与已标价工程量清单的综合单价计算；发生调整的，应以发承包双方确认调整的综合单价计算。

（2）措施项目中的总价项目应依据已标价工程量清单的项目和金额计算；发生调整的，应以发承包双方确认调整的金额计算，其中安全文明施工费应按照国家或省级、行业建设主管部门的规定计算。施工过程中，国家或省级、行业建设主管部门对安全文明施工费进行了调整的，措施项目费中和安全文明施工费应作相应调整。

（3）办理竣工结算时，其他项目费的计算应按以下要求进行计价：

1）计日工的费用应按发包人实际签证确认的数量和合同约定的相应项目综合单价计算。

2）当暂估价中的材料、工程设备是招标采购的，其单价按中标价在综合单价中调整。当暂估价中的材料、设备为非招标采购的，其单价按发承包双方最终确认的单价在综合单价中调整。当暂估价中的专业工程是招标发包的，其专业工程费按中标价计算。当暂估价中的专业工程为非招标发包的，其专业工程费按发承包双方与分包人最终确认的金额计算。

3）总承包服务费应依据已标价工程量清单金额计算，发承包双方依据合同约定对总承包服务进行了调整，应按调整后的金额计算。

4）索赔事件产生的费用在办理竣工结算时应在其他项目费中反映。索赔费用的金额应依据发承包双方确认的索赔事项和金额计算。

5)现场签证发生的费用在办理竣工结算时应在其他项目费中反映。现场签证费用金额依据发承包双方签证资料确认的金额计算。

6)合同价款中的暂列金额在用于各项价款调整、索赔与现场签证后,若有余额,则余额归发包人;若出现差额,则由发包人补足并反映在相应的工程价款中。

(4)规费和税金,应按国家或省级、行业建设主管部门对规费和税金的计取标准计算。规费中的工程排污费,应按工程所在地环境保护部门规定的标准缴纳后按实列入。

(5)由于竣工结算与合同工程实施过程中的工程计量及其价款结算、进度款支付、合同价款调整等具有内在联系,因此,发承包双方在合同工程实施过程中已经确认的工程计量结果和合同价款,在竣工结算办理中应直接进入结算,从而简化结算流程。

三、竣工结算编制表格

1. 竣工结算书封面(封-4)

_____ 工程

竣工结算书

发 包 人:_____
(单位盖章)

承 包 人:_____
(单位盖章)

造价咨询人:_____
(单位盖章)

年 月 日

🏠**关键细节 11** 《竣工结算书封面》填写要点

竣工结算书封面应填写竣工工程的具体名称,发承包双方应盖单位公章,如委托工程造价咨询人办理的,还应加盖工程造价咨询人所在单位公章。

2. 竣工结算总价扉页(扉-4)

_____**工程**

竣工结算总价

签约合同价(小写):_____　　　　(大写):_____

竣工结算价(小写):_____　　　　(大写):_____

发 包 人:_____　　承 包 人:_____　　造价咨询人:_____

　　(单位盖章)　　　　　　(单位盖章)　　　　　　(单位资质专用章)

法定代表人　　　　　法定代表人　　　　　法定代表人

或其授权人:_____　或其授权人:_____　或其授权人:_____

　　(签字或盖章)　　　　(签字或盖章)　　　　(签字或盖章)

编 制 人:_____　　　核 对 人:_____

　　(造价人员签字盖专用章)　　　　(造价工程师签字盖专用章)

编制时间:　年　月　日　　核对时间:　年　月　日

扉-4

🏠**关键细节 12** 《竣工结算总价扉页》填写要点

(1)承包人自行编制竣工结算总价,编制人员必须是承包人单位注册的造价人员。由承包人盖单位公章,法定代表人或其授权人签字或盖章;编制的造价人员(造价工程师或造价员)签字盖执业专用章。

(2)发包人自行核对竣工结算时,核对人员必须是在发包人单位注册的造价工程师。由发包人盖单位公章,法定代表人或其授权人签字或盖章,核对的造价工程师签字盖执业专用章。

(3)发包人委托工程造价咨询人核对竣工结算时,核对人员必须是在工程造价咨询人单位注册的造价工程师。由发包人盖单位公章,法定代表人或其授权人签字或盖章;工程造价咨询人盖单位资质专用章,法定代表人或其授权人签字或盖章,核对的造价工程师签字盖执业专用章。

(4)除非出现发包人拒绝或不答复承包人竣工结算书的特殊情况,竣工结算办理完毕后,竣工结算总价封面发承包双方的签字、盖章应当齐全。

3. 工程计价总说明(表-01)

竣工结算总说明表格形式见第七章第三节中表-01。竣工结算中总说明应包括的内容:①工程概况;②编制依据;③工程变更;④工程价款调整;⑤索赔;⑥其他等。

4. 工程计价汇总表

(1)建设项目竣工结算汇总表(表-05)。

建设项目竣工结算汇总表

工程名称: 第 页共 页

序号	单位工程名称	金额/元	其 中:/元	
			安全文明施工费	规费
	合计			

表-05

(2)单项工程竣工结算汇总表(表-06)。

单项工程竣工结算汇总表

工程名称: 第 页共 页

序号	单项工程名称	金额/元	其 中:/元	
			安全文明施工费	规费
	合计			

表-06

(3)单位工程竣工结算汇总表(表-07)

单位工程竣工结算汇总表

工程名称:　　　　　　　　　　标段:　　　　　　　　　　第　页共　页

序　号	汇总内容	金额/元
1	分部分项工程	
1.1		
1.2		
1.3		
2	措施项目	
2.1	其中:安全文明施工费	
3	其他项目	
3.1	其中:专业工程结算价	
3.2	其中:计日工	
3.3	其中:总承包服务费	
3.4	其中:索赔与现场鉴证	
4	规费	
5	税金	
	竣工结算总价合计=1+2+3+4+5	

注:如无单位工程划分,单项工程也使用本表汇总。

表-07

5. 分部分项工程和措施项目计价表

(1)分部分项工程和单价措施项目清单与计价表(表-08)。《分部分项工程和单价措施项目清单与计价表》的表格形式见第七章第三节中表-08。编制竣工结算时,使用本表可取消"暂估价"。

(2)综合单价分析表(表-09)。《综合单价分析表》表格形式参见本章第二节中表-09。

关键细节 13 《综合单价分析表》填写要点

编制工程结算时,应在已标价工程量清单中的综合单价分析表中将确定的调整过后人工单价、材料单价等进行置换,形成调整后的综合单价。

(3)综合单价调整表(表-10)。

综合单价调整表

工程名称：　　　　　　　　　　　　标段：　　　　　　　　　　　第 页共 页

序号	项目编码	项目名称	已标价清单综合单价/元					调整后综合单价/元				
			综合单价	其中				综合单价	其中			
				人工费	材料费	机械费	管理费和利润		人工费	材料费	机械费	管理费和利润
造价工程师(签章)：		发包人代表(签章)：			造价人员(签章)：			承包人代表(签章)：				
日期：					日期：							

注:综合单价调整应附调整依据。

表-10

关键细节 14　**《综合单价调整表》填写要点**

综合单价调整表适用于各种合同约定调整因素出现时调整综合单价,各种调整依据应附于表后。填写时应注意,项目编码和项目名称必须与已标价工程量清单操持一致,不得发生错漏,以免发生争议。

(4)总价措施项目清单与计价表(表-11)。《总价措施项目清单与计价表》表格形式参见第七章第三节中表-11。编制投标报价时,除"安全文明施工费"必须按"13 计价规范"的强制性规定,按省级、行业建设主管部门的规定计取外,其他措施项目均可根据投标施工组织设计自主报价。

6. 其他项目计价表

(1)其他项目清单与计价汇总表(表-12)。《其他项目清单与计价汇总表》表格形式参见第七章第三节中表-12。编制或核对竣工结算,"专业工程暂估价"按实际分包结算价填写,"计日工"、"总承包服务费"按双方认可的费用填写,如发生"索赔"或"现场签证"费用,按双方认可的金额计入本表。

(2)暂列金额明细表(表-12-1)。《暂列金额明细表》表格形式参见第七章第三节中表-12-1。

(3)材料(工程设备)暂估单价及调整表(表-12-2)。《材料(工程设备)暂估单价及调整表》表格形式参见第七章第三节中表-12-2。

(4)专业工程暂估价及结算价表(表-12-3)。《专业工程暂估价及结算价表》表格形式参见第七章第三节中表-12-3。

(5)计日工表(表-12-4)。《计日工表》表格形式参见第七章第三节中表-12-4。

(6)总承包服务费计价表(表-12-5)。《总承包服务费计价表》表格形式参见第七章第三节中表-12-5。办理竣工结算时,发承包双方应按承包人已标价工程量清单中的报价计算,如发承包双方确定调整的,按调整后的金额计算。

(7)索赔与现场签证计价汇总表(表-12-6)。

索赔与现场签证计价汇总表

工程名称:　　　　　　　　　　标段:　　　　　　　　　　第　页共　页

序号	签证及索赔项目名称	计量单位	数量	单价/元	合价/元	索赔及签证依据
—	本页小计	—	—	—		—
—	合计	—	—	—		—

注:签证及索赔依据是指经双方认可的签证单和索赔依据的编号。

表-12-6

⌂关键细节 15 《索赔与现场签证计价汇总表》填写要点

索赔与现场签证计价汇总表是对发承包双方签证认可的"费用索赔申请(核准)表"和"现场签证表"的汇总。

(8)费用索赔申请(核准)表(表-12-7)。

费用索赔申请(核准)表

工程名称： 标段： 编号：

致：_____(发包人全称) 　　根据施工合同条款____条的约定,由于_____原因,我方要求索赔金额(大写)_____ ____元(小写_____元),请予核准。 　　附:1. 费用索赔的详细理由和依据: 　　2. 索赔金额的计算: 　　3. 证明材料: 　　　　　　　　　　　　　　　　　　　　　　　　　　　承包人(章) 　　造价人员_____　　　　承包人代表_____　　　　日　期_____

复核意见： 　　根据施工合同条款____条的约定,你方提出的费用索赔申请经复核： 　　□不同意此项索赔,具体意见见附件。 　　□同意此项索赔,索赔金额的计算,由造价工程师复核 　　　　　　　　　　监理工程师_____ 　　　　　　　　　　日　期_____	复核意见： 　　根据施工合同条款____条的约定,你方提出的费用索赔申请经复核,索赔金额为(大写)____元(小写____元)。 　　　　　　　　　　造价工程师_____ 　　　　　　　　　　日　期_____
审核意见： 　　□不同意此项索赔。 　　□同意此项索赔,与本期进度款同期支付。 　　　　　　　　　　　　　　　　　　　　发包人(章) 　　　　　　　　　　　　　　　　　　　　发包人代表_____ 　　　　　　　　　　　　　　　　　　　　日　期_____	

注:1. 在选择栏中的"□"内做标识"√"。
　　2. 本表一式四份,由承包人填报,发包人、监理人、造价咨询人、承包人各存一份。

表-12-7

⌂关键细节 16 《费用索赔申请(核准)表》填写要点

填写费用索赔申请(核准)表时,承包人代表应按合同条款的约定,阐述原因,附上索赔证据、费用计算报发包人,经监理工程师复核(按照发包人的授权不论是监理工程师或发包人现场代表均可),经造价工程师(此处造价工程师可以是发包人现场管理人员,也可以是发包人委托的工程造价咨询企业的人员)复核具体费用,经发包人审核后生效,该表以在选择栏中"□"内做标识"√"表示。

(9)现场签证表(表-12-8)。

现场签证表

工程名称： 标段： 编号：

| 施工部位 | | 日期 | |

致：_____(发包人全称)

　　根据_____(指令人姓名)　年　月　日的口头指令或你方　　　　(或监理人)　　年　
月　日的书面通知,我方要求完成此项工作应支付价款金额为(大写)_____(小写_____),请予核准。

　　附:1. 签证事由及原因:

　　　　2. 附图及计算式:

　　　　　　　　　　　　　　　　　　　　　　　　　承包人(章)

　　造价人员_____　　　承包人代表_____　　　日　期_____

复核意见:	复核意见:
你方提出的此项签证申请经复核:	□此项签证按承包人中标的计日工单价计
□不同意此项签证,具体意见见附件。	算,金额为(大写)____元,(小写____元)。
□同意此项签证,签证金额的计算,由造价工程师	□此项签证因无计日工单价,金额为(大写)
复核。	____元,(小写____)。
监理工程师_____	造价工程师_____
日　　期_____	日　　期_____

审核意见:

　□不同意此项签证。

　□同意此项签证,价款与本期进度款同期支付。

　　　　　　　　　　　　　　　　　　　　　　　发包人(章)

　　　　　　　　　　　　　　　　　　　　　　　发包人代表_____

　　　　　　　　　　　　　　　　　　　　　　　日　　期_____

注:1. 在选择栏中的"□"内做标识"√"。

　　2. 本表一式四份,由承包人在收到发包人(监理人)的口头或书面通知后填写,发包人、监理人、造价咨询
人、承包人各存一份。

表-12-8

关键细节 17 《现场签证表》填写要点

　　现场签证表是对"计日工"的具体化,考虑到招标时,招标人对计日工项目的预估难免
会有遗漏,带来实际施工发生后,无相应的计日工单价时,现场签证只能包括单价一并处
理,因此,在汇总时,有计日工单价的,可归并于计日工,如无计日工单价,归并于现场签
证,以示区别。

7. 规费、税金项目计价表(表-13)

《规费、税金项目计价表》表格形式参见第七章第三节中表-13。

8. 工程计量申请(核准)表(表-14)

工程计量申请(核准)表

工程名称：　　　　　　　　标段：　　　　　　　　第　页共　页

序号	项目编码	项目名称	计量单位	承包人申报数量	发包人核实数量	发承包人确认数量	备注
承包人代表： 日期：	监理工程师： 日期：		造价工程师： 日期：		发包人代表： 日期：		

表-14

关键细节18　《工程计量申请(核准)表》填写要点

工程量申请(核准)表填写的"项目编码"、"项目名称"、"计量单位"应与已标价工程量清单中一致，承包人应在合同约定的计量周期结束时，将申报数量填写在申报数量栏，发包人核对后如与承包人填写的数量不一致，则在核实数量栏填上核实数量，经发承包双方共同核对确认的计量结果填在确认数量栏。

9. 合同价款支付申请(核准)表

合同价款支付申请(复核)表是合同履行、价款支付的重要凭证。"13计价规范"对此类表格共设计了五种，包括专用于预付款支付的《预付款支付申请(核准)表》(表-15)、用于施工过程中无法计量的总价项目及总价合同进度款支付的《总价项目进度款支付分解表》(表-16)、专用于进度款支付的《进度款支付申请(核准)表》(表-17)、专用于竣工结算价款支付的《竣工结算款支付申请(核准)表》(表-18)和用于缺陷责任期到期，承包人履行了工程缺陷修复责任后，对其预留的质量保证金最终结算的《最终结清支付申请(核准)表》(表-19)。

合同价款支付申请(复核)表包括的 5 种表格,均由承包人代表在每个计量周期结束后向发包人提出,由发包人授权的现场代表复核工程量,由发包人授权的造价工程师复核应付款项,经发包人批准实施。

(1)预付款支付申请(核准)表(表-15)。

预付款支付申请(核准)表

工程名称:　　　　　　　　　　标段:　　　　　　　　　编号:

致:_____(发包人全称)

　　我方根据施工合同的约定,现申请支付工程预付款额为(大写)_____(小写_____),请予核准。

序号	名 称	申请金额/元	复核金额/元	备 注
1	已签约合同价款金额			
2	其中:安全文明施工费			
3	应支付的预付款			
4	应支付的安全文明施工费			
5	合计应支付的预付款			

承包人(章)

造价人员_____　　　　承包人代表_____　　　　日　　期_____

复核意见:	复核意见:
□与合同约定不相符,修改意见见附件。 □与合同约定相符,具体金额由造价工程师复核。 　　　　　监理工程师_____ 　　　　　日　　期_____	你方提出的支付申请经复核,应支付预付款金额为(大写)_____(小写_____)。 　　　　　造价工程师_____ 　　　　　日　　期_____

审核意见:

□不同意。

□同意,支付时间为本表签发后的 15 天内。

发包人(章)
发包人代表_____
日　　期_____

注:1. 在选择栏上的"□"内做标识"√"。

　　2. 本表一式四份,由承包人填报,发包人、监理人、造价咨询人、承包人各存一份。

表-15

(2)总价项目进度款支付分解表(表-16)。《总价项目进度款支付分解表》表格形式可参见本章第三节中表-16。

（3）进度款支付申请（核准）表（表-17）。

进度款支付申请（核准）表

工程名称： 标段： 编号：

致：＿＿＿＿＿＿＿＿＿＿＿＿＿＿＿＿＿＿＿＿＿＿＿＿＿＿＿＿＿＿＿＿＿＿＿＿（发包人全称）

我方于＿＿＿＿＿＿至＿＿＿＿＿＿期间已完成了＿＿＿＿＿＿工作，根据施工合同的约定，现申请支付本周期的合同款额为（大写）＿＿＿＿＿＿（小写＿＿＿＿＿＿），请予核准。

序号	名　称	实际金额/元	申请金额/元	复核金额/元	备　注
1	累计已完成的合同价款				
2	累计已实际支付的合同价款				
3	本周期合计完成的合同价款				
3.1	本周期已完成单价项目的金额				
3.2	本周期应支付的总价项目的金额				
3.3	本周期已完成的计日工价款				
3.4	本周期应支付的安全文明施工费				
3.5	本周期应增加的合同价款				
4	本周期合计应扣减的金额				
4.1	本周期应抵扣的预付款				
4.2	本周期应扣减的金额				
5	本周期应支付的合同价款				

附：上述3、4详见附件清单。

承包人（章）

造价人员＿＿＿＿＿＿　　　　承包人代表＿＿＿＿＿＿　　　　日　期＿＿＿＿＿＿

复核意见： 　□与实际施工情况不相符，修改意见见附件。 　□与实际施工情况相符，具体金额由造价工程师复核。 　　　　监理工程师＿＿＿＿＿＿ 　　　　日　期＿＿＿＿＿＿	复核意见： 　你方提出的支付申请经复核，本周期已完成合同款额为（大写）＿＿＿＿＿＿（小写＿＿＿＿＿＿），本周期应会支付金额为（大写）＿＿＿＿＿＿（小写）＿＿＿＿＿＿。 　　　　　　造价工程师＿＿＿＿＿＿ 　　　　　　日　期＿＿＿＿＿＿

审核意见：
　□不同意。
　□同意，支付时间为本表签发后的15天内。

发包人（章）
发包人代表＿＿＿＿＿＿
日　期＿＿＿＿＿＿

注：1. 在选择栏中的"□"内做标识"√"。

2. 本表一式四份，由承包人填报，发包人、监理人、造价咨询人、承包人各存一份。

表-17

（4）竣工结算款支付申请（核准）表（表-18）。

竣工结算款支付申请（核准）表

工程名称： 标段： 编号：

致：_____（发包人全称）

　　我方于_____至_____期间已完成合同约定的工作，工程已经完工，根据施工合同的约定，现申请支付竣工结算合同款额为（大写）_____（小写_____），请予核准。

序号	名　称	申请金额 /元	复核金额 /元	备　注
1	竣工结算合同价款总额			
2	累计已实际支付的合同价款			
3	应预留的质量保证金			
4	应支付的竣工结算款金额			

　　　　　　　　　　　　　　　　　　　　　　　　　　　　　承包人（章）

造价人员_____　　　　承包人代表_____　　　　日　期_____

复核意见： □与实际施工情况不相符，修改意见见附件。 □与实际施工情况相符，具体金额由造价工程师复核。 监理工程师_____ 日　期_____	复核意见： 　　你方提出的竣工结算款支付申请经复核，竣工结算款总额为（大写）_____（小写_____），扣除前期支付以及质量保证金后应支付金额为（大写）_____（小写_____）。 造价工程师_____ 日　期_____

审核意见：
□不同意。
□同意，支付时间为本表签发后的 15 天内。

　　　　　　　　　　　　　　　　　　　　　　　　　　　　　发包人（章）
　　　　　　　　　　　　　　　　　　　　　　　　　　发包人代表_____
　　　　　　　　　　　　　　　　　　　　　　　　　　日　期_____

注：1. 在选择栏中的"□"内做标识"√"。

　　2. 本表一式四份，由承包人填报，发包人、监理人、造价咨询人、承包人各存一份。

表-18

（5）最终结清支付申请（核准）表（表-19）。

最终结清支付申请（核准）表

工程名称：　　　　　　　　标段：　　　　　　　　　　　　编号：

致：_____（发包人全称）

　　我于_____至_____期间已完成了缺陷修复工作，根据施工合同的约定，现申请支付最终结清合同款额为（大写）_____（小写_____），请予核准。

序号	名　称	申请金额 /元	复核金额 /元	备　注
1	已预留的质量保证金			
2	应增加因发包人原因造成缺陷的修复金额			
3	应扣减承包人不修复缺陷、发包人组织修复的金额			
4	最终应支付的合同价款			

上述3、4详见附件清单。

承包人（章）

　　造价人员_____　　　承包人代表_____　　　日　期_____

复核意见： □与实际施工情况不相符，修改意见见附件。 □与实际施工情况相符，具体金额由造价工程师复核。 　　监理工程师_____ 　　日　期_____	复核意见： 　　你方提出的支付申请经复核，最终应支付金额为（大写）_____（小写_____）。 造价工程师_____ 日　期_____

审核意见：

□不同意。

□同意，支付时间为本表签发后的15天内。

发包人（章）

发包人代表_____

日　期_____

注：1. 在选择栏中的"□"内做标识"√"。如监理人已退场，监理工程师栏可空缺。

　　2. 本表一式四份，由承包人填报，发包人、监理人、造价咨询人、承包人各存一份。

表-19

10. 主要材料、工程设备一览表

(1)发包人提供材料和工程设备一览表(表-20)。《发包人提供材料和工程设备一览表》表格形式参见第七章第三节中表-20。

(2)承包人提供主要材料和工程设备一览表(适用于造价信息差额调整法)(表-21)。《承包人提供主要材料和工程设备一览表(适用于造价信息差额调整法)》表格形式参见第七章第三节中表-21。

(3)承包人提供主要材料和工程设备一览表(适用于价格指数差额调整法)(表-22)。《承包人提供主要材料和工程设备一览表(适用于价格指数差额调整法)》表格形式参见第七章第三节中表-22。

第九章 通风空调工程招标投标与合同管理

第一节 建设工程招标投标概述

一、建设工程招标投标概念

1. 建设工程招标

建设工程招标是指招标人对拟进行的工程根据工程的内容、工期、质量和投资额等要求,由自己或所委托的咨询公司等编制招标文件,按规定程序组织有关公司投标,择优选定承包单位的一系列工作的总称。

2. 建设工程投标

建设工程投标是指承建单位依据有关规定和招标单位拟定的招标文件参与竞争,并按照招标文件的要求,在规定的时间内向招标人填报投标函并争取中标,以求与建设工程项目法人单位达成协议的经济法律活动。

实行招标投标制度,是使建设工程项目建设任务的委托纳入市场机制,通过竞争择优选定项目的工程承包单位、勘察设计单位、施工单位、监理单位、设备制造供应单位等,达到保证工程质量、缩短建设周期、控制工程造价、提高投资效益的目的,由发包人与承包人通过招标投标签订承包合同的经营制度。

二、建设工程招标投标范围及分类

1. 建设工程招标投标范围

根据《中华人民共和国招标投标法》的规定,在中华人民共和国境内进行的下列工程建设项目,包括项目的勘察、设计、施工、监理以及与工程建设有关的重要设备、材料等的采购,都必须进行招标:

(1)大型基础设施、公用事业等关系社会公共利益、公众安全的项目。

(2)全部或者部分使用国有资金或者国家融资的项目。

(3)使用国际组织或者外国政府贷款、援助资金的项目。

对涉及国家安全、国家秘密的工程,抢险救灾工程或利用扶贫资金实行以工代赈、需要使用农民工等特殊情况,不适合进行招标的项目,按照国家有关规定可以不进行招标。

2. 建设工程招标投标分类

按照不同的分类方法,建设工程招标投标可分为很多种类,见表9-1。

表 9-1　　　　　　　　　　　　　　建设工程招标投标的分类

序 号	分类方法	种类及说明
1	按工程项目建设程序分类	根据工程项目建设程序,建设工程招标投标可分为三类,即工程项目开发招投标、勘察设计招投标和施工招投标。这是由建筑产品交易生产过程的阶段性决定的。 　(1)项目开发招投标。这种招投标是建设单位(业主)邀请工程咨询单位对建设项目进行可行性研究,其"标的物"是可行性研究报告。中标的工程咨询单位必须对自己提供的研究成果认真负责,可行性研究报告应得到建设单位认可。 　(2)勘察设计招投标。工程勘察设计招投标是指招标单位就拟建工程的勘察和设计任务发布通告,以法定方式吸引勘察单位或设计单位参加竞争,经招标单位审查获得投标资格的勘察、设计单位,按照招标文件的要求,在规定的时间内向招标单位填报投标书,招标单位从中择优确定中标单位完成工程勘察或设计任务。 　(3)施工招投标。工程施工招投标则是针对工程施工阶段的全部工作开展的招投标,根据工程施工范围大小及专业不同,可分为全部工程招投标、单项工程招投标和专业工程招投标等
2	按工程承包的范围分类	根据工程承包的范围,建设工程招标投标可分为建设项目总承包招投标和专项工程承包招投标。 　(1)建设项目总承包招投标。这种招投标可分为两种类型,一种是工程项目实施阶段的全过程招投标;一种是工程项目全过程招投标。前者是在设计任务书已经审完,从项目勘察、设计到交付使用进行一次性招投标。后者是从项目的可行性研究到交付使用进行一次性招投标,业主提供项目投资和使用要求及竣工、交付使用期限,其可行性研究、勘察设计、材料和设备采购、施工安装、职工培训、生产准备和试生产、交付使用都由一个总承包商负责承包,即所谓"交钥匙工程"。 　(2)专项工程承包招投标。指在对工程承包招投标中,对其中某项比较复杂,或专业性强,施工和制作要求特殊的单项工程,进行单独招投标
3	按工程项目所属行业部门分类	根据工程项目行业部门,建设工程招标投标可分为土木工程招投标、勘察设计招投标、货物设备采购招投标、机电设备安装工程招投标、生产工艺技术转让招投标、咨询服务(工程咨询)招投标。土木工程包括铁路、公路、隧道、桥梁、堤坝、电站、码头、飞机场、厂房、剧院、旅馆、医院、商店、学校、住宅等。货物采购包括建筑材料和大型成套设备等。咨询服务包括项目开发性研究、可行性研究、工程监理等。经世界银行同意,我国财政部专门为世界银行贷款项目的招标采购制定了有关方面的标准文本,包括货物采购国内竞争性招标文件范本、土建工程国内竞争性招标文件范本、资格预审文件范本、货物采购国际竞争性招标文件范本、土建工程国际竞争性招标文件范本、生产工艺技术转让招标文件范本、咨询服务合同协议范本、大型复杂工厂与设备的供货和安装监督招标文件范本、总包合同(交钥匙工程)招标文件范本,以便利用世界银行贷款来支持和帮助我国的国民经济建设

序　号	分类方法	种类及说明
4	按工程建设项目的构成分类	根据工程建设项目的构成,建设工程招标投标可分为全部工程招标投标、单项工程招标投标、单位工程招标投标、分部工程招标投标、分项工程招标投标。 (1)全部工程招标投标,是指对一个工程建设项目的全部工程进行的招标投标。 (2)单项工程招标投标,是指对一个工程建设项目中所包含的若干单项工程(如一所学校中的教学楼、图书馆、食堂等)进行的招标投标。 (3)单位工程招标投标,是指对一个单项工程所包含的若干单位工程(如一幢房屋)进行的招标投标。 (4)分部工程招标投标,是指对一个单位工程(如土建工程)所包含的若干分部工程(如土石方工程、深基坑工程、楼地面工程、装饰工程等)进行的招标投标。 (5)分项工程招标投标,是指对一个分部工程(如土石方工程)所包含的若干分项工程(如人工挖地槽、挖地坑、回填土等)进行的招标投标
5	按工程是否具有涉外因素分类	根据工程是否具有涉外因素,建设工程招标投标可分为国内工程招标投标和国际工程招标投标。 (1)国内工程招标投标,是指对本国没有涉外因素的建设工程进行的招标投标。 (2)国际工程招标投标,是指对有不同国家或国际组织参与的建设工程进行的招标投标。国际工程招标投标,包括本国的国际工程(习惯上称涉外工程)招标投标和国外的国际工程招标投标两个部分。 国内工程招标投标和国际工程招标投标的基本原则是一致的,但在具体做法上有差异。随着社会经济的发展和国际工程交往的增多,国内工程招标投标和国际工程招标投标在做法上的区别已越来越小

三、建设工程招标投标方式

《中华人民共和国招标投标法》中将建设工程的招标方式分为公开招标和邀请招标两种。

1. 公开招标

公开招标是指招标人在指定的报刊、电子网络或其他媒体上发布招标公告,吸引众多的投标人参加投标竞争,招标人从中择优选择中标单位的招标方式。公开招标是一种无限制的竞争方式,按竞争程度又可以分为国际竞争性招标和国内竞争性招标。

公开招标可为所有的承包商提供一个平等竞争的机会,业主有较大的选择余地,有利于降低工程造价,提高工程质量和缩短工期。但是,由于参与竞争的承包商较多,可能会增加资格预审和评标的工作量,还可能出现故意压低投标报价的投机承包商以低价挤掉对报价严肃认真而报价较高的承包商。因此,采用此种招标方式时,业主要加强资格预审,认真评标。

2. 邀请招标

邀请招标,也称选择性招标或有限竞争投标,是指招标人以投标邀请书的方式邀请特定的法人或者其他组织投标,选择一定数目的法人或其他组织(不少于 3 家)。

邀请招标的优点在于:经过选择的投标单位在施工经验、技术力量、经济和信誉上都比较可靠,因而,一般能保证进度和质量要求。此外,参加投标的承包商数量少,因而招标时间相对缩短,招标费用也较少。

国家重点项目和省、自治区、直辖市的地方重点项目不宜进行公开招标的,经过批准后可以进行邀请招标。

四、建设工程施工招标投标程序

为进行建设工程招标投标,招标人和投标人都要进行充分的准备,并按一定的程序完成。建设工程施工招标程序一般如图 9-1 所示,投标程序如图 9-2 所示。

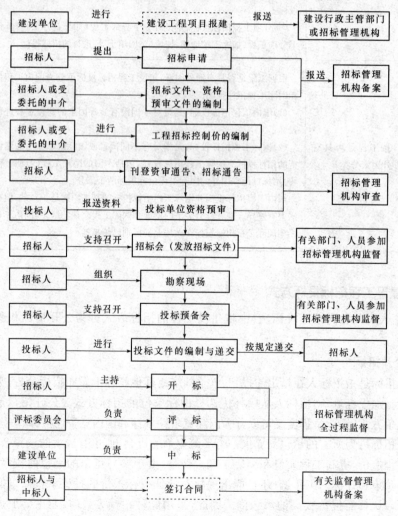

图 9-1　建设工程施工招标程序

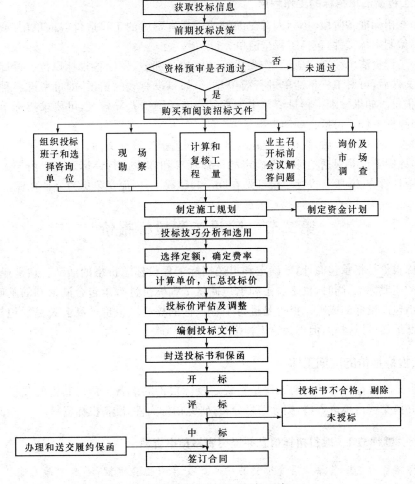

图 9-2　建设工程施工投标程序

五、工程量清单与建设工程招投标

在招投标工程中推行工程量清单计价,是目前规范建设市场秩序的治本措施之一;同时,也是我国招投标制度与国际接轨的需要。《建设工程工程量清单计价规范》(GB 50500—2013)规定,使用国有资金投资的建设工程发承包,必须采用工程量清单计价;非国有资金投资的建设工程,宜采用工程量清单计价。

1. 在建设工程招标中采用工程量清单计价的优点

(1)工程量清单招标为投标单位提供公平竞争的基础。

(2)采用工程量清单招标有利于"质"与"量"的结合,体现企业的自主性。

(3)工程量清单计价有利于风险的合理分担。

(4)用工程量清单招标,淡化了标底的作用,也有利于标底的管理和控制。

(5)工程量清单招标有利于企业精心控制成本,促进企业建立自己的定额库。

(6)工程量清单招标有利于控制工程索赔。

2. 工程量清单招标的工作程序

(1)在招标准备阶段,招标人首先编制或委托有资质的工程造价咨询单位(或招标代理机构)编制招标文件,包括工程量清单。

(2)工程量清单编制完成后,作为招标文件的一部分,发给各投标单位。投标单位接到招标文件后,可对工程量清单进行简单复核,如果没有大的错误,即可考虑各种因素进行工程报价。如果发现工程量清单中工程量与有关图纸差异较大,可要求招标单位予以澄清,但投标单位不得擅自变动工程量。

(3)投标报价完成后,投标单位在约定的时间内提交投标文件。

(4)评标委员会根据招标文件确定的评标标准和方法进行评标定标。由于采用了工程量清单计价方法,所有投标单位都站在同一起跑线上,因而竞争更为公平合理。

第二节　建设工程投标报价

投标报价是指承包商计算、确定和报送招标工程投标总价格的活动。它是业主选择中标者的主要标准,同时,也是业主和承包商就工程标价进行承包合同谈判的基础,直接关系到承包商投标的成败。报价是进行工程投标的核心。报价过高会失去承包机会;而报价过低虽然可以得标,但也会给工程带来亏本的风险。

一、投标报价的前期工作

建设工程投标报价的前期工作是指确定投标报价的准备工作。其主要包括:取得招标信息并提交资格预审资料,招标信息分析,研究招标文件,准备投标资料。

关键细节 1　取得招标信息并提交资格预审资料

招标信息的主要来源是招投标交易中心。交易中心会定期、不定期地发布工程招标信息。但是,投标人仅仅依靠交易中心来获取工程招标信息,那是远远不够的。因为交易中心发布的主要是公开招标的信息,而邀请招标的信息在发布时,招标人通常已经完成考察及选择邀请招标对象的工作,投标人此时再去报名参加,已经错过了被邀请的机会。所以,投标人日常建立广泛的信息网络是非常关键的。

有经验的投标人会从工程立项甚至从项目可行性研究阶段就开始跟踪,并根据自身的技术优势和施工经验为业主提供合理化建议,配合业主的前期立项工作,从而获得业主的信任。

投标人得到招标信息后,要及时报名参加,并向招标人提交资格审查资料。投标人资料主要包括:营业执照、资质证书、企业简历、技术力量、主要的机械设备,近三年内主要施工工程情况及与投标同类工程的施工情况,在建工程项目及财务状况。

投标人必须重视资格审查的重要性,它是招标人认识本企业的第一印象。经常有一些缺乏经验的投标人,尽管实力雄厚,但在投标资格审查时,因资格审查资料不齐全或缺乏关键的证明材料,而在投标资格审查阶段就被淘汰。

关键细节 2　招标信息分析

投标人取得招标信息后应对投标中收集到的有关信息进行详细分析。信息竞争将成为投标人竞争的焦点，对信息分析应从以下几个方面进行：

(1)建设项目是否已经批准，工程投资资金是否已到位。

(2)招标人是否有与工程规模相适应的工程经济技术管理人员，有无工程管理的能力等。委托的监理是否符合资质等级要求。

(3)招标人或委托的监理是否有明显的授标倾向。

(4)了解投标项目的技术特点：

1)工程规模、类型是否适合投标人。

2)气候条件、水文地质和自然资源条件是否适合。

3)技术难度如何。

4)工期要求如何。

5)预计应采取多少种技术措施。

(5)投标项目的经济特点：

1)工程款支付方式。

2)工程预付款的比例。

3)允许调价的因素，规费及税金信息。

4)金融和保险的有关情况。

(6)投标竞争形势分析：

1)根据投标项目的性质，预测投标竞争形势。

2)预计参与投标的竞争对手的优势分析。

3)预测竞争对手的投标策略及投标积极性。

(7)投标条件：

1)可利用的资源和其他有利条件。

2)投标人当前的经营状况、财务状况和投标的积极性。

(8)本企业的优势分析：

1)是否具有技术专长及价格优势。

2)类似工程承包经验及信誉。

3)资金、劳务、材料供应、管理等方面的优势。

4)项目的社会效益。

5)与招标人的关系是否良好。

6)是否有理想的合作伙伴联合投标，是否有良好的分包人。

(9)投标项目风险分析：

1)当地社会秩序、民情风俗、法规和政治局势。

2)社会经济发展形势、物价趋势。

3)与工程实施有关的自然风险。

4)招标人的履约风险。

5)投标项目本身可能造成的风险。

根据上述各项目信息的分析结果,做出包括经济效益在内的分析报告,供投标决策者进行科学、合理的投标决策。

关键细节 3 研究招标文件

(1)研究招标文件条款。

1)必须对招标文件认真研究,投标时要对招标文件的全部内容实质性响应,如果误解招标文件的内容,会造成不必要的损失。

2)必须掌握招标范围,认真研究工程量清单所包括的工程内容,掌握施工图纸及施工验收规范的要求。除此之外,对招标文件规定的工期、投标书的格式、签署方式、密封方式、投标的截止日期要熟悉,并形成备忘录,避免由于失误而造成不必要的损失。

(2)研究评标办法。评标办法是招标文件的组成部分,投标人中标与否是按评标办法的要求进行评定的。我国一般采取综合评估法和合理低价中标法。

1)招标文件规定采用综合评估法时,投标人应在投标报价、施工组织设计、企业业绩、信誉等规定打分项目中提高得分,以确保综合得分最高。

2)招标文件规定采用合理低价中标法时,并不是最低报价人中标,而是指投标人报价不能低于企业的个别成本。投标人的投标策略就是要在保证工期、质量等实质上响应招标文件的前提下,精心选择施工方案,采用先进技术,努力降低成本,报出有竞争力的低价来。投标人应使报价相对最低,利润相对较高,既能提高中标率,又使中标后的工程不亏损。

(3)研究合同条款。合同的主要条款是招标文件的组成部分,双方的最终法律制约作用就体现在合同上,因此,投标人对合同要特别重视。

1)主要看清单综合单价的调整,并根据工期和工程实际预测价格风险。

2)投标人能否保质保量按期完工,对由于招标人不按期付款而造成停工的现象要给予分析。

3)根据编制的施工组织设计分析能不能按期完工,如不能会有什么违约责任等。投标人要对各种因素进行综合分析,看双方权利义务是否对等,只有这样才能很好地预测风险,并采取相应的对策。

4)研究工程量清单。工程量清单是招标文件的重要组成部分,也是办理工程竣工结算及价款支付的依据。必须对工程量清单中的实物工程量在施工过程中是否会变更、增减等情况进行分析,弄清工程量清单包括的工程内容。把握每一清单项目的工作内容及范围,并做出正确的报价。不然会造成分析不到位,由于误解或错解而导致报价不全,甚至造成损失。

关键细节 4 准备投标资料

投标前必须准备与报价有关的所有资料,主要包括以下几项:

(1)招标文件、设计文件、施工验收规范。

(2)有关的法律、法规,企业内部定额及当地政府消耗量定额,询价体系及其他信息来源,企业积累的分部分项工程综合单价及成本价,拟建工程所在地的工程地质及环境情况,投标对手的情况及招标人的情况等。

这些资料可分为两类：一类是公用的，任何工程都必须用，如规范、法律、法规、企业内部定额及价格系统等；另一类是特有资料，只能针对投标工程，如设计文件、地质、环境、竞争对手及招标人的资料等。确定投标策略的资料主要是特有资料，因此，投标人对这部分资料要格外重视。

二、投标报价编制依据与相关工作

1. 投标报价编制依据

(1)《建设工程工程量清单计价规范》(GB 50500—2013)。

(2)国家或省级、行业建设主管部门颁发的计价办法。

(3)企业定额，国家或省级、行业建设主管部门颁发的计价定额和计价办法。

(4)招标文件、招标工程量清单及其补充通知、答疑纪要。

(5)建设工程设计文件及相关资料。

(6)施工现场情况、工程特点及投标时拟定的施工组织设计或施工方案。

(7)与建设项目相关的标准、规范等技术资料。

(8)市场价格信息或工程造价管理机构发布的工程造价信息。

(9)其他的相关资料。

2. 投标报价相关工作

建设工程投标报价编制工作主要包括：审核工程量清单、编制施工组织设计、计算施工增量、市场询价、计算综合单价、投标报价决策等。

关键细节 5　审核工程量清单

有经验的投标人首先应根据设计图纸对招标人提供的分部分项工程量清单进行审核，发现有大的问题可及时向招标人提出澄清要求。同时，也可以发现分部分项工程量清单计算的准确度，为投标人不平衡报价及结算索赔埋好伏笔。

关键细节 6　编制施工组织设计

施工组织设计是招标人评标时要考虑的主要因素之一，也是投标人确定施工工程量及措施项目的主要依据。它是报价过程中的一项主要工作，投标企业应精心优选施工组织设计，主要应考虑施工方案、施工机械、施工进度、质量保证及安全文明措施等。要根据拟建工程特点，采用科学先进的施工方法，安排合理的进度计划，充分有效地利用原有机械设备和劳动力，尽可能减少临时设施，以提高效率、降低成本。如果同时能向招标人提出合理化建议，在不影响功能的前提下为招标人节约工程造价，那么会大大提高投标人报价的合理性，增加中标的可能性。

关键细节 7　计算施工增量

招标人提供的分部分项工程量清单是组成工程实体的"实物工程量"，不考虑施工增加量。投标人在按招标人提供的分部分项工程量清单进行组价时，必须考虑完成该项目所有的工程内容，并把施工方案及施工工艺造成的工程增量以价格的形式合并到综合单价内。

关键细节 8 　市场询价

投标人在日常工作中就必须建立完善的询价系统,询价内容主要包括:材料市场价、人工当地的行情价、机械设备的租赁价、分部分项工程的分包价等。

关键细节 9 　计算综合单价

根据企业定额计算综合单价。根据企业定额中人工、材料、机械台班的消耗量,乘以市场价得出分部分项工程的人工费、材料费、施工机具使用费;再考虑应分摊的管理费和利润,同时考虑风险因素,汇总得出分部分项工程的综合单价。

关键细节 10 　投标报价决策

分部分项工程费、措施项目费、其他项目费按《建设工程工程量清单计价规范》(GB 50500—2013)的规定计算完后,再根据有关规定分别计算规费和税金,合计汇总得到初步报价,经分析、调整得到最终报价。

关键细节 11 　利用工程量清单编制投标报价注意事项

(1)投标时,应明确各清单项目所含的工作内容和要求、各项费用的组成等,仔细研究清单项目的描述,真正把自身的管理优势、技术优势、资源优势等落实到清单项目报价中。

(2)注意建立企业内部定额,提高自主报价能力。

(3)仔细填写每一单项的单价和合价,做到报价时不漏项不缺项。

(4)当需编制技术标及相应报价时,应避免技术标报价与商务标报价出现重复现象,特别是技术标中已经包括的措施项目,投标时应正确区分。

(5)根据各种影响因素和工程具体情况,运用一定的投标策略和技巧,灵活机动地调整报价,提高企业的市场竞争力。

三、投标报价策略

承包商参加投标竞争,能否战胜对手而获得施工合同,在很大程度上取决于自身能否运用正确灵活的投标策略来指导投标全过程。常见的投标报价策略有以下几种:

(1)根据招标项目的不同特点采用不同报价。投标报价时,既要考虑自身的优势和劣势,又要分析招标项目的特点。按照工程项目的不同特点、类别、施工条件等来选择报价策略。

(2)不平衡报价法。这种方法是指一个工程项目总报价基本确定后,通过调整内部各项目的报价,以期既不提高总报价、不影响中标,又能在结算时得到更理想的经济效益。

(3)计日工单价的报价。如果是单纯报价计日工单价,而且不计入总价中,可以报高些,以便在招标人额外用工或使用施工机械时多盈利。但如果计日工单价要计入总报价,则需具体分析是否报高价,以免抬高总报价。

(4)可供选择的项目报价。有些工程项目的分项工程,招标人可能要求按某一方案报价,而后再提供几种可供选择方案的比较报价。投标人投标应对不同规格情况下的价格进行调查,对于将来有可能被选择使用的规格应适当提高其报价;对于技术难度大的可将价格有意抬得更高一些,以阻挠招标人选用。

由于"可供选择项目"只有招标人才有权进行选择,所以,虽然适当提高了可供选择项目的报价,并不意味着肯定可以取得较好的利润,只是提供了一种可能性,一旦招标人今后选用,投标人即可得到额外加价的利益。

(5)多方案报价法。对于一些工程范围不很明确,条款不清楚或很不公正,技术规范要求过于苛刻的招标文件,则要在充分估计投标风险的基础上按原招标文件报一个价,然后再提出如某某条款做某些变动,报价可降低多少,由此可报出一个较低的价。

(6)暂定金额的报价。

1)由于暂定总价款是固定的,对各投标人的总报价水平竞争力没有任何影响,因此,投标时应当将暂定金额的单价适当提高。

2)招标人列出了暂定金额项目的数量,但并没有限制这些工程量的估价总价款,要求投标人既列出单价,也应按暂定项目的数量计算总价,将来结算付款时可按实际完成的工程量和所报单价支付。这种情况下,投标人必须慎重考虑。如果单价定得高了,同其他工程量计价一样,将会增大总报价,影响投标报价的竞争力;如果单价定得低了,将来这类工程量增大,将会影响收益。一般来说,这类工程量可以采用正常价格。如果投标人估计今后实际工程量肯定会增大,则可适当提高单价,使将来可增加额外收益。

3)只有暂定金额的一笔固定总金额,将来这笔金额做什么用,由招标人确定。这种情况对投标竞争没有实际意义,按招标文件要求将规定的暂定金额列入总报价即可。

此外,还有增加建议方案、许诺优惠条件和无利润报价等策略。

第三节　建设工程施工合同管理

一、工程合同计价方式

建设工程施工合同是发包方和承包方为完成商定的建设工程明确相互权利、义务关系的协议。建设工程施工合同根据合同计价方式一般可分为总价合同、单价合同和成本加酬金合同三大类型。

1. 总价合同

总价合同是指支付承包方的款项在合同中是一个"规定的金额",即总价。总价合同有两个主要特征:一是价格根据确定的由承包方实施的全部任务,按承包方在投标报价中提出的总价确定;二是实施的工程性质和工程量应在事先明确商定。总价合同又可分为固定总价合同和可调值总价合同两种形式。

(1)固定总价合同。固定总价合同的价格计算是以图纸及规定、规范为基础,承发包双方就施工项目协商一个固定的总价,由承包方一笔包死,不能变化。在合同履行过程中,如果业主没有要求变更原定的承包内容,承包商在完成承包任务后,不论其实际成本如何,均应按合同价获得工程款的支付。采用固定总价合同时,承包商因要考虑承担合同履行过程中的主要风险,因此投标报价较高。

(2)可调值总价合同。可调值总价合同与固定总价合同基本相同,但合同期较长(一年以上),只是在固定总价合同的基础上,增加合同履行过程中因市场价格浮动对承包价格调整的条款。由于合同期较长,不可能让承包商在投标报价时合理地预见一年后市场价格浮动的影响,因此,应在合同内明确约定合同价款的调整原则、方法和依据。

2. 单价合同

单价合同是指承包商按工程量报价单内的分项工作内容填报单价,以实际完成工程量乘以所报单价来计算结算价款的合同。承包商所填报的单价应为计及各种摊销费用后的综合单价,而非直接费单价。单价合同又可分为估算工程量单价合同和纯单价合同两种形式。

(1)估算工程量单价合同。估算工程量单价合同是指承包商在投标时以工程量报价单中开列的工作内容和估计工程量填报相应单价后,累计计算合同价。此时的单价应为计及各种摊销费用后的综合单价,即成品价,不再包括其他费用项目。在合同履行过程中,以实际完成工程量乘以单价作为支付和结算的依据。

这种合同较为合理地分担了合同履行过程中的风险。因此,估算工程量单价合同在实际中运用较多,目前国内推行的工程量清单招标所形成的合同就是估算工程量单价合同。实施这种合同的标的工程施工时要求施工过程中及时计量并建立月份明细账目,以便确定实际工程量。

(2)纯单价合同。纯单价合同是发包方只向承包方给出发包工程的有关分部分项工程以及工程范围,不需对工程量做任何规定。承包方在投标时只需要对这种给定范围的分部分项工程做出报价即可,而工程量则按实际完成的数量结算。这种合同形式主要适用于没有施工图、工程量不明,却急需开工的紧迫工程。

单价合同大多用于工期长,技术复杂,实施过程中发生各种不可预见因素较多的大型土建工程,以及业主为了缩短项目建设周期,初步设计完成后就进行施工招标的工程。单价合同的工程量清单内所开列的工程量为估计工程量,而非准确工程量。

3. 成本加酬金合同

成本加酬金合同是将工程项目的实际投资划分成直接成本费和承包商完成工作后应得酬金两部分。实施过程中发生的直接成本费由业主实报实销,另按合同约定的方式给承包商相应报酬。这种合同大多适用于边设计边施工的紧急工程或灾后修复工程。

按照合同内商定酬金的计算方式不同,成本加酬金合同又可分为成本加固定百分比酬金、成本加固定酬金、成本加奖罚、最高限额成本加固定最大酬金等几种形式,见表 9-2。

表 9-2　　　　　　　　　　　　　成本加酬金合同的分类

序　号	项　　　目	说　　　明
1	成本加固定百分比酬金合同	成本加固定百分比酬金合同,发包方对承包方支付的人工、材料和施工机械使用费、其他直接费、施工管理费等按实际直接成本全部据实补偿,同时按照实际直接成本的固定百分比付给承包方一笔酬金,作为承包方的利润。 这种合同使得建安工程总造价及付给承包方的酬金随工程成本而水涨船高,不利于鼓励承包方降低成本,很少被采用

序　号	项　目	说　明
2	成本加固定酬金合同	成本加固定酬金合同与成本加固定百分比酬金合同相似。其不同之处仅在于发包方付给承包方的酬金是一笔固定金额的酬金。 采用上述两种合同方式时,为了避免承包方企图获得更多的酬金而对工程成本不加控制,往往在承包合同中规定一些"补充条款",以鼓励承包方节约资金,降低成本
3	成本加奖罚合同	采用成本加奖罚合同,首先要确定一个目标成本,这个目标成本是根据粗略估算的工程量和单价表编制出来的。在此基础上,根据目标成本来确定酬金的数额,可以是百分数的形式,也可以是一笔固定酬金。然后,根据工程实际成本支出情况另外确定一笔奖金,当实际成本低于目标成本时,承包方除从发包方获得实际成本、酬金补偿外,还可根据成本降低额得到一笔奖金。当实际成本高于目标成本时,承包方仅能从发包方得到成本和酬金的补偿。此外,视实际成本高出目标成本情况,若超过合同价的限额,还要处以一笔罚金。除此之外,还可设工期奖罚。 这种合同形式可以促使承包商降低成本、缩短工期,而且目标成本随着设计的进展而加以调整,承发包双方都不会承担太大风险,因此应用较多
4	最高限额成本加固定最大酬金合同	在这种最高限额成本加固定最大酬金合同中,首先要确定限额成本、报价成本和最低成本,当实际成本没有超过最低成本时,承包方花费的成本费用及应得酬金等都可得到发包方的支付,并与发包方分享节约额;如果实际工程成本在最低成本和报价成本之间,承包方只能得到成本和酬金;如果实际工程成本在报价成本与最高限额成本之间,则只能得到全部成本;实际工程成本超过最高限额成本,则超过部分发包方不予支付。 这种合同形式有利于控制工程造价,并鼓励承包方最大限度地降低工程成本

二、工程量清单与施工合同

1. 工程量清单与施工合同主要条款的关系

工程量清单与施工合同关系密切,《建筑工程施工合同示范文本》内有很多条款是涉及工程量清单的,它们之间的关系主要表现为以下几个方面:

(1)工程量清单是合同文件的组成部分。施工合同不仅仅指发包人和承包人签订的协议书,它还应包括与建设项目施工有关的资料和施工过程中的补充、变更文件。《建设工程工程量清单计价规范》颁布实施后,工程造价采用工程量清单计价模式的,其施工合同又称为"工程量清单合同"。

(2)工程量清单是计算合同价款和确认工程量的依据。工程量清单所载工程量是计算投标报价、合同价款的基础。承、发包双方必须依据工程量清单所约定的规则,最终计量和确认工程量。

（3）工程量清单是计算工程变更价款和追加合同价款的依据。工程施工过程中，因设计变更或追加工程影响工程造价时，合同双方应依据工程量清单和合同其他约定调整合同价款。

（4）工程量清单是支付工程进度款和竣工结算的计算基础。工程施工过程中，发包人应按照合同约定和施工进度支付工程款，依据已完项目工程量和相应单价计算工程进度款。工程竣工验收通过，承/发包人应按照合同约定办理竣工结算，依据工程量清单约定的计算规则、竣工图纸对实际工程进行计量，调整工程量清单中的工程量，并依此计算工程结算价款。

（5）工程量清单是索赔的重要理由和证据。当一方向另一方提出索赔要求时，要有正当索赔理由，且有索赔事件发生时的有效证据，工程量清单作为合同文件的组成部分，也是理由和证据。当承包人按照设计图纸和技术规范进行施工，其工作内容是工程量清单所不包含的，则承包人可以向发包人提出索赔；当承包人施工不符合清单要求时，发包人可以向承包人提出反索赔要求。

2. 工程量清单合同的特点

工程量清单合同具有自身的特点和优越性，主要表现为以下几个方面：

（1）合同的单价具有综合性和固定性。由于工程量清单报价均采用综合单价形式，而综合单价中包含了清单项目所需的材料、人工、施工机械、管理费、利润、税金以及风险因素，因此具有一定的综合性。另外，由于工程量清单报价一经合同确认，竣工结算不能改变，因此单价又具有固定性。

（2）便于合同价的计算。施工过程中，发包人代表或工程师可依据承包人提交的经核实的进度报表，拨付工程进度款，依据合同中的计日工单价、依据或参考合同中已有的单价或总价，有利于工程变更价的确定和费用索赔的处理。工程结算时，承包人可依据竣工图纸、设计变更和工程签证等资料计算实际完成的工程量，对于原清单不符的部分提出调整，并最终依据实际完成工程量确定工程造价。

（3）清单合同更加适合招标投标。在清单招标投标中，投标单位可根据自身的设备情况、技术水平、管理水平，对不同的项目进行价格计算，充分反映投标人的实力水平和价格水平。由招标人统一提供工程量清单，增大了招标投标的透明度，为投标企业提供了一个公平合理的基础和环境。

三、建设工程合同价款约定

（1）工程合同价款的约定是建设工程合同的主要内容。根据有关法律条款的规定，实行招标的工程合同价款应在中标通知书发出之日起 30 天内，由发承包双方依据招标文件和中标人的投标文件在书面合同中约定。

工程合同价款的约定应满足以下几个方面的要求：

1）约定的依据要求：招标人向中标的投标人发出的中标通知书。

2）约定的时间要求：自招标人发出中标通知书之日起 30 天内。

3）约定的内容要求：招标文件和中标人的投标文件。

4）合同的形式要求：书面合同。

在工程招投标及建设工程合同签订过程中，招标文件应视为要约邀请，投标文件为要约,中标通知书为承诺。因此,在签订建设工程合同时,若招标文件与中标人的投标文件有不一致的地方,应以投标文件为准。

(2)实行招标的工程,合同约定不得违背招标文件中关于工期、造价、资质等方面的实质性内容。所谓合同实质性内容,按照《中华人民共和国合同法》第三十条规定:"有关合同标的、数量、质量、价款或者报酬、履行期限、履行地点和方式、违约责任和解决争议方法等的变更,是对要约内容的实质性变更"。

(3)不实行招标的工程合同价款,应在发承包双方认可的工程价款基础上,由发承包双方在合同中约定。

(4)工程建设合同的形式对工程量清单计价的适用性不构成影响,无论是单价合同、总价合同,还是成本加酬金合同均可以采用工程量清单计价。采用单价合同形式时,经标价的工程量清单是合同文件必不可少的组成内容,其中的工程量一般具备合同约束力(量可调),工程款结算时按照合同中约定应予计量并实际完成的工程量计算进行调整,由招标人提供统一的工程量清单则彰显了工程量清单计价的主要优点。总价合同是指总价包干或总价不变合同,采用总价合同形式,工程量清单中的工程量不具备合同的约束力(量不可调),工程量以合同图纸的标示内容为准,工程量以外的其他内容一般均赋予合同约束力,以方便合同变更的计量和计价。成本加酬金合同是承包人不承担任何价格变化风险的合同。

《建设工程工程量清单计价规范》(GB 50500—2013)中规定:"实行工程量清单计价的工程,应采用单价合同;建设规模较小,技术难度较低,工期较短,且施工图设计已审查批准的建设工程可采用总价合同;紧急抢险、救灾以及施工技术特别复杂的建设工程可采用成本加酬金合同。"单价合同约定的工程价款中所包含的工程量清单项目综合单价在约定条件内是固定的,不予调整,工程量允许调整。工程量清单项目综合单价在约定的条件外,允许调整。但调整方式、方法应在合同中约定。

关键细节 12 合同价款约定内容

(1)发承包双方应在合同条款中对下列事项进行约定:

1)预付工程款的数额、支付时间及抵扣方式。预付款是发包人为解决承包人在施工准备阶段资金周转问题提供的协助。如使用大宗材料,可根据工程具体情况设置工程材料预付款。

2)安全文明施工措施的支付计划,使用要求等。

3)工程计量与支付工程进度款的方式、数额及时间。

4)工程价款的调整因素、方法、程序、支付及时间。

5)施工索赔与现场签证的程序、金额确认与支付时间。

6)承担计价风险的内容、范围以及超出约定内容、范围的调整办法。

7)工程竣工价款结算编制与核对、支付及时间。

8)工程质量保证金的数额、预留方式及时间。

9)违约责任以及发生合同价款争议的解决方法及时间。

10)与履行合同、支付价款有关的其他事项等。

由于合同中涉及工程价款的事项较多,能够详细约定的事项应尽可能具体的约定,约定的用词应尽可能唯一,如有几种解释,最好对用词进行定义,尽量避免因理解上的歧义造成合同纠纷。

(2)合同中没有按照上述第(1)条的要求约定或约定不明的,若发承包双方在合同履行中发生争议由双方协商确定;当协商不能达成一致时,应按《建设工程工程量清单计价规范》(GB 50500—2013)的规定执行。

四、建设工程合同价款调整

(1)出现合同价款调增事项(不含工程量偏差、计日工、现场签证、索赔)后的 14 天内,承包人应向发包人提交合同价款调增报告并附上相关资料;承包人在 14 天内未提交合同价款调增报告的,应视为承包人对该事项不存在调整价款请求。

此处所指合同价款调增事项不包括工程量偏差,是因为工程量偏差的调整在竣工结算完成之前均可提出;不包括计日工、现场签证和索赔,是因为这三项的合同价款调增时限在《建设工程工程量清单计价规范》(GB 50500—2013)中另有规定。

(2)出现合同价款调减事项(不含工程量偏差、索赔)后的 14 天内,发包人应向承包人提交合同价款调减报告并附相关资料;发包人在 14 天内未提交合同价款调减报告的,应视为发包人对该事项不存在调整价款请求。

基于上述第(1)条同样的原因,此处合同价款调减事项中不包括工程量偏差和索赔两项。

(3)发(承)包人应在收到承(发)包人合同价款调增(减)报告及相关资料之日起 14 天内对其核实,予以确认的应书面通知承(发)包人。当有疑问时,应向承(发)包人提出协商意见。发(承)包人在收到合同价款调增(减)报告之日起 14 天内未确认也未提出协商意见的,应视为承(发)包人提交的合同价款调增(减)报告已被发(承)包人认可。发(承)包人提出协商意见的,承(发)包人应在收到协商意见后的 14 天内对其核实,予以确认的应书面通知发(承)包人。承(发)包人在收到发(承)包人的协商意见后 14 天内既不确认也未提出不同意见的,应视为发(承)包人提出的意见已被承(发)包人认可。

(4)发包人与承包人对合同价款调整的不同意见不能达成一致的,只要对发承包双方履约不产生实质影响,双方应继续履行合同义务,直到其按照合同约定的争议解决方式得到处理。

(5)根据财政部、原建设部印发的《建设工程价款结算暂行办法》(财建[2004]369 号)的相关规定,如第十五条:"发包人和承包人要加强施工现场的造价控制,及时对工程合同外的事项如实纪录并履行书面手续。凡由发、承包双方授权的现场代表签字的现场签证以及发、承包双方协商确定的索赔等费用,应在工程竣工结算中如实办理,不得因发、承包双方现场代表的中途变更改变其有效性",《建设工程工程量清单计价规范》(GB 50500—2013)对发承包双方确定调整的合同价款的支付方法进行了约定,即:"经发承包双方确认调整的合同价款,作为追加(减)合同价款,应与工程进度款或结算款同期支付"。

关键细节 13　法律法规变化引起合同价款调整

(1)工程建设过程中,发、承包双方都是国家法律、法规、规章及政策的执行者。因此,在发、承包双方履行合同的过程中,当国家的法律、法规、规章及政策发生变化,国家或省级、行业建设主管部门或其授权的工程造价管理机构据此发布工程造价调整文件,工程价款应当进行调整。《建设工程工程量清单计价规范》(GB 50500—2013)规定:"招标工程以投标截止日前 28 天、非招标工程以合同签订前 28 天为基准日,其后因国家的法律、法规、规章和政策发生变化引起工程造价增减变化的,发、承包双方应按照省级或行业建设主管部门或其授权的工程造价管理机构据此发布的规定调整合同价款"。

(2)因承包人原因导致工期延误的,按上述第(1)条规定的调整时间,在合同工程原定竣工时间之后,合同价款调增的不予调整,合同价款调减的予以调整。这就说明由于承包人原因导致工期延误,将按不利于承包人的原则调整合同价款。

关键细节 14　工程变更引起合同价款调整

建设工程施工合同实施过程中,如果合同签订时所依赖的承包范围、设计标准、施工条件等发生变化,则必须在新的承包范围、新的设计标准或新的施工条件等前提下对发承包双方的权利和义务进行重新分配,从而建立新的平衡,追求新的公平和合理。由于施工条件变化和发包人要求变化等原因,往往会发生合同约定的工程材料性质和品种、建筑物结构形式、施工工艺和方法等的变动,此时必须变更才能维护合同的公平。因此,《建设工程工程量清单计价规范》(GB 50500—2013)中对因分部分项工程量清单的漏项或非承包人原因引起的工程变更,造成增加新的工程量清单项目时,新增项目综合单价的确定原则进行了约定,具体如下:

(1)因工程变更引起已标价工程量清单项目或其工程数量发生变化时,应按照下列规定调整:

1)已标价工程量清单中有适用于变更工程项目的,应采用该项目的单价;但当工程变更导致该清单项目的工程数量发生变化,且工程量偏差超过 15%时,该项目单价应按照规定进行调整,即当工程量增加 15%以上时,增加部分的工程量的综合单价应予调低;当工程量减少 15%以上时,减少后剩余部分的工程量的综合单价应予调高。采用此条进行调整的前提条件是其采用的材料、施工工艺和方法相同,亦不因此增加关键线路上工程的施工时间。

2)已标价工程量清单中没有适用但有类似于变更工程项目的,可在合理范围内参照类似项目的单价。采用此条进行调整的前提条件是其采用的材料、施工工艺和方法基本相似,不增加关键线路上工程的施工时间,则可仅就其变更后的差异部分,参考类似的项目单价由发、承包双方协商新的项目单价。

3)已标价工程量清单中没有适用也没有类似于变更工程项目的,应由承包人根据变更工程资料、计量规则和计价办法、工程造价管理机构发布的信息价格和承包人报价浮动率提出变更工程项目的单价,并应报发包人确认后调整。承包人报价浮动率可按下列公式计算:

招标工程:

$$承包人报价浮动率\ L=(1-中标价/招标控制价)\times100\%$$

非招标工程:

$$承包人报价浮动率\ L=(1-报价/施工图预算)\times100\%$$

4)已标价工程量清单中没有适用也没有类似于变更工程项目,且工程造价管理机构发布的信息价格缺价的,应由承包人根据变更工程资料、计量规则、计价办法和通过市场调查等取得有合法依据的市场价格提出变更工程项目的单价,并应报发包人确认后调整。

(2)工程变更引起施工方案改变并使措施项目发生变化时,承包人提出调整措施项目费的,应事先将拟实施的方案提交发包人确认,并应详细说明与原方案措施项目相比的变化情况。拟实施的方案经发承包双方确认后执行,并应按照下列规定调整措施项目费:

1)安全文明施工费应按照实际发生变化的措施项目依据国家或省级、行业建设主管部门的规定计算。

2)采用单价计算的措施项目费,应按照实际发生变化的措施项目,按上述第(1)条的规定确定单价。

3)按总价(或系数)计算的措施项目费,按照实际发生变化的措施项目调整,但应考虑承包人报价浮动因素,即调整金额按照实际调整金额乘以上述第(1)条规定的承包人报价浮动率计算。

如果承包人未事先将拟实施的方案提交给发包人确认,则应视为工程变更不引起措施项目费的调整或承包人放弃调整措施项目费的权利。

(3)当发包人提出的工程变更因非承包人原因删减了合同中的某项原定工作或工程,致使承包人发生的费用或(和)得到的收益不能被包括在其他已支付或应支付的项目中,也未被包含在任何替代的工作或工程中时,承包人有权提出并应得到合理的费用及利润补偿。这主要是为了维护合同的公平,防止发包人在签约后擅自取消合同中的工作,转而由发包人自己或其他承包人实施而使本合同工程承包人蒙受损失。

关键细节15 项目特征不符引起合同价款调整

工程量清单的项目特征是确定一个清单项目综合单价不可缺少的主要依据。对工程量清单项目的特征描述具有十分重要的意义,其主要体现包括三个方面:①项目特征是区分清单项目的依据。工程量清单项目特征是用来表述分部分项清单项目的实质内容,用于区分计价规范中同一清单条目下各个具体的清单项目。没有项目特征的准确描述,对于相同或相似的清单项目名称,就无从区分。②项目特征是确定综合单价的前提。由于工程量清单项目的特征决定了工程实体的实质内容,必然直接决定了工程实体的自身价值。因此,工程量清单项目特征描述得准确与否,直接关系到工程量清单项目综合单价的准确确定。③项目特征是履行合同义务的基础。实行工程量清单计价,工程量清单及其综合单价是施工合同的组成部分,因此,如果工程量清单项目特征的描述不清甚至漏项、错误,从而引起在施工过程中的更改,都会引起分歧,导致纠纷。

在按工程计量规范对工程量清单项目的特征进行描述时,应注意"项目特征"与"工作内容"的区别。"项目特征"是工程项目的实质,决定着工程量清单项目的价值大小,而"工作内容"主要讲的是操作程序,是承包人完成能通过验收的工程项目所必须要操作的工序。在工程计量规范中,工程量清单项目与工程量计算规则、工作内容具有一一对应的关系,当采用《建设工程工程量清单计价规范》(GB 50500—2013)进行计价时,工作内容即有规定,无须再对其进行描述。而"项目特征"栏中的任何一项都影响着清单项目的综合单价的确定,招标人应高度重视分部分项工程项目清单项目特征的描述,任何不描述或描述不清,均会在施工合同履约过程中产生分歧,导致纠纷、索赔。

正因为此,在编制工程量清单时,必须对项目特征进行准确而且全面的描述,准确地描述工程量清单的项目特征对于准确地确定工程量清单项目的综合单价具有决定性的作用。

《建设工程工程量清单计价规范》(GB 50500—2013)中对清单项目特征描述及项目特征发生变化后重新确定综合单价的有关要求进行了以下约定:

(1)发包人在招标工程量清单中对项目特征的描述,应被认为是准确的和全面的,并且与实际施工要求相符合。承包人应按照发包人提供的招标工程量清单,根据项目特征描述的内容及有关要求实施合同工程,直到项目被改变为止。

(2)承包人应按照发包人提供的设计图纸实施合同工程,若在合同履行期间出现设计图纸(含设计变更)与招标工程量清单任一项目的特征描述不符,且该变化引起该项目工程造价增减变化的,应按照实际施工的项目特征,按有关规定重新确定相应工程量清单项目的综合单价,并调整合同价款。

关键细节 16　工程量清单缺项引起合同价款调整

导致工程量清单缺项的原因主要包括:①设计变更;②施工条件改变;③工程量清单编制错误。由于工程量清单的增减变化必然使合同价款发生增减变化。

(1)合同履行期间,由于招标工程量清单中缺项,新增分部分项工程清单项目的,应按照“关键细节 14”中的第(1)条的有关规定确定单价,并调整合同价款。

(2)新增分部分项工程清单项目后,引起措施项目发生变化的,应按照“关键细节 14”中的第(2)条的有关规定,在承包人提交的实施方案被发包人批准后调整合同价款。

(3)由于招标工程量清单中措施项目缺项,承包人应将新增措施项目实施方案提交发包人批准后,按照“关键细节 14”中的第(1)、(2)条的有关规定调整合同价款。

关键细节 17　工程量偏差引起合同价款调整

施工过程中,由于施工条件、地质水文、工程变更等变化以及招标工程量清单编制人专业水平的差异,往往会造成实际工程量与招标工程量清单出现偏差,工程量偏差过大,对综合成本的分摊带来影响。如突然增加太多,仍按原综合单价计价,对发包人不公平;如突然减少太多,仍按原综合单价计价,对承包人不公平。并且,这给有经验的承包人的不平衡报价打开了大门。为维护合同的公平,《建设工程工程量清单计价规范》(GB 50500—2013)中进行了以下约定:

(1)合同履行期间,当应予计算的实际工程量与招标工程量清单出现偏差,且符合下述第(2)、(3)条规定时,发承包双方应调整合同价款。

(2)对于任一招标工程量清单项目,当因工程量偏差和“关键细节 14”中规定的工程变更等原因导致工程量偏差超过 15% 时,可进行调整。当工程量增加 15% 以上时,增加部分的工程量的综合单价应予调低;当工程量减少 15% 以上时,减少后剩余部分的工程量的综合单价应予调高。调整后的某一分部分项工程费结算价可参照以下公式计算:

1)当 $Q_1 > 1.15Q_0$ 时:

$$S = 1.15Q_0 \times P_0 + (Q_1 - 1.15Q_0) \times P_1$$

2)当 $Q_1 < 0.85Q_0$ 时:

$$S = Q_1 \times P_1$$

式中　S——调整后的某一分部分项工程费结算价;

　　　Q_1——最终完成的工程量;

　　　Q_0——招标工程量清单中列出的工程量;

　　　P_1——按照最终完成工程量重新调整后的综合单价;

　　　P_0——承包人在工程量清单中填报的综合单价。

由上述两式可以看出,计算调整后的某一分部分项工程费结算价的关键是确定新的综合单价 P_1。确定的方法,一是发承包双方协商确定,二是与招标控制价相联系,当工程量偏差项目出现承包人在工程量清单中填报的综合单价与发包人招标控制价相应清单项目的综合单价偏差超过 15% 时,工程量偏差项目综合单价的调整可参考以下公式确定:

1)当 $P_0 < P_2 \times (1-L) \times (1-15\%)$ 时,该类项目的综合单价 P_1 按 $P_2 \times (1-L) \times (1-15\%)$ 进行调整。

2)当 $P_0 > P_2 \times (1+15\%)$ 时,该类项目的综合单价 P_1 按 $P_2 \times (1+15\%)$ 进行调整。

3)当 $P_0 > P_2 \times (1-L) \times (1-15\%)$ 或 $P_0 < P_2 \times (1+15\%)$ 时,可不进行调整。

以上各式中 P_0——承包人在工程量清单中填报的综合单价;

　　　　　P_2——发包人招标控制价相应项目的综合单价;

　　　　　L——承包人报价浮动率。

(3)如果工程量出现变化引起相关措施项目相应发生变化时,按系数或单一总价方式计价的,工程量增加的措施项目费调增,工程量减少的措施项目费调减。反之,如未引起相关措施项目发生变化,则不予调整。

⌂关键细节 18　计日工引起合同价款调整

(1)发包人通知承包人以计日工方式实施的零星工作,承包人应予执行。

(2)采用计日工计价的任何一项变更工作,在该项变更的实施过程中,承包人应按合同约定提交下列报表和有关凭证送发包人复核:

1)工作名称、内容和数量。

2)投入该工作所有人员的姓名、工种、级别和耗用工时。

3)投入该工作的材料名称、类别和数量。

4)投入该工作的施工设备型号、台数和耗用台时。

5)发包人要求提交的其他资料和凭证。

(3)任一计日工项目持续进行时,承包人应在该项工作实施结束后的 24 小时内向发包人提交有计日工记录汇总的现场签证报告一式三份。发包人在收到承包人提交现场签证报告后的 2 天内予以确认并将其中一份返还给承包人,作为计日工计价和支付的依据。发包人逾期未确认也未提出修改意见的,应视为承包人提交的现场签证报告已被发包人认可。

(4)任一计日工项目实施结束后,承包人应按照确认的计日工现场签证报告核实该类项目的工程数量,并应根据核实的工程数量和承包人已标价工程量清单中的计日工单价计算,提出应付价款;已标价工程量清单中没有该类计日工单价的,由发承包双方按"关键细节 14"中的相关规定商定计日工单价计算。

(5)每个支付期末,承包人应按规定向发包人提交本期间所有计日工记录的签证汇总表,并应说明本期间自己认为有权得到的计日工金额,调整合同价款,列入进度款支付。

关键细节 19 物价变化引起合同价款调整

(1)价格指数调整价格差额。

1)价格调整公式。因人工、材料和设备等价格波动影响合同价格时,根据投标函附录中的价格指数和权重表约定的数据,按以下公式计算差额并调整合同价格:

$$\Delta P = P_0 \left[A + \left(B_1 \frac{F_{t1}}{F_{01}} + B_2 \frac{F_{t2}}{F_{02}} + B_3 \frac{F_{t3}}{F_{03}} + \cdots + B_n \frac{F_{tn}}{F_{0n}} \right) - 1 \right]$$

式中 ΔP——需调整的价格差额;

     P_0——约定的付款证书中承包人应得到的已完成工程量的金额。此项金额应不包括价格调整、不计质量保证金的扣留和支付、预付款的支付和扣回。约定的变更及其他金额已按现行价格计价的,也不计在内;

     A——定值权重(即不调部分的权重);

$B_1, B_2, B_3, \cdots, B_n$——各可调因子的变值权重(即可调部分的权重),为各可调因子在投标函投标总报价中所占的比例;

$F_{t1}, F_{t2}, F_{t3}, \cdots, F_{tn}$——各可调因子的现行价格指数,指约定的付款证书相关周期最后1d的前42d的各可调因子的价格指数;

$F_{01}, F_{02}, F_{03}, \cdots, F_{0n}$——各可调因子的基本价格指数,指基准日期的各可调因子的价格指数。

以上价格调整公式中的各可调因子、定值和变值权重,以及基本价格指数及其来源在投标函附录价格指数和权重表中约定。价格指数应首先采用有关部门提供的价格指数,缺乏上述价格指数时,可采用有关部门提供的价格代替。

2)暂时确定调整差额。在计算调整差额时得不到现行价格指数的,可暂用上一次价格指数计算,并在以后的付款中再按实际价格指数进行调整。

3)权重的调整。约定的变更导致原定合同中的权重不合理时,由监理人与承包人和发包人协商后进行调整。

4)承包人工期延误后的价格调整。由于承包人原因未在约定的工期内竣工的,则对原约定竣工日期后继续施工的工程,在使用第1)条的价格调整公式时,应采用原约定竣工日期与实际竣工日期的两个价格指数中较低的一个作为现行价格指数。

5)若人工因素已作为可调因子包括在变值权重内,则不再对其进行单项调整。

(2)造价信息调整价格差额。

1)施工期内,因人工、材料和工程设备、施工机械台班价格波动影响合同价格时,人工、机械使用费按照国家或省、自治区、直辖市建设行政管理部门、行业建设管理部门或其授权的工程造价管理机构发布的人工成本信息、机械台班单价或机械使用费系数进行调整;需要进行价格调整的材料,其单价和采购数应由发包人复核,发包人确认需调整的材料单价及数量,作为调整合同价款差额的依据。

2)人工单价发生变化且该变化因省级或行业建设主管部门发布的人工费调整文件所

致时,承包双方应按省级或行业建设主管部门或其授权的工程造价管理机构发布的人工成本文件调整合同价款。人工费调整时应以调整文件的时间为界限进行。

3)材料、工程设备价格变化按照发包人提供的《承包人提供主要材料和工程设备一览表(适用于造价信息差额调整法)》,由发承包双方约定的风险范围按下列规定调整合同价款:

①承包人投标报价中材料单价低于基准单价:施工期间材料单价涨幅以基准单价为基础超过合同约定的风险幅度值,或材料单价跌幅以投标报价为基础超过合同约定的风险幅度值时,其超过部分按实调整。

②承包人投标报价中材料单价高于基准单价:施工期间材料单价跌幅以基准单价为基础超过合同约定的风险幅度值,或材料单价涨幅以投标报价为基础超过合同约定的风险幅度值时,其超过部分按实调整。

③承包人投标报价中材料单价等于基准单价:施工期间材料单价涨、跌幅以基准单价为基础超过合同约定的风险幅度值时,其超过部分按实调整。

④承包人应在采购材料前将采购数量和新的材料单价报送发包人核对,确认用于本合同工程时,发包人应确认采购材料的数量和单价。发包人在收到承包人报送的确认资料后 3 个工作日不予答复的视为已经认可,作为调整合同价款的依据。如果承包人未报经发包人核对即自行采购材料,再报发包人确认调整合同价款的,如发包人不同意,则不作调整。

4)施工机械台班单价或施工机械使用费发生变化超过省级或行业建设主管部门或其授权的工程造价管理机构规定的范围时,按其规定调整合同价款。

(3)物价变化合同价款调整要求。

1)合同履行期间,因人工、材料、工程设备、机械台班价格波动影响合同价款时,应根据合同约定,按上述介绍的方法之一调整合同价款。

2)承包人采购材料和工程设备的,应在合同中约定主要材料、工程设备价格变化的范围或幅度;当没有约定,且材料、工程设备单价变化超过 5% 时,超过部分的价格应按照上述介绍的方法计算调整材料、工程设备费。

3)发生合同工程工期延误的,应按照下列规定确定合同履行期的价格调整:

①因非承包人原因导致工期延误的,计划进度日期后续工程的价格,应采用计划进度日期与实际进度日期两者的较高者。

②因承包人原因导致工期延误的,计划进度日期后续工程的价格,应采用计划进度日期与实际进度日期两者的较低者。

4)发包人供应材料和工程设备的,不适用上述第 1)和第 2)条规定,应由发包人按照实际变化调整,列入合同工程的工程造价内。

关键细节 20　暂估价引起合同价款调整

(1)按照《工程建设项目货物招标投标办法》(国家发改委、建设部等七部委 27 号令)第五条规定:"以暂估价形式包括在总承包范围内的货物达到国家规定规模标准的,应当由总承包中标人和工程建设项目招标人共同依法组织招标"。若发包人在招标工程量清单中给定暂估价的材料、工程设备属于依法必须招标的,应由发承包双方以招标的方式选择供应商,确定价格,并应以此为依据取代暂估价,调整合同价款。

所谓共同招标,不能简单理解为发承包双方共同作为招标人,最后共同与招标人签订合同。恰当的做法应当是仍由总承包中标人作为招标人,采购合同应当由总承包人签订。建设项目招标人参与的所谓共同招标可以通过恰当的途径体现建设项目招标人对这类招标组织的参与、决策和控制。建设项目招标人约束总承包人的最佳途径就是通过合同约定相关的程序。建设项目招标人的参与主要体现在对相关项目招标文件、评标标准和方法等能够体现招标目的和招标要求的文件进行审批,未经审批不得发出招标文件;评标时建设项目招标人也可以派代表进入评标委员会参与评标,否则,中标结果对建设项目招标人没有约束力,并且,建设项目招标人有权拒绝对相应项目拨付工程款,对相关工程拒绝验收。

(2)发包人在招标工程量清单中给定暂估价的材料、工程设备不属于依法必须招标的,应由承包人按照合同约定采购,经发包人确认单价后取代暂估价,调整合同价款。暂估材料或工程设备的单价确定后,在综合单价中只应取代暂估单价,不应再在综合单价中涉及企业管理费或利润等其他费用的变动。

(3)发包人在工程量清单中给定暂估价的专业工程不属于依法必须招标的,应按照"关键细节14"中的相关规定确定专业工程价款,并应以此为依据取代专业工程暂估价,调整合同价款。

(4)发包人在招标工程量清单中给定暂估价的专业工程,依法必须招标的,应当由发承包双方依法组织招标选择专业分包人,并接受有管辖权的建设工程招标投标管理机构的监督,还应符合下列要求:

1)除合同另有约定外,承包人不参加投标的专业工程发包招标,应由承包人作为招标人,但拟定的招标文件、评标工作、评标结果应报送发包人批准。与组织招标工作有关的费用应当被认为已经包括在承包人的签约合同价(投标总报价)中。

2)承包人参加投标的专业工程发包招标,应由发包人作为招标人,与组织招标工作有关的费用由发包人承担。同等条件下,应优先选择承包人中标。

3)应以专业工程发包中标价为依据取代专业工程暂估价,调整合同价款。

关键细节21　不可抗力引起合同价款调整

(1)因不可抗力事件导致的人员伤亡、财产损失及其费用增加,发、承包双方应按下列原则分别承担并调整合同价款和工期:

1)合同工程本身的损害、因工程损害导致第三方人员伤亡和财产损失以及运至施工场地用于施工的材料和待安装的设备损害,应由发包人承担。

2)发包人、承包人人员伤亡由其所在单位负责,并应承担相应费用。

3)承包人的施工机械设备损坏及停工损失,应由承包人承担。

4)停工期间,承包人应发包人要求留在施工场地的必要的管理人员及保卫人员的费用应由发包人承担。

5)工程所需清理、修复费用,应由发包人承担。

(2)不可抗力解除后复工的,若不能按期竣工,应合理延长工期。发包人要求赶工的,赶工费用应由发包人承担。

关键细节 22　提前竣工（赶工补偿）引起合同价款调整

《建设工程质量管理条例》第十条规定："建设工程发包单位不得迫使承包方以低于成本的价格竞标，不得任意压缩合理工期"。因此，为了保证工程质量，承包人除了根据标准规范、施工图纸进行施工外，还应当按照科学合理的施工组织设计，按部就班地进行施工作业。

（1）招标人应依据相关工程的工期定额合理计算工期，压缩的工期天数不得超过定额工期的 20%，超过者，应在招标文件中明示增加赶工费用。赶工费用主要包括：①人工费的增加，如新增加投入人工的报酬，不经济使用人工的补贴等；②材料费的增加，如可能造成不经济使用材料而损耗过大，材料运输费的增加等；③机械费的增加，例如可能增加机械设备投入，不经济的使用机械等。

（2）发包人要求合同工程提前竣工的，应征得承包人同意后与承包人商定采取加快工程进度的措施，并应修订合同工程进度计划。发包人应承担承包人由此增加的提前竣工（赶工补偿）费用，除合同另有约定外，提前竣工补偿的金额可为合同价款的 5%。

（3）发承包双方应在合同中约定提前竣工每日历天应补偿额度，此项费用应作为增加合同价款列入竣工结算文件中，应与结算款一并支付。

关键细节 23　误期赔偿引起合同价款调整

（1）如果承包人未按照合同约定施工，导致实际进度迟于计划进度的，承包人应加快进度，实现合同工期。即使承包人采取了赶工措施，赶工费用仍应由承包人承担。如合同工程仍然误期，承包人应赔偿发包人由此造成的损失，并按照合同约定向发包人支付误期赔偿费，除合同另有约定外，误期赔偿可为合同价款的 5%。即使承包人支付误期赔偿费，也不能免除承包人按照合同约定应承担的任何责任和应履行的任何义务。

（2）发、承包双方应在合同中约定误期赔偿费，并应明确每日历天应赔额度。误期赔偿费应列入竣工结算文件中，并应在结算款中扣除。

（3）在工程竣工之前，合同工程内的某单项（位）工程已通过了竣工验收，且该单项（位）工程接收证书中表明的竣工日期并未延误，而是合同工程的其他部分产生了工期延误时，误期赔偿费应按照已颁发工程接收证书的单项（位）工程造价占合同价款的比例幅度予以扣减。

关键细节 24　索赔引起合同价款调整

索赔是合同双方依据合同约定维护自身合法利益的行为，它的性质属于经济补偿行为，而非惩罚。

1. 索赔的条件

当合同一方向另一方提出索赔时，应有正当的索赔理由和有效证据，并应符合合同的相关约定。建设工程施工中的索赔是发、承包双方行使正当权利的行为，承包人可向发包人索赔，发包人也可向承包人索赔。任何索赔事件的确立，其前提条件是必须有正当的索赔理由。对正当索赔理由的说明必须具有证据，因为进行索赔主要是靠证据说话的。没有证据或证据不足，索赔是难以成功的。

2. 索赔的证据

（1）索赔证据的要求。一般有效的索赔证据都具有以下几个特征：

1）及时性：既然干扰事件已发生，又意识到需要索赔，就应在有效时间内提出索赔意向。在规定的时间内报告事件的发展影响情况，在规定时间内提交索赔的详细额外费用计算账单，对发包人或工程师提出的疑问及时补充有关材料。如果拖延太久，将增加索赔工作的难度。

2）真实性：索赔证据必须是在实际过程中产生，完全反映实际情况，能经得住对方的推敲。由于在工程过程中合同双方都在进行合同管理，收集工程资料，所以双方应有相同的证据。使用不实的、虚假证据是违反商业道德甚至法律的。

3）全面性：所提供的证据应能说明事件的全过程。索赔报告中所涉及的干扰事件、索赔理由、索赔值等都应有相应的证据，不能凌乱和支离破碎，否则发包人将退回索赔报告，要求重新补充证据。这会拖延索赔的解决，损害承包商在索赔中的有利地位。

4）关联性：索赔的证据应当能互相说明，相互具有关联性，不能互相矛盾。

5）法律证明效力：索赔证据必须有法律证明效力，特别对准备递交仲裁的索赔报告更要注意这一点。

①证据必须是当时的书面文件，一切口头承诺、口头协议不算。

②合同变更协议必须由双方签署，或以会谈纪要的形式确定，且为决定性决议。一切商讨性、意向性的意见或建议都不算。

③工程中的重大事件、特殊情况的记录、统计应由工程师签署认可。

（2）索赔证据的种类。

1）招标文件、工程合同、发包人认可的施工组织设计、工程图纸、技术规范等。

2）工程各项有关的设计交底记录、变更图纸、变更施工指令等。

3）工程各项经发包人或合同中约定的发包人现场代表或监理工程师签认的签证。

4）工程各项往来信件、指令、信函、通知、答复等。

5）工程各项会议纪要。

6）施工计划及现场实施情况记录。

7）施工日报及工长工作日志、备忘录。

8）工程送电、送水、道路开通、封闭的日期及数量记录。

9）工程停电、停水和干扰事件影响的日期及恢复施工的日期记录。

10）工程预付款、进度款拨付的数额及日期记录。

11）工程图纸、图纸变更、交底记录的送达份数及日期记录。

12）工程有关施工部位的照片及录像等。

13）工程现场气候记录，如有关天气的温度、风力、雨雪等。

14）工程验收报告及各项技术鉴定报告等。

15）工程材料采购、订货、运输、进场、验收、使用等方面的凭据。

16）国家和省级或行业建设主管部门有关影响工程造价、工期的文件、规定等。

（3）索赔时效的功能。索赔时效是指合同履行过程中，索赔方在索赔事件发生后的约定期限内不行使索赔权即视为放弃索赔权利，其索赔权归于消灭的制度。一方面，索赔时效届满，即视为承包人放弃索赔权利，发包人可以此作为证据的代用，避免举证的困难；另一方面，只有促使承包人及时提出索赔要求，才能警示发包人充分履行合同义务，避免类似索赔事件的再次发生。

　　3. 承包人的索赔

　　(1)若承包人认为非承包人原因发生的事件造成了承包人的损失,承包人应在确认该事件发生后,持证明索赔事件发生的有效证据和依据正当的索赔理由,按合同约定的时间向发包人发出索赔通知。发包人应按合同约定的时间对承包人提出的索赔进行答复和确认。发包人在收到最终索赔报告后并在合同约定时间内,未向承包人作出答复,视为该项索赔已经认可。

　　这种索赔方式称之为单项索赔,即在每一件索赔事项发生后,递交索赔通知书,编报索赔报告书,要求单项解决支付,不与其他的索赔事项混在一起。单项索赔是施工索赔通常采用的方式。它避免了多项索赔的相互影响制约,所以解决起来比较容易。

　　当施工过程中受到非常严重的干扰,以致承包人的全部施工活动与原来的计划不大相同,原合同规定的工作与变更后的工作相互混淆,承包人无法为索赔保持准确而详细的成本记录资料,无法采用单项索赔的方式,而只能采用综合索赔。综合索赔俗称一揽子索赔。即对整个工程(或某项工程)中所发生的数起索赔事项,综合在一起进行索赔。采取这种方式进行索赔,是在特定的情况下被迫采用的一种索赔方法。

　　采取综合索赔时,承包人必须提出以下证明:①承包商的投标报价是合理的;②实际发生的总成本是合理的;③承包商对成本增加没有任何责任;④不可能采用其他方法准确地计算出实际发生的损失数额。

　　根据合同约定,承包人应按下列程序向发包人提出索赔:

　　1)承包人应在知道或应当知道索赔事件发生后 28 天内,向发包人提交索赔意向通知书,说明发生索赔事件的事由。承包人逾期未发出索赔意向通知书的,丧失索赔的权利。

　　2)承包人应在发出索赔意向通知书后 28 天内,向发包人正式提交索赔通知书。索赔通知书应详细说明索赔理由和要求,并应附必要的记录和证明材料。

　　3)索赔事件具有连续影响的,承包人应继续提交延续索赔通知,说明连续影响的实际情况和记录。

　　4)在索赔事件影响结束后的 28 天内,承包人应向发包人提交最终索赔通知书,说明最终索赔要求,并应附必要的记录和证明材料。

　　(2)承包人索赔应按下列程序处理:

　　1)发包人收到承包人的索赔通知书后,应及时查验承包人的记录和证明材料。

　　2)发包人应在收到索赔通知书或有关索赔的进一步证明材料后的 28 天内,将索赔处理结果答复承包人,如果发包人逾期未作出答复,视为承包人索赔要求已被发包人认可。

　　3)承包人接受索赔处理结果的,索赔款项应作为增加合同价款,在当期进度款中进行支付;承包人不接受索赔处理结果的,应按合同约定的争议解决方式办理。

　　(3)承包人要求赔偿时,可以选择下列一项或几项方式获得赔偿:

　　1)延长工期。

　　2)要求发包人支付实际发生的额外费用。

　　3)要求发包人支付合理的预期利润。

　　4)要求发包人按合同的约定支付违约金。

　　(4)索赔事件发生后,在造成费用损失时,往往会造成工期的变动。当索赔事件造成的费用损失与工期相关联时,承包人应根据发生的索赔事件向发包人提出费用索赔要求的同时,提出工期延长的要求。发包人在批准承包人的索赔报告时,应将索赔事件造成的费用损失和工期延长联系起来,综合做出批准费用索赔和工期延长的决定。

(5)发承包双方在按合同约定办理了竣工结算后,应被认为承包人已无权再提出竣工结算前所发生的任何索赔。承包人在提交的最终结清申请中,只限于提出竣工结算后的索赔,提出索赔的期限应自发承包双方最终结清时终止。

4. 发包人的索赔

(1)根据合同约定,发包人认为由于承包人的原因造成发包人的损失,宜按承包人索赔的程序进行索赔。当合同中未就发包人的索赔事项作具体约定,按以下规定处理:

1)发包人应在确认引起索赔的事件发生后28天内向承包人发出索赔通知,否则,承包人免除该索赔的全部责任。

2)承包人在收到发包人索赔报告后的28天内,应做出回应,表示同意或不同意并附具体意见,如在收到索赔报告后的28天内,未向发包人作出答复,视为该项索赔报告已经认可。

(2)发包人要求赔偿时,可以选择下列一项或几项方式获得赔偿:

1)延长质量缺陷修复期限。

2)要求承包人支付实际发生的额外费用。

3)要求承包人按合同的约定支付违约金。

(3)承包人应付给发包人的索赔金额可从拟支付给承包人的合同价款中扣除,或由承包人以其他方式支付给发包人。

关键细节25　现场签证引起合同价款调整

由于施工生产的特殊性,施工过程中往往会出现一些与合同工程或合同约定不一致或未约定的事项,这时就需要发承包双方用书面形式记录下来,这就是现场签证。签证有多种情形,一是发包人的口头指令,需要承包人将其提出,由发包人转换成书面签证;二是发包人的书面通知如涉及工程实施,需要承包人就完成此通知需要的人工、材料、机械设备等内容向发包人提出,取得发包人的签证确认;三是合同工程招标工程量清单中已有,但施工中发现与其不符,比如土方类别,出现流砂等,需承包人及时向发包人提出签证确认,以便调整合同价款;四是由于发包人原因未按合同约定提供场地、材料、设备或停水、停电等造成承包人停工,需承包人及时向发包人提出签证确认,以便计算索赔费用;五是合同中约定材料、设备等价格,由于市场发生变化,需承包人向发包人提出采纳数量及其单价,以便发包人核对后取得发包人的签证确认;六是其他由于施工条件、合同条件变化需现场签证的事项等。

(1)承包人应发包人要求完成合同以外的零星项目、非承包人责任事件等工作的,发包人应及时以书面形式向承包人发出指令,并应提供所需的相关资料;承包人在收到指令后,应及时向发包人提出现场签证要求。

(2)承包人应在收到发包人指令后的7天内向发包人提交现场签证报告,发包人应在收到现场签证报告后的48小时内对报告内容进行核实,予以确认或提出修改意见。发包人在收到承包人现场签证报告后的48小时内未确认也未提出修改意见的,应视为承包人提交的现场签证报告已被发包人认可。

（3）现场签证的工作如已有相应的计日工单价，现场签证中应列明完成该类项目所需的人工、材料、工程设备和施工机械台班的数量。

如现场签证的工作没有相应的计日工单价，应在现场签证报告中列明完成该签证工作所需的人工、材料设备和施工机械台班的数量及单价。

（4）合同工程发生现场签证事项，未经发包人签证确认，承包人便擅自施工的，除非征得发包人书面同意，否则发生的费用应由承包人承担。

（5）按照财政部、原建设部印发的《建设工程价款结算办法》（财建[2004]369 号）第十五条的规定：“发包人和承包人要加强施工现场的造价控制，及时对工程合同外的事项如实纪录并履行书面手续。凡由发、承包双方授权的现场代表签字的现场签证以及发、承包双方协商确定的索赔等费用，应在工程竣工结算中如实办理，不得因发、承包双方现场代表的中途变更改变其有效性。”《建设工程工程量清单计价规范》（GB 50500—2013）规定：“现场签证工作完成后的 7 天内，承包人应按照现场签证内容计算价款，报送发包人确认后，作为增加合同价款，与进度款同期支付”。此举可避免发包方变相拖延工程款以及发包人以现场代表变更而不承认某些索赔或签证的事件发生。

（6）在施工过程中，当发现合同工程内容因场地条件、地质水文、发包人要求等不一致时，承包人应提供所需的相关资料，并提交发包人签证认可，作为合同价款调整的依据。

关键细节 26　暂列金额引起合同价款调整

（1）已签约合同价中的暂列金额应由发包人掌握使用。

（2）暂列金额虽然列入合同价款，但并不属于承包人所有，也并不必然发生。只有按照合同约定实际发生后，才能成为承包人的应得金额，纳入工程合同结算价款中，发包人按照前述相关规定与要求进行支付后，暂列金额余额仍归发包人所有。

五、建设工程合同价款支付及争议解决

（一）合同价款期中支付

1. 预付款

（1）预付款是发包人为解决承包人在施工准备阶段资金周转问题提供的协助，预付款用于承包人为合同工程施工购置材料、工程设备，购置或租赁施工设备以及组织施工人员进场。预付款应专用于合同工程。

（2）按照财政部、原建设部印发的《建设工程价款结算暂行办法》的相关规定，《建设工程工程量清单计价规范》（GB 50500—2013）中对预付款的支付比例进行了约定：包工包料工程的预付款的支付比例不得低于签约合同价（扣除暂列金额）的 10%，不宜高于签约合同价（扣除暂列金额）的 30%。预付款的总金额，分期拨付次数，每次付款金额、付款时间等应根据工程规模、工期长短等具体情况，在合同中约定。

（3）承包人应在签订合同或向发包人提供与预付款等额的预付款保函（如有）后向发包人提交预付款支付申请。

（4）发包人应在收到支付申请的 7 天内进行核实，向承包人发出预付款支付证书，并在签发支付证书后的 7 天内向承包人支付预付款。

（5）发包人没有按合同约定按时支付预付款的，承包人可催告发包人支付；发包人在预付款期满后的 7 天内仍未支付的，承包人可在付款期满后的第 8 天起暂停施工。发包人应承担由此增加的费用和延误的工期，并应向承包人支付合理利润。

（6）当承包人取得相应的合同价款时，预付款应从每一个支付期应支付给承包人的工程进度款中扣回，直到扣回的金额达到合同约定的预付款金额为止。通常约定承包人完成签约合同价款的比例在 20%～30% 时，开始从进度款中按一定比例扣还。

（7）承包人的预付款保函（如有）的担保金额根据预付款扣回的数额相应递减，但在预付款全部扣回之前一直保持有效。发包人应在预付款扣完后的 14 天内将预付款保函退还给承包人。

2. 安全文明施工费

（1）财政部、国家安全生产监督管理总局印发的《企业安全生产费用提取和使用管理办法》（财企[2012]16 号）第十九条规定：“建设工程施工企业安全费用应当按照以下范围使用：

1）完善、改造和维护安全防护设施设备支出（不含‘三同时’要求初期投入的安全设施），包括施工现场临时用电系统、洞口、临边、机械设备、高处作业防护、交叉作业防护、防火、防爆、防尘、防毒、防雷、防台风、防地质灾害、地下工程有害气体监测、通风、临时安全防护等设施设备支出。

2）配备、维护、保养应急救援器材、设备支出和应急演练支出。

3）开展重大危险源和事故隐患评估、监控和整改支出。

4）安全生产检查、评价（不包括新建、改建、扩建项目安全评价）、咨询和标准化建设支出。

5）配备和更新现场作业人员安全防护用品支出。

6）安全生产宣传、教育、培训支出。

7）安全生产适用的新技术、新标准、新工艺、新装备的推广应用支出。

8）安全设施及特种设备检测检验支出。

9）其他与安全生产直接相关的支出。

由于工程建设项目因专业及施工阶段的不同，对安全文明施工措施的要求也不一致，因此工程计量规范针对不同的专业工程特点，规定了安全文明施工的内容和包含的范围。在实际执行过程中，安全文明施工费包括的内容及使用范围，既应符合国家现行有关文件的规定，也应符合“13 工程计量规范”中的规定。

（2）发包人应在工程开工后的 28 天内预付不低于当年施工进度计划的安全文明施工费总额的 60%，其余部分应按照提前安排的原则进行分解，并应与进度款同期支付。

（3）发包人没有按时支付安全文明施工费的，承包人可催告发包人支付；发包人在付款期满后的 7 天内仍未支付的，若发生安全事故，发包人应承担相应责任。

（4）承包人对安全文明施工费应专款专用，在财务账目中应单独列项备查，不得挪作他用，否则发包人有权要求其限期改正；逾期未改正的，造成的损失和延误的工期应由承包人承担。

3. 进度款

（1）发承包双方应按照合同约定的时间、程序和方法，根据工程计量结果，办理期中价款结算,支付进度款。

(2)发包人支付工程进度款,其支付周期应与合同约定的工程计量周期一致。工程量的正确计量是发包人向承包人支付工程进度款的前提和依据。计量和付款周期可采用分段或按月结算的方式。

1)按月结算与支付。即实行按月支付进度款,竣工后结算的办法。合同工期在两个年度以上的工程,在年终进行工程盘点,办理年度结算。

2)分段结算与支付。即当年开工、当年不能竣工的工程按照工程形象进度,划分不同阶段,支付工程进度款。

当采用分段结算方式时,应在合同中约定具体的工程分段划分,付款周期应与计量周期一致。

(3)已标价工程量清单中的单价项目,承包人应按工程计量确认的工程量与综合单价计算;综合单价发生调整的,以发承包双方确认调整的综合单价计算进度款。

(4)已标价工程量清单中的总价项目和采用经审定批准的施工图纸及其预算方式发包形成的总价合同应由承包人根据施工进度计划和总价构成、费用性质、计划发生时间和相应的工程量等因素按计量周期进行分解,分别列入进度款支付申请中的安全文明施工费和本周期应支付的总价项目的金额中,并形成进度款支付分解表,在投标时提交,非招标工程在合同洽商时提交。在施工过程中,由于进度计划的调整,发承包双方应对支付分解进行调整。

1)已标价工程量清单中的总价项目进度款支付分解方法可选择以下之一(但不限于):

①将各个总价项目的总金额按合同约定的计量周期平均支付。

②按照各个总价项目的总金额占签约合同价的百分比,以及各个计量支付周期内所完成的单价项目的总金额,以百分比方式均摊支付。

③按照各个总价项目组成的性质(如时间、与单价项目的关联性等)分解到形象进度计划或计量周期中,与单价项目一起支付。

2)采用经审定批准的施工图纸及其预算方式发包形成的总价合同,除由于工程变更形成的工程量增减予以调整外,其工程量不予调整。因此,总价合同的进度款支付应按照计量周期进行支付分解,以便进度款有序支付。

(5)发包人提供的甲供材料金额,应按照发包人签约提供的单价和数量从进度款支付中扣除,列入本周期应扣减的金额中。

(6)承包人现场签证和得到发包人确认的索赔金额应列入本周期应增加的金额中。

(7)进度款的支付比例按照合同约定,按期中结算价款总额计,不低于60%,不高于90%。

(8)承包人应在每个计量周期到期后的7天内向发包人提交已完工程进度款支付申请一式四份,详细说明此周期认为有权得到的款额,包括分包人已完工程的价款。支付申请应包括下列内容:

1)累计已完成的合同价款。

2)累计已实际支付的合同价款。

3)本周期合计完成的合同价款:

①本周期已完成单价项目的金额。

②本周期应支付的总价项目的金额。

③本周期已完成的计日工价款。

④本周期应支付的安全文明施工费。

⑤本周期应增加的金额。

4）本周期合计应扣减的金额：

①本周期应扣回的预付款。

②本周期应扣减的金额。

5）本周期实际应支付的合同价款。

上述"本周期应增加的金额"中包括除单价项目、总价项目、计日工、安全文明施工费外的全部应增金额，如索赔、现场签证金额，"本周期应扣减的金额"包括除预付款外的全部应减金额。

由于进度款的支付比例最高不超过90％，而且根据原建设部、财政部印发的《建设工程质量保证金管理暂行办法》第七条规定："全部或者部分使用政府投资的建设项目，按工程价款结算总额5％左右的比例预留保证金"，因此，《建设工程工程量清单计价规范》（GB 50500—2013）未在进度款支付中要求扣减质量保证金，而是在竣工结算价款中预留保证金。

（9）发包人应在收到承包人进度款支付申请后的14天内，根据计量结果和合同约定对申请内容予以核实，确认后向承包人出具进度款支付证书。若发承包双方对部分清单项目的计量结果出现争议，发包人应对无争议部分的工程计量结果向承包人出具进度款支付证书。

（10）发包人应在签发进度款支付证书后的14天内，按照支付证书列明的金额向承包人支付进度款。

（11）若发包人逾期未签发进度款支付证书，则视为承包人提交的进度款支付申请已被发包人认可，承包人可向发包人发出催告付款的通知。发包人应在收到通知后的14天内，按照承包人支付申请的金额向承包人支付进度款。

（12）发包人未按照规定支付进度款的，承包人可催告发包人支付，并有权获得延迟支付的利息；发包人在付款期满后的7天内仍未支付的，承包人可在付款期满后的第8天起暂停施工。发包人应承担由此增加的费用和延误的工期，向承包人支付合理利润，并应承担违约责任。

（13）发现已签发的任何支付证书有错、漏或重复的数额，发包人有权予以修正，承包人也有权提出修正申请。经发承包双方复核同意修正的，应在本次到期的进度款中支付或扣除。

（二）工程结算款支付

（1）承包人应根据办理的竣工结算文件向发包人提交竣工结算款支付申请。申请应包括下列内容：

1）竣工结算合同价款总额。

2）累计已实际支付的合同价款。

3）应预留的质量保证金。

4)实际应支付的竣工结算款金额。

（2）发包人应在收到承包人提交竣工结算款支付申请后 7 天内予以核实，向承包人签发竣工结算支付证书。

（3）发包人签发竣工结算支付证书后的 14 天内，应按照竣工结算支付证书列明的金额向承包人支付结算款。

（4）发包人在收到承包人提交的竣工结算款支付申请后 7 天内不予核实，不向承包人签发竣工结算支付证书的，视为承包人的竣工结算款支付申请已被发包人认可；发包人应在收到承包人提交的竣工结算款支付申请 7 天后的 14 天内，按照承包人提交的竣工结算款支付申请列明的金额向承包人支付结算款。

（5）工程竣工结算办理完毕后，发包人应按合同约定向承包人支付工程价款。发包人按合同约定应向承包人支付而未支付的工程款视为拖欠工程款。根据《最高人民法院关于审理建设工程施工合同纠纷案件适用法律问题的解释》（法释[2004]14 号）第十七条："当事人对欠付工程价款利息计付标准有约定的，按照约定处理；没有约定的，按照中国人民银行发布的同期同类贷款利率信息。发包人应向承包人支付拖欠工程款的利息，并承担违约责任。"和《中华人民共和国合同法》第二百八十六条："发包人未按照合同约定支付价款的，承包人可以催告发包人在合理期限内支付价款。发包人逾期不支付的，除按照建设工程的性质不宜折价、拍卖的以外，承包人可以与发包人协议将该工程折价，也可以申请人民法院将该工程依法拍卖。建设工程的价款就该工程折价或者拍卖的价款优先受偿。"等规定，"13 计价规范"中指出："发包人未按照上述第（3）条和第（4）条规定支付竣工结算款的，承包人可催告发包人支付，并有权获得延迟支付的利息。发包人在竣工结算支付证书签发后或者在收到承包人提交的竣工结算款支付申请 7 天后的 56 天内仍未支付的，除法律另有规定外，承包人可与发包人协商将该工程折价，也可直接向人民法院申请将该工程依法拍卖。承包人应就该工程折价或拍卖的价款优先受偿。"

所谓优先受偿，最高人民法院在《关于建设工程价款优先受偿权的批复》（法释[2002]16 号）中规定如下：

1)人民法院在审理房地产纠纷案件和办理执行案件中，应当依照《中华人民共和国合同法》第二百八十六条的规定，认定建筑工程的承包人的优先受偿权优于抵押权和其他债权。

2)消费者交付购买商品房的全部或者大部分款项后，承包人就该商品房享有的工程价款优先受偿权不得对抗买受人。

3)建筑工程价款包括承包人为建设工程应当支付的工作人员报酬、材料款等实际支出的费用，不包括承包人因发包人违约所造成的损失。

4)建设工程承包人行使优先权的期限为六个月，自建设工程竣工之日或者建设工程合同约定的竣工之日起计算。

关键细节 27　质量保证金的预留与返还

（1）发包人应按照合同约定的质量保证金比例从结算款中预留质量保证金。质量保证金用于承包人按照合同约定履行属于自身责任的工程缺陷修复义务的，为发包人有效监督承包人完成缺陷修复提供资金保证。原建设部、财政部印发的《建设工程质量保证金管理暂行办法》(建质[2005]7号)第七条规定:"全部或者部分使用政府投资的建设项目,按工程价款结算总额5%左右的比例预留保证金。社会投资项目采用预留保证金方式的,预留保证金的比例可参照执行"。

(2)承包人未按照合同约定履行属于自身责任的工程缺陷修复义务的,发包人有权从质量保证金中扣除用于缺陷修复的各项支出。经查验,工程缺陷属于发包人原因造成的,应由发包人承担查验和缺陷修复的费用。

(3)在合同约定的缺陷责任期终止后,发包人应按照规定,将剩余的质量保证金返还给承包人。原建设部、财政部印发的《建设工程质量保证金管理暂行办法》(建质[2005]7号)第九条规定:"缺陷责任期内,承包人认真履行合同约定的责任,到期后,承包人向发包人申请返还保证金"。

🖐关键细节 28　工程结算款的最终结清

(1)缺陷责任期终止后,承包人已完成合同约定的全部承包工作,但合同工程的财务账目需要结清,因此,承包人应按照合同约定向发包人提交最终结清支付申请。发包人对最终结清支付申请有异议的,有权要求承包人进行修正和提供补充资料。承包人修正后,应再次向发包人提交修正后的最终结清支付申请。

(2)发包人应在收到最终结清支付申请后的14天内予以核实,并应向承包人签发最终结清支付证书。

(3)发包人应在签发最终结清支付证书后的14天内,按照最终结清支付证书列明的金额向承包人支付最终结清款。

(4)发包人未在约定的时间内核实,又未提出具体意见的,应视为承包人提交的最终结清支付申请已被发包人认可。

(5)发包人未按期最终结清支付的,承包人可催告发包人支付,并有权获得延迟支付的利息。

(6)最终结清时,承包人被预留的质量保证金不足以抵减发包人工程缺陷修复费用的,承包人应承担不足部分的补偿责任。

(7)承包人对发包人支付的最终结清款有异议的,应按照合同约定的争议解决方式处理。

(三)合同解除的价款结算与支付

合同解除是合同非常态的终止,为了限制合同的解除,法律规定了合同解除制度。根据解除权来源划分,可分为协议解除和法定解除。鉴于建设工程施工合同的特性,为了防止社会资源浪费,法律不赋予发承包人享有任意单方解除权,因此,除了协议解除,按照《最高人民法院关于审理建设工程施工合同纠纷案件适用法律问题的解释》第八条、第九条的规定,施工合同的解除有承包人根本违约的解除和发包人根本违约的解除两种。

(1)发承包双方协商一致解除合同的,应按照达成的协议办理结算和支付合同价款。

(2)由于不可抗力致使合同无法履行解除合同的,发包人应向承包人支付合同解除之日前已完成工程但尚未支付的合同价款,此外,还应支付下列金额:

1)招标文件中明示应由发包人承担的赶工费用。

2)已实施或部分实施的措施项目应付价款。

3)承包人为合同工程合理订购且已交付的材料和工程设备货款。

4)承包人撤离现场所需的合理费用,包括员工遣送费和临时工程拆除、施工设备运离现场的费用。

5)承包人为完成合同工程而预期开支的任何合理费用,且该项费用未包括在本款其他各项支付之内。

发承包双方办理结算合同价款时,应扣除合同解除之日前发包人应向承包人收回的价款。当发包人应扣除的金额超过了应支付的金额,承包人应在合同解除后的 86 天内将其差额退还给发包人。

(3)由于承包人违约解除合同的,对于价款结算与支付应按以下规定处理:

1)发包人应暂停向承包人支付任何价款。

2)发包人应在合同解除后 28 天内核实合同解除时承包人已完成的全部合同价款以及按施工进度计划已运至现场的材料和工程设备货款,按合同约定核算承包人应支付的违约金以及造成损失的索赔金额,并将结果通知承包人。发承包双方应在 28 天内予以确认或提出意见,并办理结算合同价款。如果发包人应扣除的金额超过了应支付的金额,则承包人应在合同解除后的 56 天内将其差额退还给发包人。

3)发承包双方不能就解除合同后的结算达成一致的,按照合同约定的争议解决方式处理。

(4)由于发包人违约解除合同的,对于价款结算与支付应按以下规定处理:

1)发包人除应按照上述第(2)条的有关规定向承包人支付各项价款外,应按合同约定核算发包人应支付的违约金以及给承包人造成损失或损害的索赔金额费用。该笔费用由承包人提出,发包人核实后与承包人协商确定后的 7 天内向承包人签发支付证书。

2)发承包双方协商不能达成一致的,按照合同约定的争议解决方式处理。

(四)合同价款争议的解决

施工合同履行过程中出现争议是在所难免的,解决合同履行过程中争议的主要方法包括协商、调解、仲裁和诉讼四种。当发承包双方发生争议后,可以先进行协商和解从而达到消除争议的目的,也可以请第三方进行调解;若争议继续存在,发承包双方可以继续通过仲裁或诉讼的途径解决,当然,也可以直接进入仲裁或诉讼程序解决争议。不论采用何种方式解决发承包双方的争议,只有及时并有效的解决施工过程中的合同价款争议,才是工程建设顺利进行的必要保证。

1. 监理或造价工程师暂定

从我国现行施工合同示范文本、监理合同示范文本、造价咨询合同示范文本的内容可以看出,合同中一般均会对总监理工程师或造价工程师在合同履行过程中发承包双方的争议如何处理有所约定。为使合同争议在施工过程中就能够由总监理工程师或造价工程师予以解决,《建设工程工程量清单计价规范》(GB 50500—2013)对总监理工程师或造价工程师的合同价款争议处理流程及职责权限进行了以下约定:

(1)若发包人和承包人之间就工程质量、进度、价款支付与扣除、工期延期、索赔、价款调整等发生任何法律上、经济上或技术上的争议,首先应根据已签约合同的规定,提交合同约定职责范围内的总监理工程师或造价工程师解决,并应抄送另一方。总监理工程师或造价工程师在收到此提交件后14天内应将暂定结果通知发包人和承包人。发承包双方对暂定结果认可的,应以书面形式予以确认,暂定结果成为最终决定。

(2)发承包双方在收到总监理工程师或造价工程师的暂定结果通知之后的14天内未对暂定结果予以确认也未提出不同意见的,应视为发承包双方已认可该暂定结果。

(3)发承包双方或一方不同意暂定结果的,应以书面形式向总监理工程师或造价工程师提出,说明自己认为正确的结果,同时抄送另一方,此时该暂定结果成为争议。在暂定结果对发承包双方当事人履约不产生实质影响的前提下,发承包双方应实施该结果,直到按照发承包双方认可的争议解决办法被改变为止。

2. 管理机构的解释和认定

(1)合同价款争议发生后,发承包双方可就工程计价依据的争议以书面形式提请工程造价管理机构对争议以书面文件进行解释或认定。工程造价管理机构是工程造价计价依据、办法以及相关政策的制定和管理机构。对发包人、承包人或工程造价咨询人在工程计价中,对计价依据、办法以及相关政策规定发生的争议进行解释是工程造价管理机构的职责。

(2)工程造价管理机构应在收到申请的10个工作日内就发承包双方提请的争议问题进行解释或认定。

(3)发承包双方或一方在收到工程造价管理机构书面解释或认定后仍可按照合同约定的争议解决方式提请仲裁或诉讼。除工程造价管理机构的上级管理部门做出了不同的解释或认定,或在仲裁裁决或法院判决中不予采信的外,工程造价管理机构做出的书面解释或认定应为最终结果,并应对发承包双方均有约束力。

3. 协商和解

(1)合同价款争议发生后,发承包双方任何时候都可以进行协商。协商达成一致的,双方应签订书面和解协议,并明确和解协议对发承包双方均有约束力。

(2)如果协商不能达成一致协议,发包人或承包人都可以按合同约定的其他方式解决争议。

4. 调解

按照《中华人民共和国合同法》的规定,当事人可以通过调解解决合同争议,但在工程建设领域,目前的调解主要出现在仲裁或诉讼中,即所谓司法调解;有的通过建设行政主管部门或工程造价管理机构处理,双方认可,即所谓行政调解。司法调解耗时较长,且增加了诉讼成本;行政调解受行政管理人员专业水平、处理能力等的影响,其效果也受到限制。因此,《建设工程工程量清单计价规范》(GB 50500—2013)提出了由发承包双方约定相关工程专家作为合同工程争议调解人的思路,类似于国外的争议评审或争端裁决,可定义为专业调解,这在我国合同法的框架内,为有法可依,使争议尽可能在合同履行过程中得到解决,确保工程建设顺利进行。

(1)发承包双方应在合同中约定或在合同签订后共同约定争议调解人,负责双方在合同履行过程中发生争议的调解。

(2)合同履行期间,发承包双方可协议调换或终止任何调解人,但发包人或承包人都不能单独采取行动。除非双方另有协议,在最终结清支付证书生效后,调解人的任期应即终止。

(3)如果发承包双方发生了争议,任何一方可将该争议以书面形式提交调解人,并将副本抄送另一方,委托调解人调解。

(4)发承包双方应按照调解人提出的要求,给调解人提供所需要的资料、现场进入权及相应设施。调解人应被视为不是在进行仲裁人的工作。

(5)调解人应在收到调解委托后 28 天内或由调解人建议并经发承包双方认可的其他期限内提出调解书,发承包双方接受调解书的,经双方签字后作为合同的补充文件,对发承包双方均具有约束力,双方都应立即遵照执行。

(6)当发承包双方中任一方对调解人的调解书有异议时,应在收到调解书后 28 天内向另一方发出异议通知,并应说明争议的事项和理由。但除非并直到调解书在协商和解或仲裁裁决、诉讼判决中做出修改,或合同已经解除,承包人应继续按照合同实施工程。

(7)当调解人已就争议事项向发承包双方提交了调解书,而任一方在收到调解书后 28 天内均未发出表示异议的通知时,调解书对发承包双方应均具有约束力。

5. 仲裁、诉讼

(1)发承包双方的协商和解或调解均未达成一致意见,其中的一方已就此争议事项根据合同约定的仲裁协议申请仲裁,应同时通知另一方。进行协议仲裁时,应遵守《中华人民共和国仲裁法》的有关规定,如第四条:"当事人采用仲裁方式解决纠纷,应当双方自愿,达成仲裁协议。没有仲裁协议,一方申请仲裁的,仲裁委员会不予受理";第五条:"当事人达成仲裁协议,一方向人民法院起诉的,人民法院不予受理,但仲裁协议无效的除外";第六条:"仲裁委员会应当由当事人协议选定。仲裁不实行级别管辖和地域管辖"。

(2)仲裁可在竣工之前或之后进行,但发包人、承包人、调解人各自的义务不得因在工程实施期间进行仲裁而有所改变。当仲裁是在仲裁机构要求停止施工的情况下进行时,承包人应对合同工程采取保护措施,由此增加的费用应由败诉方承担。

(3)在前述"1"~"4"中规定的期限之内,暂定或和解协议或调解书已经有约束力的情况下,当发承包中一方未能遵守暂定或和解协议或调解书时,另一方可在不损害他可能具有的任何其他权利的情况下,将未能遵守暂定或不执行和解协议或调解书达成的事项提交仲裁。

(4)发包人、承包人在履行合同时发生争议,双方不愿和解、调解或者和解、调解不成,又没有达成仲裁协议的,可依法向人民法院提起诉讼。

第十章　通风空调工程竣工结算与决算

第一节　工程竣工结算

竣工结算是指承包人在所承包的工程按照合同规定的内容全部完工,并通过竣工验收之后,与发包人进行的最终工程价款的结算。竣工结算意味着承、发包双方经济关系的最后结束,也标志着基本建设的终止和建设工程转为固定资产。

一、竣工结算作用

(1)竣工结算是确定工程最终造价,完结发包人与承包人合同关系的经济责任的依据。

(2)竣工结算为承包人确定工程的最终收入,是承包人经济核算和考核工程成本的依据。

(3)竣工结算反映建筑安装工程工作量和实物量的实际完成情况,是发包人编报竣工决算的依据。

(4)竣工结算反映建筑安装工程实际造价,是编制概算定额、概算指标的基础资料。

二、竣工结算编制依据与程序

1. 竣工结算编制依据

(1)《建设工程工程量清单计价规范》(GB 50500—2013)。

(2)工程合同。

(3)发承包双方实施过程中已确认的工程量及其结算的合同价款。

(4)发承包双方实施过程中已确认调整后追加(减)的合同价款。

(5)建设工程设计文件及相关资料。

(6)投标文件。

(7)其他依据。

2. 竣工结算编制程序

(1)收集、整理、熟悉有关的原始资料。

(2)根据竣工图、施工图以及施工组织设计进行现场踏勘,对需要调整的工程项目进行观察、对照和必要的现场实测、计算,做好书面或影像记录。

(3)按既定的工程量计算规则计算需调整的分部分项、施工措施或其他项目工程量。

(4)按招投标文件、施工发承包合同规定的计价原则和计价办法对分部分项、施工措施或其他项目进行计价。

(5)对于工程量清单或定额缺项以及采用新材料、新设备、新工艺的,应根据施工过程中的合理消耗和市场价格,编制综合单价或单位估价分析表。

(6)工程索赔应按合同约定的索赔处理原则、程序和计算方法,提出索赔费用,经发包人确认后作为结算依据。

(7)汇总计算工程费用,包括编制分部分项工程费、施工措施项目费、其他项目费、计日工等表格,初步确定工程结算价格。

(8)编写编制说明。

(9)计算主要技术经济指标。

(10)提交结算编制的初步成果文件待校对、审核。

关键细节 1　工程竣工结算编制与核对

竣工结算的编制与核对是工程造价计价中发、承包双方应共同完成的重要工作。按照交易的一般原则,任何交易结束,都应做到钱、货两清,工程建设也不例外。工程施工的发承包活动作为期货交易行为,当工程竣工验收合格后,承包人将工程移交给发包人时,发承包双方应将工程价款结算清楚,即竣工结算办理完毕。

(1)合同工程完工后,承包人应在经发承包双方确认的合同工程期中价款结算的基础上汇总编制完成竣工结算文件,应在提交竣工验收申请的同时向发包人提交竣工结算文件。

承包人未在合同约定的时间内提交竣工结算文件,经发包人催告后 14 天内仍未提交或没有明确答复的,发包人有权根据已有资料编制竣工结算文件,作为办理竣工结算和支付结算款的依据,承包人应予以认可。

因承包人无正当理由在约定时间内未递交竣工结算书,造成工程结算价款延期支付的,责任由承包人承担。

(2)发包人应在收到承包人提交的竣工结算文件后的 28 天内核对。发包人经核实,认为承包人还应进一步补充资料和修改结算文件,应在上述时限内向承包人提出核实意见,承包人在收到核实意见后的 28 天内应按照发包人提出的合理要求补充资料,修改竣工结算文件,并应再次提交给发包人复核后批准。

(3)发包人应在收到承包人再次提交的竣工结算文件后的 28 天内予以复核,将复核结果通知承包人,并应遵守下列规定:

1)发包人、承包人对复核结果无异议的,应在 7 天内在竣工结算文件上签字确认,竣工结算办理完毕。

2)发包人或承包人对复核结果认为有误的,无异议部分按照本条第 1)款规定办理不完全竣工结算;有异议部分由发承包双方协商解决;协商不成的,应按照合同约定的争议解决方式处理。

(4)《最高人民法院关于审理建设工程施工合同纠纷案件适用法律问题的解释》(法释[2004]14 号)第二十条规定:"当事人约定,发包人收到竣工结算文件后,在约定期限内不予答复,视为认可竣工结算文件的,按照约定处理。承包人请求按照竣工结算文件结算工程价款的,应予支持"。根据这一规定,要求发承包双方不仅应在合同中约定竣工结算的核对时间,并应约定发包人在约定时间内对竣工结算不予答复,视为认可承包人递交的竣工结算。"13 计价规范"对发包人未在竣工结算中履行核对责任的后果进行了规定,即:发包人在收到承包人竣工结算文件后的 28 天内,不核对竣工结算或未提出核对意见的,应视为承包人提交的竣工结算文件已被发包人认可,竣工结算办理完毕。

(5)承包人在收到发包人提出的核实意见后的28天内,不确认也未提出异议的,应视为发包人提出的核实意见已被承包人认可,竣工结算办理完毕。

(6)发包人委托工程造价咨询人核对竣工结算的,工程造价咨询人应在28天内核对完毕,核对结论与承包人竣工结算文件不一致的,应提交给承包人复核;承包人应在14天内将同意核对结论或不同意见的说明提交工程造价咨询人。工程造价咨询人收到承包人提出的异议后,应再次复核,复核无异议的,应在7天内在竣工结算文件上签字确认,竣工结算办理完毕;复核后仍有异议的,对于无异议部分按照规定办理不完全竣工结算;有异议部分由发承包双方协商解决;协商不成的,应按照合同约定的争议解决方式处理。

承包人逾期未提出书面异议的,应视为工程造价咨询人核对的竣工结算文件已经承包人认可。

(7)对发包人或发包人委托的工程造价咨询人指派的专业人员与承包人指派的专业人员经核对后无异议并签名确认的竣工结算文件,除非发承包人能提出具体、详细的不同意见,发承包人都应在竣工结算文件上签名确认,如其中一方拒不签认的,按下列规定办理:

1)若发包人拒不签认的,承包人可不提供竣工验收备案资料,并有权拒绝与发包人或其上级部门委托的工程造价咨询人重新核对竣工结算文件。

2)若承包人拒不签认的,发包人要求办理竣工验收备案的,承包人不得拒绝提供竣工验收资料,否则,由此造成的损失,承包人承担相应责任。

(8)合同工程竣工结算核对完成,发承包双方签字确认后,发包人不得要求承包人与另一个或多个工程造价咨询人重复核对竣工结算。这可以有效地解决工程竣工结算中存在的一审再审、以审代拖、久审不结的现象。

(9)发包人对工程质量有异议,拒绝办理工程竣工结算的,已竣工验收或已竣工未验收但实际投入使用的工程,其质量争议应按该工程保修合同执行,竣工结算应按合同约定办理;已竣工未验收且未实际投入使用的工程以及停工、停建工程的质量争议,双方应就有争议的部分委托有资质的检测鉴定机构进行检测,并应根据检测结果确定解决方案,或按工程质量监督机构的处理决定执行后办理竣工结算,无争议部分的竣工结算应按合同约定办理。

关键细节2　采用招标方式承包的工程竣工结算

采用招标方式承包工程的竣工结算应以中标价为基础进行。由于我国社会主义市场经济体制尚未成熟,工程中诸多因素不能反映在中标价格中。这些因素均应在合同条款中明确。如工程有较大设计变更、材料价格的调整等,一般在合同条款规定中均允许调整。当合同条文规定不允许调整但因非建筑企业原因发生中标价格以外的费用时,承发包双方应签订补充合同或协议,承包方可以向发包方提出工程索赔,作为结算调整的依据。施工企业在编制竣工结算时,应按本地区主管部门的规定,在中标价格基础上进行调整。

三、工程竣工结算审核

竣工结算是施工单位向建设单位提出的最终工程造价,是施工单位向建设单位索取工程款的重要依据和标准。因此,加强对竣工结算的审核,不仅是工程预算编制业务的需要,也是建设工程投资控制程序的需要。

1. 竣工结算审核的依据

(1)工程结算审查委托合同和完整、有效的工程结算文件。

(2)国家有关法律、法规、规章制度和相关的司法解释。

(3)国务院建设行政主管部门以及各省、自治区、直辖市和有关部门发布的工程造价计价标准、计价办法、有关规定及相关解释。

(4)施工发承包合同、专业分包合同及补充合同,有关材料、设备采购合同;招投标文件,包括招标答疑文件、投标承诺、中标报价书及其组成内容。

(5)工程竣工图或施工图,施工图会审记录,经批准的施工组织设计,以及设计变更、工程洽商和相关会议纪要。

(6)经批准的开、竣工报告或停、复工报告。

(7)《建设工程工程量清单计价规范》或工程预算定额、费用定额及价格信息、调价规定等。

(8)工程结算审查的其他专项规定。

(9)影响工程造价的其他相关资料。

2. 竣工结算的主要审核内容

(1)审核结算的递交程序和资料的完备性。

1)审核结算资料递交手续、程序的合法性,以及结算资料具有的法律效力。

2)审核结算资料的完整性、真实性和相符性。

(2)审核与结算有关的各项内容。

1)建设工程发承包合同及其补充合同的合法性和有效性。

2)施工发承包合同范围以外调整的工程价款。

3)分部分项、措施项目、其他项目工程量及单价。

4)发包人单独分包工程项目的界面划分和总包人的配合费用。

5)工程变更、索赔、奖励及违约费用。

6)取费、税金、政策性调整以及材料价差计算。

7)实际施工工期与合同工期发生差异的原因和责任,以及对工程造价的影响程度。

8)其他涉及工程造价的内容。

3. 竣工结算的审核程序

(1)清点造价文书及其必备的附件资料的完整性及合法性。

(2)收集资料、熟悉图纸及视察施工现场。

(3)审核工程计价项目的划分及其工程量的符合性。

(4)审核套价的合理性及直接费计算的精确性。

(5)审核"工料分析"的准确性及资源调价的合法性。

(6)审核和认定各项工程费用及工程总价。

(7)整理审核资料和初步审核意见。

(8)征求造价文书编制人员及其编制单位的意见。

(9)正式提交最终的造价审核结论性文件。

4. 竣工结算审核方法

竣工结算主要的审核方法,可归纳为全面审核法、重点抽查法、筛选审核法、对比审查法等。

关键细节 3　采用全面审核法审核竣工结算

全面审核即按编制程序及内容逐项审核、校对,相当于重新编制造价文书,无疑审核工作量大,所费时间多,但审核的精度高、数据可靠。全面审核主要用于不十分熟悉的特殊专业施工项目,也可用于工程分项少、工艺简单的工程项目。

关键细节 4　采用重点抽查法审核竣工结算

由于各计价项目的工程量及价值量不同,对整个工程造价的影响程度也不同。审核者可抓住重点项目,即抽取影响程度大的或价值地位特殊的项目进行专项审查。重点项目一般表现为工程量大、单价高、特殊结构、特种材料、补充单价等独立项目,可抽取出来进行复核计算,重点纠偏订正。这种方法的优点是重点突出、费时少,审核订正后不会出现大的偏差;其缺点是要求审核者有相当的分析问题的能力,选取重点项目要准确。

关键细节 5　采用筛选审核法审核竣工结算

筛选法是统筹(网络)法的应用,主要用于分项计价工程量的核定。通过大量的统计分析及建筑工程技术经济指标的研究,参考概算指标的含量指数,审核人员可建立一套不同工程及结构形式的工程量含量、主要技术经济指标及其变化范围。审核人员在对审核工程(对象)进行必要数据分析后,对照同类工程指标(过筛),选出差距较大的项目,进行专项复算与审核,从而认定其准确程度。

关键细节 6　采用对比审查法审核竣工结算

对比审查法是指同类待审工程与已审工程(或已建工程与未建工程)的造价项目、数量、费用及指标参数等进行对比,找出差距大的项目进行审核。同一施工图的两个工程,上部相同设计可全面对比审核;下部基础不同时,可对不同项目进行计算,找出差距后再实行对比。当设计相同而规模(建筑面积)不同,可用单方面积指标进行对比审核。完全不同的工程,也可通过分解后,找出其共同点再进行对比。

第二节　工程竣工决算

一、竣工决算概念

竣工决算是指所有建设项目竣工后,建设单位按照国家有关规定在新建、改建和扩建工程建设项目竣工验收阶段所编制的用来反映竣工建设项目或单项工程的建设成果和财务情况的总结性文件,是竣工验收报告的重要组成部分。它是正确核定新增固定资产价值,考核分析投资效果,建立健全经济责任制的依据,是反映建设项目实际造价和投资效果的文件。

二、竣工决算内容组成

竣工决算包括从筹建到竣工投产的全部建设费用,即建筑工程费用、安装工程费用、设备工器具购置费用和其他费用。建设项目竣工决算的内容主要由竣工决算报告说明书、竣工财务决算报表和工程造价对比分析三个部分构成。

1. 竣工决算报告说明书

竣工决算报告说明书主要反映竣工工程建设成果和经验,是对竣工决算报表进行分析和补充说明的文件,是全面考核分析工程投资与造价的书面总结。

关键细节 7　竣工决算报告说明书应包括的内容

(1)建设项目概况,以及对工程总的评价。

(2)会计账务的处理、财产物质情况及债权债务的清偿情况。

(3)资金节余、基建结余资金等的上交分配情况。

(4)主要技术经济指标的分析、计算情况。

(5)基本建设项目管理及决算中存在的问题、建议。

(6)需说明的其他事项。

2. 竣工财务决算报表

建设项目竣工财务决算报表分为大、中型建设项目竣工财务决算报表和小型建设项目竣工财务决算报表。

(1)大、中型建设项目竣工财务决算报表包括:

1)建设项目竣工财务决算审批表(表 10-1)。

表 10-1　　　　　　　　　　　　建设项目竣工财务决算审批表

建设项目法人(建设单位)		建设性质	
建设项目名称		主管部门	
开户银行意见: （盖章） 年　月　日			
专员办审批意见: （盖章） 年　月　日			
主管部门或地方财政部门审批意见: （盖章） 年　月　日			

2）大、中型建设项目竣工工程概况表（表10-2）。

表10-2　　　　　　　　　　大、中型建设项目竣工工程概况表

建设项目（或单项工程）名称				建设地址						项目	概算/元	实际	主要指标
主要设计单位				主要施工企业						建筑安装工程			
占地面积	计划	实际		总投资（万元）	设计		实际		基建支出	设备、工具器具			
					固定资产	流动资产	固定资产	流动资产		待摊投资其中:建设单位管理费			
										其他投资			
新增生产能力	能力(效益)名称	设计		实际						待核销基建支出			
										非经营项目转出投资			
建设起、止时间	设计		从　年　月开工至　年　月竣工						合　计				
	实际		从　年　月开工至　年　月竣工										
设计概算批准文号									主要材料消耗	名称	单位	概算	实际
										钢材	t		
完成主要工程量	建筑面积/m²		设备(台、套、t)							木材	m³		
										水泥	t		
	设计	实际	设计		实际				主要技术经济指标				
收尾工程	工程内容		投资额		完成时间								

3）大、中型建设项目竣工财务决算表（表10-3）。

表10-3　　　　　　　　　大、中型建设项目竣工财务决算表　　　　　　　　　　　元

资金来源	金额	资金占用	金额	补充资料
一、基建拨款		一、基本建设支出		1. 基建投资借款期末余额
1. 预算拨款		1. 交付使用资产		
2. 基建基金拨款		2. 在建工程		2. 应收生产单位投资借款期末余额
3. 进口设备转账拨款		3. 待核销基建支出		
4. 器材转账拨款		4. 非经营项目转出投资		3. 基建结余资金
5. 煤代油专用基金拨款		二、应收生产单位投资借款		

续表

资金来源	金额	资金占用	金额	补充资料
6. 自筹资金拨款		三、拨款所属投资借款		
7. 其他拨款		四、器材		
二、项目资本金		其中：待处理器材损失		
1. 国家资本		五、货币资金		
2. 法人资本		六、预付及应收款		
3. 个人资本		七、有价证券		
三、项目资本公积金		八、固定资产		
四、基建借款		固定资产原值		
五、上级拨入投资借款		减：累计折旧		
六、企业债券资金		固定资产净值		
七、待冲基建支出		固定资产清理		
八、应付款		待处理固定资产损失		
九、未交款				
1. 未交税金				
2. 未交基建收入				
3. 未交基建包干节余				
4. 其他未交款				
十、上级拨入资金				
十一、留成收入				
合　　计		合　　计		

4）大、中型建设项目交付使用财产总表（表 10-4）。

表 10-4　　　　　　　　大、中型建设项目交付使用资产总表　　　　　　　　元

单项工程项目名称	总计	固定资产					流动资产	无形资产	其他资产
		建筑工程	安装工程	设备	其他	合计			

支付单位盖章　　年　　月　　日　　　　　　　　　接收单位盖章　　年　　月　　日

5)建设项目交付使用资产明细表(表10-5)。

表 10-5　　　　　　　　　建设项目交付使用资产明细表

单位工程项目名称	建筑工程			设备、工具、器具、家具					流动资产		无形资产		其他资产	
	结构	面积/m²	价值/元	规格型号	单位	数量	价值/元	设备安装费/元	名称	价值/元	名称	价值/元	名称	价值/元
合计														

支付单位盖章　　年　　月　　日　　　　　　　　　　　　接收单位盖章　　年　　月　　日

(2)小型建设项目竣工财务决算报表包括:建设项目竣工财务决算审批表;小型建设项目竣工财务决算总表(表10-6);建设项目交付使用财产明细表。

表 10-6　　　　　　　　小型建设项目竣工财务决算总表

建设项目名称			建设地址			资金来源		资金运用	
初步设计概算批准文号						项目	金额/元	项目	金额/元
						一、基建拨款其中:预算拨款		一、交付使用资产	
占地面积	计划	实际	总投资(万元)	计划		实际		二、待核销基建支出	
				固定资产	流动资金	固定资产	流动资金		
						二、项目资本		三、非经营项目转出投资	
						三、项目资本公积金			
新增生产能力	能力(效益)名称		设计	实际		四、基建借款		四、应收生产单位投资借款	
						五、上级拨入借款			
建设起止时间	计划		从　　年　　月开工至　　年　　月竣工			六、企业债券资金		五、拨付所属投资借款	
	实际		从　　年　　月开工至　　年　　月竣工			七、待冲基建支出		六、器材	

续表

建设项目名称		建设地址			资金来源		资金运用	
基建支出	项　　目	概算/元	实际/元	八、应付款		七、货币资金	
	建筑安装工程			九、未付款其中:未交基建收入未交包干收入		八、预付及应收款	
	设备、工具、器具						
						九、有价证券	
	待摊投资其中:建设单位管理费					十、原有固定资产	
				十、上级拨入资金			
	其他投资			十一、留成收入			
	待核销基建支出						
	非经营性项目转出投资						
	合　　计			合　　计		合　　计	

3. 工程造价对比分析

在建设项目竣工决算报告中必须对控制工程造价所采取的措施、效果以及其动态的变化进行认真的对比分析,总结经验教训。批准的概算是考核建设工程造价的依据,在分析时,可将决算报表中所提供的实际数据和相关资料与批准的概算、预算指标进行对比,以确定竣工项目总造价是节约还是超支,在对比的基础上,总结先进经验,找出落后原因,提出改进措施。

为考核概算执行情况,正确核实建设工程造价,财务部门首先必须积累概算动态变化资料,包括材料价差、设备价差、人工费价差、费率价差等。同时还要收集设计方案变化资料以及对工程造价有重大影响的设计变更资料。在此基础上,考查竣工形成的实际工程造价节约或超支的数额。

为了便于比较,可先对比整个项目的总概算,之后对比工程项目的综合概算和其他工程费用概算,最后再对比单位工程概算,并分别将建筑安装工程设备、工器具购置和其他基建费用逐一与项目竣工决算编制的实际工程造价进行对比,找出节约或超支的具体环节。工程造价对比分析的内容包括:主要实物工程量、主要材料消耗量,考核建设单位管理费、建筑及安装工程措施费和间接费的取费标准。

关键细节 8　工程造价比较分析的内容

在工程项目竣工决算实际工作中,应重点分析以下内容:

(1)主要实物工程量。对于实物工程量出入比较大的情况,必须查明原因。

(2)主要材料消耗量。考核主要材料消耗量,要按照竣工决算表中所列明的三大材料实际超概算的消耗量,查明是在工程的哪个环节超出量最大,再进一步查明超耗的原因。

(3)考核建设单位管理费、建筑及安装工程措施费和间接费的取费标准。建设单位管理费、建筑及安装工程措施费和间接费的取费标准要按照国家和各地的有关规定,根据竣工决算报表中所列的建设单位管理费与概预算所列的建设单位管理费数额进行比较,依据规定查明是否有多列或少列的费用项目,确定其节约或超支的数额,并查明原因。

三、竣工决算编制与审核

1. 竣工决算编制依据

(1)工程合同、工程结算等有关资料。

(2)竣工图、工程竣工报告和工程验收单。

(3)经审批的施工图预算、设计总概算。

(4)设计变更记录、施工记录或施工签证单及其他施工发生的费用记录。

(5)材料、设备和其他各项费用的调整依据。

(6)有关定额、费用调整的补充规定。

(7)其他有关资料。

2. 竣工决算的编制程序

(1)收集、整理有关竣工决算依据。在建设项目竣工决算编制之前,应认真收集、整理各种有关的竣工决算依据,做好各项基础工作,保证项目竣工决算编制的完整性。

(2)清理项目账务、债务和结算物资。建设项目账务、债务和结算物资的清理核对是保证竣工决算编制工作准确有效的重要环节。要认真核实项目交付使用资产的成本,做好各种账务、债务和结余物资的清理工作,做到及时清偿、及时回收。清理的具体工作要做到逐项清点、核实账目、整理汇总、妥善管理。

(3)填写项目竣工决算报告。竣工决算报告的内容是建设项目建设成果的综合反映。竣工决算报告中各种财务决算表格中的内容应依据编制资料进行计算和统计,并符合有关规定。

(4)编制竣工决算说明书。竣工决算说明书具有建设项目竣工决算系统性的特点,综合反映项目从筹建开始到竣工交付使用为止,全过程的建设情况,包括项目建设成果和主要技术经济指标的完成情况。

(5)报上级审核。竣工决算编制完毕,应反复校核编写的文字说明和填写的各种报表,待确认无误后装帧成册,形成完整的建设项目竣工决算文件报告,及时上报审批。

3. 竣工决算的审核

建设项目竣工决算编制完成后,在建设单位或委托咨询单位自查的基础上,应及时上报主管部门并抄送有关部门审核,必要时,应经权力机关批准的社会审计机构组织外部审核。大中型建设项目的竣工决算,必须报该建设项目的批准机关审核,并抄送省、自治区、直辖市财政厅、局和财政部审核。

关键细节 9 竣工决算审核的内容

对建设项目竣工决算进行审核时,应重点审查以下内容:

(1)根据批准的设计文件,审查有无计划外的工程项目。

(2)根据批准的概(预)算或包干指标,审查建设成本是否超标,并查明超标原因。

(3)根据财务制度,审查各项费用开支是否符合规定,有无乱挤建设成本、扩大开支范围和提高开支标准的问题。

(4)报废工程和应核销的其他支出中,各项损失是否经过有关机构的审批同意。

(5)历年建设资金投入和结余资金是否真实准确。

(6)审查和分析投资效果。

参考文献

[1] 中华人民共和国建设部标准定额司.GYD$_{GZ}$—201—2000 全国统一安装工程预算工程量计算规则[S].2 版.北京:中国计划出版社,2001.

[2] 天津市建设委员会.GYD—209—2000 全国统一安装工程预算定额(第九册)通风空调工程[S].2 版.北京:中国计划出版社,2001.

[3] 住房和城乡建设部.GB 50500—2013 建设工程工程量清单计价规范[S].北京:中国计划出版社,2013.

[4] 规范编制组.2013 建设工程计价计量规范辅导[M].北京:中国计划出版社,2013.

[5] 张清奎.安装工程预算员必读[M].3 版.北京:中国建筑工业出版社,2007.

[6] 林密.工程项目招投标与合同管理[M].2 版.北京:中国建筑工业出版社,2007.

[7] 刘庆山.建筑安装工程预算[M].2 版.北京:机械工业出版社,2004.

[8] 采宁.通风与空调系统安装[M].北京:中国建筑工业出版社,2006.

[9] 高文安.安装工程预算与组织管理[M].北京:中国建筑工业出版社,2002.

[10]《通风空调工程》编委会.定额预算与工程量清单计价对照使用手册(通风空调工程)[M].北京:知识产权出版社,2007.

[11] 程刚,李惠敏.建筑安装工程概预算与运行管理[M].北京:机械工业出版社,2006.

[12] 景星蓉.建筑设备安装工程预算[M].2 版.北京:中国建筑工业出版社,2008.

[13] 曹丽君.安装工程预算与清单报价[M].北京:机械工业出版社,2011.

[14] 张向群.通风空调施工便携手册[M].北京:中国计划出版社,2006.

China Building Materials Press

发展出版传媒　　服务经济建设

传播科技进步　　满足社会需求